구성적, 다원적, 국소적 관점 **객관성과 진리**

Objectivity and Truth * Constructive, Pluralistic, and Local View

구성적, 다원적, 국소적 관점

객관성과 진리

이상원 지음

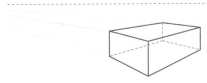

Objectivity and Truth * Constructive, Pluralistic, and Local View

한울
아카데미

차례

서문

객관성과 진리는 과학철학의 항구적 주제다. 이 책『객관성과 진리: 구성적, 다원적, 국소적 관점』은 객관성과 진리에 관한 본격적 논의를 담고 있다. 책의 부제에서 저자의 입장이 더 뚜렷하게 지시될 것이다. 객관성과 진리라는 주제를 논의하기 위해 학술지에 게재한 연구 논문을 묶어 재구성한다. 이 책의 토의 범위는 과학철학, 분석철학, 과학학(science studies)에 걸쳐 있다. 노직, 갤리슨, 반 프라센, 라투르, 울거, 아이디, 굿먼, 퍼트넘, 라우든, 프랭클린, 홀튼, 쿤, 해킹, 키처, 러드윅 등의 입장이 심도 있게 검토된다. 책의 바탕이 된 글의 출처는 다음과 같다.

- 2장: 이상원, 2013, 「불변으로서의 객관성」, ≪과학철학≫, 제16권, 제2호, 69-96.
- 3장: 이상원, 2011, 「사실의 산출과 실험실 공간」, ≪철학사상≫, 제40호, 207-238.
- 4장: 이상원, 2015, 「기술화된 과학의 물질성」, ≪철학연구≫, 제111집, 철학연구회, 123-148.

- 5장: 이상원, 2010, 「자료 선별과 객관성」, ≪철학탐구≫, 제28집, 201-224.
- 6장: 이상원, 2012, 「경험적 귀결과 경험적 증거」, ≪철학논집≫, 제30집, 39-66.
- 7장: 이상원, 2012, 「비실재론의 의미」, ≪철학연구≫, 제96집, 철학연구회, 129-151.
- 8장: 이상원, 2013, 「내재적 실재론과 비실재론」, ≪철학논집≫, 제34집, 219-246.
- 9장: 이상원, 2013, 「어휘집에 의존하는 진리의 수립」, ≪인문과학≫, 제52집, 131-150.
- 10장: 이상원, 2017, 「틀 내 창의성과 틀 간 창의성: 패러다임과 과학의 창의성」, ≪인문과학≫, 제67집, 35-59.
- 11장: 이상원, 2013, 「타협 모형과 대안적 합리성의 모색」, ≪존재론연구≫, 제33집, 153-185.

논문으로 낼 때 이미 기록했던 일이지만 연구비를 제공해 준 기관과 학술지 심사위원들께 한 번 더 사의를 표한다. 여러분께서 도움과 관심을 주셨다. 원고에 관한 의견을 구체적으로 받은 것은 아니나 책의 전반적 틀과 시야를 만들어가는 데 영향이 있었다. 장회익, 이중원, 임경순, 홍성욱, 조인래, 김영식, 송상용, 장하석, 신중섭, 고인석, 이상욱 선생 등께 감사의 말씀을 드린다.

1 도입

    인간은 여러 가지 활동과 관념을 추구한다. 그 가운데 객관성(objectivity)과 진리(truth)를 향한 추구는 꽤 의미심장한 일이다. 객관성과 진리 추구는 과학 활동에서 두드러진다. 크게 보아 객관성은 신뢰할 수 있는 경험적 사실이 확립되었을 때 그 경험적 사실이 갖게 되는 성격을 의미한다. 진리는 한 이론적 (또는 가설적) 주장과 경험적 사실 사이의 일치라는 사건이 지니는 성격을 의미한다. 이 두 성격을 둘러싸고 책 전체에서 논의가 전개된다. 이 책에서는 객관성과 진리를 '구성적(constructive)', '다원적(pluralistic)', '국소적(local)' 관점에서 탐구하고자 한다. 구성적 관점에 따르면, 과학적 객관성은 이론과 같은 관념 그리고 도구와 같은 물질에 의해 이루어진다. 이렇게 구성된 과학적 객관성을 갖는 경험적 사실은 경우에 따라 이론과의 일치 여부를 위해 대조될 수 있다. 다원적 관점에 따르면, 객관성과 진리는 서로 다른 도구 및 이론의 영향력 속에서 서로 다른 방식으로 성립될 수 있는 성격을 지닌다. 국소적 관점에 따르면, 객관성과 진리는 과학의 제한된 영역에서, 특정 시기에 수용되는 것으로 이해된다. 구성적, 다원적, 국소적 성격은 동일한 특성을 가리키는 서로 다른 표현은 아니다. 구성적 성격, 다원적 성격, 국소적 성격은 서로 중첩되기도 하나 완전히 같은 개념은 아니다. 이러한 차이는 각 장을 읽어가는 중에 일부 드러날 것이다. 뒤에 나오는 각 장은 객관성에 초점을 둔 장도 있고, 진리에 둔 장도 있으며, 둘 다에 둔 장도 있다. 또한 구성적, 다원적, 국소적 관점이 모두 포함된 것으로 보이는 장도 있고, 일부만 논의되는 것으로 보이는 장도 있을 것이다.

2장에서는 객관성이 일어날 수 있는 상황에 관해 논의한다. 좀 더 적극적으로 말하자면, 이 논의는 객관성을 확보하는 과정과 관련된 검토가 될 것이다. 객관성의 성격을 파악하기 위한 토대적 논의가 이루어진다. 객관성을 주장하기 위한 '지표들(marks)'을 노직(Robert Nozick)은 네 가지로 제시한다. 이 지표들은 '불변(invariance)' 개념과 깊이 연관되어 있다. 그 지표들은 1) 다양한 각도에서의 접근 가능성(accessibility from different angles), 2) 간주관적 동의(intersubjective agreement), 3) 독립(independence), 4) 변환 속 불변(invariance in transformations)이다. 저자는 이 장에서 객관성의 지표로서 노직이 제시한 네 가지의 중요성과 한계에 대해 논의할 것이다. 노직이 밝혀주고 있는 이 네 가지 지표는 기본적으로 객관성 확보를 위해 요구되는 핵심 내용을 지니는 충실한 항목이다. 하지만, 지표의 일부에 대해서는 비판적 검토가 필요하다. 한 예로, 네 가지 지표 가운데서 노직은 특히 '변환 속 불변'을 강조하는데, 그는 이 변환 속 불변이라는 지표가 다른 지표보다 객관성을 주장하는 데 더 근본적인 사항이 된다고 본다. 저자는 변환 속 불변이라는 지표가 그러한 성격을 지님을 부분적으로 인정할 수 있다. 하지만 변환 속 불변이라는 지표를 어떤 종류의 사실의 객관성을 확보하기 위해서 적용하기에는 한계가 있다는 점을 논의할 것이다. 또한 노직의 논의의 중요성과 한계를 토의하는 과정에서 갤리슨(Peter Galison), 반 프라센(Bas C. van Fraassen)의 견해와 대비하고자 한다.

3장에서는 객관성을 지니는 사실의 산출이 실험실이라는 공간에서 어떻게 이루어지는지를 다룬다. 실험적 사실의 산출이 실험실이라는 공간에서 어떻게 이루어지는지를 탐구하고자 한다. 라투르(Bruno Latour)와 울거(Steve Woolgar)

의 '기록하기(inscription)' 개념을 중심으로 논의를 진행하게 된다. 이러한 논의를 전개해 가면서 과학적 사실의 성격을 검토하는 라투르와 울거의 견해를 논리 실증주의(logical positivism)의 사실관 및 상대주의(relativism)와 비교하는 작업을 시도할 것이다. 라투르와 울거가 주장하는 '사실의 구성(construction of facts)'은 자연과 무관하게 사실을 만들어낸다는 것이 아니다. 그렇다고 자연에 있는 그대로의 사실을 곧바로 잡아낸다는 것도 아니다. 그것은 실험 도구(experimental instruments)를 써서 신뢰할 수 있는 실험적 사실을 얻어내는 길고, 느리며, 실천적인 장인적 작업(craftsman's work)을 의미한다. 실험 결과에 대한 대안적 해석의 가능성은 열려 있다. 논쟁이 진행 중인 경우만이 아니라 논쟁 이후에도 여전히 그러하다. 이것이 실험 과학의 동적 안정성(dynamic stability)이다. 어떤 미시적 사실은 특정 실험 도구, 즉 기록하기 장치(inscription device)에 의존하여 알려질 수 있을 뿐이다. TRF(H)가 그 예다. 이런 의미에서 실험적 사실은 '국소적'이다. 또한 '도구 의존적 실재(instrument-dependent reality)'의 의미를 TRF(H)와 같은 경우에서 보여줄 수 있다. 하지만 국소성(locality)과 구성(construction)의 관념은, 상대주의와 반실재론(antirealism)을 의미하는 것이 아니라 오히려 합리주의(rationalism)와 제한된 의미의 실재론(realism), 즉 도구 의존적 실재론을 옹호해 준다. 사실의 구성이라는 개념은 실험실 공간(laboratory space)에서 신뢰할 만한 사실의 산출이 도구 의존적으로 어떻게 이루어지는가를 이해하는 데 도움이 되는 개념이기 때문이다.

4장에서는 객관성 확보와 관련된 물질적 상황에 집중해 논의하고자 한다. 과학의 물질적 활동(material activity) 공간이 어떻게 존재하며 변화될 수 있는지를 '기술적 측면'에서 논의하고자 한다. 즉 과학이 지니는 관념적 성격보다는 물질적 성격에 관심을 기울일 것이다. 과학의 관념적 성격과 관련해서는 흔히 이론을 떠올리게 되고, 물질적 성격과 관련해서는 실험을 떠올리게 된다. 이 장은 과학의 '물질성(materiality)'에 관심을 두고 있는 논의이므로, 토의에서 실험실과 실험 도구가 연구의 주된 관심 대상이 된다. 라투르의 '테크노사이언스(technoscience)' 개념을 중심으로 현대의 과학 활동과 기술 활동의 의미를 파악하고자 한다. 특히 그의 '기록하기' 개념에 초점을 두고, 과학과 기술 사이의 관계가 변동되어 온 방식, 현대 과학 활동과 공학 활동의 유사성과 차이점 등에 대해 탐색할 것이다. 이와 같은 논의는 과학과 기술이 융합되는 양태를 과학을 중심으로 해서만 이해하는 시각, 즉 과학이 기술에 어떻게 영향을 미치고 기술을 변화시키느냐라는 시각에 대한 보완의 의미를 갖고 있다. 이런 논의 방향과는 반대로, 저자는 기술적 요소(technical elements)가 어떻게 과학을 변화시키고 과학에 영향을 미치는지를 보여주려는 것이다.

5장에서는 실험하기 가운데 발생할 수 있는 자료의 선별(data selection) 과정으로 인해 객관성의 수립 여부가 영향을 받을 가능성에 관해 검토할 것이다. 실험 자료의 선별에 따라 과학의 객관성이 침해될 가능성에 대해 논의하고자 한다. 또한 이러한 논의 과정에서 연구 윤리의 문제를 다루게 될 것이다. '이유 있는' 자료 선별은 객관성을 훼손하지 않을 수 있다. 반면 경험적으로 유의미한 자료를 부적절한 이유로 배제하거나 버리는 것은 과학의 객관성을 해치게 된다. 실험 자료의 선별이 있다고 해서 과학의 객관성 붕괴와 연구 윤리(research ethics)의 위배가 항상 동시에 일어나는 것은 아니다. 실험실 공책(실험 노트, laboratory notebooks)이나 대화 채록물(transcripts of conversation)과 같은 주로 공개되지 않는 문서를 추적함으로써 논문과 책에 대한 탐구를 보완할 수 있다. 과학적 기만(scientific fraud)의 가능성이 상존함에도 불구하고, 실험 과학은 연구 윤리를 위배하지 않으면서 과학을 진전시킬 수 있는 방식을 발전시켜 왔다.

6장에서는 진리의 수립과 관련하여 경험을 두 가지 종류로 나눌 때 발생할 수 있는 미묘한 국면에 관해 논의한다. 이론 미결정성 논제(thesis of theory underdetermination)는 경험적 동등성에 기초해 있다. 그리고 경험적 동등성은 의미론적 관점(semantical viewpoint)에 입각해 있다. 논의를 통해 라우든(Larry Laudan)과 레플린(Jarrett Leplin)은 이런 식의 이론 미결정성 논제는 지탱 불가능하다고 지적하고 있음을 살펴본다. 의미론적 관점은 경험 내용을 한 이론에서 유도되는 경험 내용, 즉 경험적 귀결에 국한하는데, 이러한 인식 방식은 이론 미결정성 논제를 옹호해 낼 수 없다는 것이 두 사람의 입장이다. 그런데 카르납(Rudolf Carnap)과 포퍼(Karl Popper) 등은 라우든과 레플린의 표현에서는 의미론적 동등성에 갇혀 있었을지라도, 미결정성을 인정하지는 않는다. 구문론적, 의미론적 관점, 즉 논리적, 형식적 관점에서 과학철학의 문제에 접근하더라도, 이론 미결정성 논제에 반드시 도달하는 것은 아니다. 의미론적 관점에서 이론과 증거의 관계를 논하는 것이 라우든과 레플린이 제기한 맹점을 갖는 것은 사실이다. 하지만 의미론적 접근이 과학철학에서 아무런 소용이 없음을 두 사람이 논변한 것은 아니다.

7장에서는 진리 대응설(correspondence theory of truth)과 관련하여, 비실재론(irrealism)이 갖는 철학적 함축에 관해 다루고자 한다. 비실재론은 전형적인 실재론이나 전형적인 반실재론과 다르다. 전형적인 실재론은 인간 독립적 실재를 인정하나 비실재론은 인간 의존적 실재를 인정한다. 예를 들어, 전자(電子)의 실재는 인간의 의식과 도구에 의존하는 방식으로 존재한다는 것이다. 그런 면에서 실재론과 차이가 있다. 전형적인 반실재론은 인간 독립적 실재를 인정하지 않으나 비실재론은 전자와 같은 인간 의존적 실재를 인정해야 한다고 말한다. 굿먼(Nelson Goodman)은 진리 대응설에 입각한 버전(versions)의 참, 거짓의 성립 가능성을 부정하고 있다. 이 대신에 '옳은(right)' 버전과 그렇지 않은 버전을 구분한다. 하지만 굿먼은 옳은 버전을 엄격히 규정하는 데 실패했다. 이 장에서는 과학을 중심으로 옳은 버전의 성립 가능성을 탐구한다. 언어와 같은 관념만이 아니라 도구와 같은 '물질'에 의한 옳은 버전의 성립이 어떻게 가능한지를 논의하겠다. (논의 중에 해킹의 사례 연구를 가져와 검토하게 될 것이다.)

8장에서는 퍼트넘(Hilary Putnam)의 '내재적 실재론(internal realism)'과 굿먼의 비실재론을 검토하는 논의를 제시할 것이다. '형이상학적 실재론(metaphysical realism)'에 대한 비판은 퍼트넘이 주장하는 내재적 실재론의 핵심 사안이다. 세계는 고정되어 있으며 그 세계가 있는 그대로 고스란히 인간에게 어느 시점에 드러난다는 관점을 퍼트넘은 비판한다. 퍼트넘은 또한 '진리 대응설'을 공격하고 '합리적 수용 가능성(rational acceptability)'을 주장하고 있다. 이론 또는 기술(記述)은 고정된 실재와의 대응 관계에 의해 참 또는 거짓으로 판명나지 않는다는 것이다. 인간 의존적이고 시간 의존적인 서로 다른 방식에 따라 이론 또는 기술은 세계와 대조된다고 퍼트넘은 말한다. 그런 의미에서 세계에 관한 유일하게 참인 이론 또는 기술은 존재하지 않는다는 것이다. 굿먼은 '세계의 복수성(multiplicity of world)'을 주장한다. 그는 원리적으로 다수의 세계 '버전들'이 존재할 수 있다고 본다. 따라서 굿먼은 '이미 만들어진 세계(ready-made world)'라는 관념을 부정적으로 인식한다. 서로 다른 버전은 세계를 서로 다른 방식으로 구성한다는 것이다. 그러므로 굿먼도 진리 대응설을 부정한다. 그렇다면, 굿먼의 주장에서, 버전들은 모두 대등한가? 그렇지 않다. 굿먼은 '옳음'이라는 개념을 통해 수용 가능성 버전과 그렇지 않은 버전을 구별한다. '그린(green)'과 같은 술어는 투사 가능하기 때문에 옳은 버전을 구성하지만, '그루(grue)'와 같은 술어는 투사 불가능하기 때문에 옳은 버전을 구성하지 못한다는 것이다. 고정된 실재에 대한 부정과 진리 대응설에 대한 비판이라는 측면에서 내재적 실재론과 비실재론은 양자 간의 미묘한 차이에도 불구하고 기본적으로 수렴하는 입장으로 볼 수 있다.

9장에서는 쿤(Thomas S. Kuhn)의 진리에 관한 입장과 관련된 토의를 하고자 한다. 쿤의 논문 「구조 이래의 길(The Road since Structure)」(1991)은 쿤의 마지막 철학적 견해를 보여주는 논문으로 보인다. 저자는 쿤이 이 논문에서 보여주는 철학적 입장을 검토하고자 한다. 그는 그의 글을 통해 합리성(rationality), 상대주의, 실재론, 진리, 공약 불가능성(incommensurability)에 대해 다룬다. 이러한 논의에서 가장 핵심적 역할을 하는 개념은 여전히 공약 불가능성이다. 쿤은 「구조 이래의 길」에서 공약 불가능성 개념을 더 정교하게 옹호하고자 한다. 「구조 이래의 길」에서 공약 불가능성을 논의하기 위해서 쿤은 '어휘집(lexicon)'이나 '어휘적 분류(lexical taxonomy)'라는 개념을 도입하여 빈번히 사용한다. 어휘집은 쿤이 기존에 사용하던 패러다임(paradigm)이라는 용어와 사실상 그 의미에서 동일하다. 그는 진리 대응설과 토대주의(foundationalism) 인식론을 명시적으로 부정하되, 어휘집 의존적 진리(lexicon-dependent truth)의 성립 가능성을 주장한다. 어휘집 의존적 진리의 성립 가능성과 관련하여, 쿤이 해킹(Ian Hacking)의 '과학적 추론의 스타일(styles of scientific reasoning)'을 자신의 견해와 유사한 것으로 취하지만 여기에는 부분적인 오해가 개재되었다고 저자는 본다.

10장에서는 객관성과 진리를 확보해 내는 과정을 패러다임과 창의성(creativity)의 관점에서 논의할 것이다. 이 장은 과학의 창의성에 대해 다룬다. 그러므로 이 장은 창의성 일반에 대한 논의라기보다는 특수한 창의성을 다루는 논의라고 할 수 있다. 특수한 창의성으로서의 과학의 창의성의 성격을 검토하고자 한다. 과학의 창의성을 크게 둘로 나눌 수 있다. 하나는 '틀 내' 창의성이다. 또 하나는 '틀 간' 창의성이다. 틀 내 창의성을 창의성 A로 나타냈고, 틀 간 창의성을 창의성 B로 나타냈다. 이 두 가지 의미의 과학의 창의성에 대해 다루면서 쿤의 과학관을 활용한다. 패러다임 내에서의 과학적 성취는 틀 내 과학의 창의성의 전형이다. 한 패러다임을 폐기하고 다른 패러다임을 수립하는 과학적 성취는 틀 간 과학의 창의성의 전형이다. 이 장은 과학의 창의성을 틀이라는 시각에서 파악하려는 시도이며 동시에 쿤 과학철학을 새로운 관점에서 해석하려는 노력이다.

11장에서는 과학적 합리성의 한 대안적 모형에 관해 검토한다. 객관성과 진리와 직결된 논의로서 과학적 합리성이라는 표현이 등장한다. 이 표현의 주 내용은 객관성과 진리라는 표현으로 앞서 논의한 바와 사실상 차이가 없다. 객관성과 진리의 수립이 일정한 과정을 거쳐 이루어지는 것이 과학적 합리성이라고 할 수 있다. 키처(Philip Kitcher)는 이른바 타협 모형(compromise model)을 제시한다. 타협 모형은 대안적인 과학적 합리성을 옹호하기 위해 키처가 제시하는 모형이다. 키처가 타협 모형을 내세운 이유는 다음과 같다. 키처는 기존의 합리성을 옹호하는 입장을 '전설(Legend)'이라고 부른다. 이 전설의 핵심 요소를 담은 과학적 합리성 모형이 바로 합리주의 모형이다. 그런데 키처는 전설에 입각한 이 합리주의 모형이 과학을 제대로 설명하지 못한다고 본다. 한편 키처는 반합리주의 모형도 비판한다. 반합리주의 모형은 전설이 이야기하는 바의 핵심 요소를 받아들인 합리주의 모형을 비판하는 입장이다. 키처는 이 반합리주의 모형 역시 과학 활동의 성격을 제대로 해명하지 못하는 것으로 규정하고 있다. 그리하여, 키처가 합리주의 모형과 반합리주의 모형 둘 다를 비판하면서 대안으로 제시한 과학적 합리성의 모형이 바로 타협 모형인 것이다. 즉 이 타협 모형은 합리주의 모형과 반합리주의 모형을 모두 공격하면서 키처가 제시하는 모형이다. 저자는 키처의 타협 모형의 가치와 의의를 비판적으로 검토하고자 한다. 그는 타협 모형을 지지해 주는 주요 사례로서 러드윅(Martin J. S. Rudwick)이 탐구했던 '데본기 대논쟁'을 다루고 있다. 저자는 이 사례와 타협 모형의 관계를 또한 검토할 것이다. 논의의 후반부에서는 키처의 타협 모형은 독자성을 지니는 대안적 합리성의 모형이지만, 쿤의 과학철학과 상당히 가깝다는 점을 세밀히 밝히고자 한다. 즉 쿤의 과학관과 키처의 타협 모형이 어떻게 연관되는지를 논의하게 된다. 이러한 논의를 바탕으로 타협 모형은 과학 공동체 내의 '하부 그룹(subgroups)'과 연관된 맥락을 잘 설명해 준다는 점을 드러낼 것이다.

장별 주요 학자, 주제, 개념

2장: 노직(불변), 갤리슨(안정성), 반 프라센(대칭)

3장: 라투르, 울거(문헌적 기록하기, 기록하기 장치, 과학적 사실의 구성)

4장: 라투르(활동 중의 과학, 테크노사이언스, 시각적 표현), 물질성

5장: 홀튼, 프랭클린, 자료 선별, 실험실 공책, 과학적 기만, 연구윤리

6장: 라우든, 레플린, 이론 미결정성, 경험적 동등성, 의미론적 접근

7장: 굿먼(비실재론, 세계의 복수성, 옳은 버전), 해킹(존재자 실재론, 조작 가능성)

8장: 퍼트넘(내재적 실재론, 합리적 수용 가능성), 굿먼(비실재론, 옳은 버전)

9장: 쿤(패러다임, 어휘집, 공약 불가능성), 해킹(과학적 추론의 스타일)

10장: 쿤(패러다임, 정상 과학), 틀 내 창의성, 틀 간 창의성

11장: 키처(타협 모형), 러드윅(데본기 대논쟁), 하부 그룹

2 불변으로서의 객관성

1. 들어가는 말

　객관성은 과학 활동은 물론 인간의 문화 전반, 특히 근대 문화를 이해하는 데 필요한 가장 기초적인 개념 가운데 하나다. 과학 이론이 자연의 어떤 영역에 관해서 주장하는 바는 객관적 경험 내용에 의해 입증되어야 한다. 예를 들어, 뉴튼(Isaac Newton)의 고전 역학은 태양계에 속하는 행성들의 시간에 따른 운동 상태를 말해준다. 이 고전 역학의 진위는 행성들의 실제 운동에 대한 관찰이 지니는 객관성에 달려 있다. 아스피린과 같은 약물은 두통에 효과가 있다고 이야기된다. 또는 아스피린은 심장 질환에도 효과를 지닌다고 알려져 있다. 이러한 효과들은 객관적이어야 한다. 그 효과들이 객관적으로 존재하지 않는다면, 사람들이 아스피린을 살 이유를 잃게 될 것이다. 아스피린의 두통 치료나 두통 완화 효과가 객관적이기 위해서는 두통 환자들 '사이에서' 어떤 경험적 확인이 있어야 한다. 특정한 개별 환자에서만 아스피린이 두통 치료를 나타낸다면, 그것만으로 아스피린의 두통 치료 효과가 객관적이라고 말하기 곤란하다. 여러 환자에서 아스피린의 두통 치료 효과가 반복적으로 나타나면, 아스피린의 두통 치료 효과가 객관적이라고 말하기가 더 수월할 것이다. 이런 맥락에서 볼 때 객관성에 대한 논의가 우리의 인식과 문화를 이해하는 데 상당한 중요성을 지님을 의심하기 어렵다. 과학 및 인간의 여타 인식활동을 이해하고자 할 때, 객관성에 대한 개념 규정과 그와 같은 개념 규정이나타내는 효용과 가치에 관해 취급하는 논의는 철학의 영역에서 빼놓기 곤란한 부분이다. 넓게 보아 이러한 논의는 철학의 영역에서 일정한 관심을 받아왔다고 이야기해도 될 것이다. 예를 들어, 과학을 둘러싼 합리주의적 입장과상대주의적 입장에 대한 논의, 예를 들면, 논리 실증주의와 토머스 쿤의 과학철학의 대립과 같은 논의 등도 포괄적으로 볼 때 객관성에 대한 논의라고 할수 있다.

철학자 노직은 『불변들: 객관적 세계의 구조(Invariances: The Structure of the Objective World)』에서 객관성에 대한 한 옹호 논변을 제시한 것으로 보인다.[1] 그가 제시하는 객관성은 그의 책 제목에 나타나듯이 '불변(invariance)'이라는 개념에 기초해 있다. 여기서 불변이란, 예를 들어 상황을 변화시켜도 한

---

1 이에 대해서는 Robert Nozick, 2001, *Invariances: The Structure of the Objective World*, Cambridge, MA.: Belknap Press of Harvard University Press를 볼 것. 특히, 2장 "불변과 객관성" (75-119)을 참조하면 좋다. 2장 "불변과 객관성"은 원래 다음의 글로 출간되었던 것이다. Robert Nozick, 1998, "Invariance and Objectivity," *Proceedings and Addresses of the American Philosophical Association*, Vol. 72, No. 2, 21-48. 저자의 논의는 Nozick(2001)을 대상으로 하여 인용과 참조를 할 것이다.

서구 철학계의 분석철학 분야에서 노직이 지닌 위상에 비해 국내에서 노직에 관한 논의는 매우 미진하다. 특히, 과학철학, 인식론과 관련된 노직의 입장을 검토하는 국내 논의는 2013년에 볼 때 전무하다. 노직은 주로 정치철학자로 알려져 있으나, 이와 같은 인지는 그의 철학을 규정하는 일에서 성공적이라고 말하기는 어려울 것이다. 그의 상당수의 저술은 과학철학과 인식론을 포괄하고 있기 때문이다. (대표적인 예로 Robert Nozick, 1981, *Philosophical Explanations*, Cambridge, MA.: Belknap Press of Harvard University Press를 들 수 있다.) 우선 노직 자신이 정치철학자로 파악되는 것을 다음과 같이 불만스러워하고 있다. "타인은 나를 '정치철학자'로 파악해 왔지만, 나는 결코 나 자신을 그런 의미에서 생각해 오지 않았다. 나의 글쓰기와 관심의 대다수는 여타 주제에 초점을 두어왔다"(Nozick, 1997, 1). 여기서 여타 주제란 바로 과학철학과 인식론 영역에 속하는 것들이라고 하겠다.

현상이 일정한 행동 양식을 나타내는 것을 의미한다. 위에서 본 예에서처럼, 행성들의 운동 상태는 여러 관찰자에게 변함없이 나타나야 한다. 그래야만 고전 역학은 경험적으로 입증될 수 있다. 또 다른 예에서처럼 아스피린의 두통 치료 효과는 불변이어야 한다. 아스피린이 어떤 이에게서만 두통 치료 효과를 보여주고 다른 이들에게서는 두통 치료 효과를 나타내지 않는다면, 두통 치료 효과에 불변 개념을 적용할 수 없다. 이런 경우 객관성은 확보되기 어렵다. 노직이 객관성에 불변이라는 개념을 통해 접근하여 얻고자 하는 바는 다음과 같은 것이다. 불변으로서의 객관성 개념이 성립한다면 우리의 외부 세계는 객관적 구조를 지닐 수 있다. 그 객관적 세계의 구조는 일정한 속성 또는 관계를 보여주어야 한다. 현상 가운데는, 일정한 행동 방식을 나타내고 그럼으로써 우리에 의해 객관적 구조를 지닌다고 규정될 수 있는 것이 존재한다는 것이다.[2]

이 장에서는 노직의 객관성 개념이 어떤 특성과 한계를 지니는지 자세히 논의하고, 그럼으로써 객관성을 둘러싼 철학적 논의를 심화, 발전시키고자 한다. 저자는 노직이 제시하는 객관성의 개념을, 특히 과학 활동과 연계지어 탐구하게 될 것이다. 이를 위해 첫째, 객관성 확보를 위해 필요한 것으로 노직이 제시하는 네 가지 지표 자체를 노출시키고 이를 분류하게 된다. 둘째, 노직이 말하는 객관성의 지표들은 기본적으로 객관성을 확보하는 데 도움을 주는 충실한 항목이 되고 있지만, 그럼에도 불구하고 일부 지표에 관해서는 정교한 비판적 논의가 필요하다. 각 지표의 '정확한 의미와 적용 범위' 등에 관한 논의가 관심사를 이룰 것이다. 객관성의 네 가지 지표가 서로 완전히 독

---

2 노직이 1998년에 불변과 객관성을 다루는 글을 냈을 때는(주 1 참조), 논리 실증주의(혹은 논리 경험주의)나 그것을 계승한 철학적 흐름과 쿤의 과학관이나 이를 옹호하는 철학적 흐름 간의 대립 이외에도 사회 구성주의(Social Constructivism)라는 더 급진적인 상대주의적 과학관이 과학기술학 분야에서 상당한 관심을 끌고 있던 무렵이었다. 노직은 이와 같은 상황 속에서 불변 개념을 구상하는 데 영향을 받았다고 본다. 아래의 논의에서 볼 수 있듯이, 노직은 반상대주의 흐름을 지향하는 입장에 속해 있다고 할 수 있다.

립적인 것인지, 부분적으로 얽혀 있는 것인지 등에 대해 노직은 분명히 밝히지 않고 있다. 저자는 네 가지 지표를 비교해 가면서 그것들 간의 관계를 명백히 드러내고자 한다. 객관성의 지표에 대한 저자의 논의 과정의 일부에서 저자는 노직의 견해를 갤리슨[3]의 견해와 비교할 것이다. 셋째, 노직은 특히 그가 이야기하는 지표 중에서 '변환 속 불변'을 매우 강조한다. 반 프라센[4]과 같은 이도 노직이 주장하는 것과 사실상 동일한 변환 개념을 제시한다. 노직은 변환과 불변이라는 개념을 서로 다른 좌표계 사이에 있게 되는 변환에도 불구하고 나타나는 '법칙' 불변과 관련해서 논의한다. 이 변환 속 불변이라는 지표에 대해서 저자는 좀 더 집중적으로 검토할 것이다. 저자는 노직의 변환 개념을 법칙 불변에서 나아가 '사실'과 관련된 변환 개념으로 확대 적용이 가능하다고 논의할 것이며, 동시에 그럼에도 불구하고 사실과 관련된 변환 개념은 제한적으로 확대 적용된다는 점도 지적할 것이다. 변환이라는 지표는 일부 사실에 대해서는 성공적으로 확대 적용이 가능하다. 하지만 동시에 일부 사실에 대해서는 확대 적용하기가 적절치 않다는 점을 보여주고자 한다. 즉 노직의 지표 개념은 '제한된' 사실과 연관해 적용할 때 효과가 뚜렷하다는 점을 토의하려는 것이다. 이러한 국면을 이해하기 위해 6.3.에서 저자는 '적극적' 변환 개념과 '소극적' 변환 개념을 도입한다.

---

3 이에 대해서는 Peter Galison, 1987, *How Experiments End*, Chicago: The University of Chicago Press, 특히 257-262를 참조하면 좋다.

4 이에 대해서는 Bas C. van Fraassen, 1989, *Laws and Symmetry*, New York: Oxford University Press, 특히 215-289를 참조하면 좋다.

2. 객관성의 네 가지 지표

불변이라는 측면에서 객관성을 이해하려는 노직의 논의를 검토하기 위해, 먼저 노직의 지표에 대해서 살펴볼 필요가 있다. 노직은 객관성에 대해 다음과 같은 지표를 언급한다.

객관적 사실 또는 객관적 진리에 관한 통상적 관념에는 세 가지 가닥이 존재한다. 첫 번째, 객관적 사실은 다양한 각도에서 접근 가능하다. 그것에의 접근은 서로 다른 때에 동일한 감각(시각, 촉각 등등)에 의해 반복될 수 있다. 그것은 동일한 관찰자의 서로 다른 감각들에 의해, 또한 서로 다른 관찰자에 의해 반복될 수 있다. 서로 다른 실험실이 그 현상을 복제할 수 있다. 한 사람의 한 가지 감각 양상에 의해 한순간에만 경험될 수 있는 것은 임의 잡음(noise)과 구별될 수 없으며 객관적 사실로서 (안전하게) 여겨지지 않는다.

첫째와 관계된, 객관적 진리의 두 번째 지표는 그것에 관해 간주관적(inter-subjective) 동의가 존재하거나 존재할 수 있다는 점이다. 그리고 세 번째 특징은 독립(independence)과 관계가 있다. 만일 p가 객관적 진리이면, 그것은 사람들의 믿음, 욕구, 소망, 그리고 p인 관찰 또는 측정과 독립적으로 성립한다.

객관적 진리의 세 가지 특징(다양한 각도에서의 접근 가능성, 간주관성, 독립)은 확실히 정교화와 세련화를 필요로 하는데, 만일 그것들을 개별적으로는 필요하며 연합적으로는 충분한 것으로 생각하는 데 대한 반례들을 만나는 것만을 위해서라면 말이다. 우리는 또한 독립이라는 관념이 양자역학의 관점에서 잘 성립하는지를 생각해 볼 수 있다. 그럼에도 불구하고 내가 여기서 탐구하고자 하는 것은 객관적 진리의 네 번째의 그리고 더 근본적인 특징이다. 객관적 사실은 다양한 변환(transformations)에서 불변이다. 어떤 것을 객관적 진리로 구성하는 것이 이 불변이며, 이것이 앞의 세 가지 특징들(그것들이 성립되는 한에서)의 기초를 이루며 이것들을 설명해 준다(Nozick, 2001, 75-76).

위 인용문을 근거로, 그의 견해를 이해하고 평가하기 위해서 노직이 제시하는 객관성의 지표들을 분류하면 다음과 같다.

1. 다양한 각도에서의 접근 가능성(accessibility from different angles)
2. 간주관적 동의(intersubjective agreement)
3. 독립(independence)
4. 변환 속 불변(invariance in transformations)[5]

이처럼 객관성을 이해하기 위해 노직은 위와 같이 네 가지의 지표를 포착하고 있다. 이 네 가지 지표를 통해 노직은 객관성의 핵심 면모를 파악하는 데 필요한 상당히 중요한 관점을 제시하고 있다고 본다. 하지만, 그가 제시하는 객관성의 지표가 지니는 훌륭한 점에도 불구하고, 노직의 이와 같은 논의의 일부 내용은 보완되거나 비판될 수 있다. 노직이 논의하는 객관성의 지표가 어떤 장점과 한계를 지니는지에 대해서 다음 절에서부터 상술하기로 한다.

3. 다양한 각도에서의 접근 가능성

우선 1) 다양한 각도에서의 접근 가능성이라는 표현이 지니는 의미에서부터 논의를 시작하기로 한다. 사실상 노직이 주장하는 객관성의 지표 1)은 객관성에 대한 일반적이고 상식적인 특성을 전형적으로 나타내 주는 지표라고 할 수 있다. 소금의 맛이 짜다는 경험은 객관적이다. 이 경험을 객관적이라고

---

5 노직은 '변환 속 불변'을 간혹 변환으로 줄여 쓸 때가 있다. 이때의 변환은 불변이 나타나는 것과 관련된 변환임은 물론이다. 변환 속에서 불변이 나타나지 않는다면, 이는 객관성과 멀어지는 상황을 의미하며 '불변 속 변환'이 객관성의 다른 지표보다 '근본적이라는' 노직의 핵심 주장과도 멀어지는 것이기 때문이다.

보지 않는 이는 드물 것이다. 이때 이 경험이 객관적인 이유의 한 가지는 소금이 짠맛을 지닌다는 경험이 다양한 각도에서 접근 가능하기 때문이다. 다양한 각도에서 접근 가능하다는 표현은 다양한 방법으로 확인 가능하다는 표현으로 바꾸면 그 뜻이 좀 더 명확해진다는 인상을 저자는 갖고 있다. 소금이 짜다는 경험이 객관성을 지니는지를 확인하기 위해서는 다양한 상황이 요구될 것이다. 노직이 말하는, 우선 '때'의 요소가 존재한다. 노직은 이렇게 말하고 있다. "그것에의 접근은 서로 다른 때에 동일한 감각(시각, 촉각 등등)에 의해 반복될 수 있다." 이것을 1-A로 표시하기로 한다.

1-A. 서로 다른 때에 동일한 감각(시각, 촉각 등등)에 의해 반복 가능

어떤 경험적 사실이 특정한 때에만 확인되고 다른 때에는 그렇지 않다면 그러한 경험적 사실은 객관성을 지닌다고 보기 어려울 것이다. 나는 서로 다른 때에 소금의 맛에 접근해야 할 것이다. 아침, 저녁, 또는 임의 시간에 소금의 맛을 볼 필요가 있는 것이다. 이렇게 서로 다른 때에 경험한 소금의 맛이 짜다면, 소금이 짠맛을 지닌다는 경험은 객관성을 지니게 된다. 소금의 짠맛은 때에 의존함이 없이 '불변적으로' 나타난다는 것을 확인할 수 있기 때문이다. 따라서 다양한 각도에서 접근 가능이라는 지표의 한 요소로서 때에 관한 노직의 논의는 유의미한 것이 된다. 서로 다른 때에 어떤 경험적 사실이 존재하는지의, 확인되는지의 여부는 객관성을 구성하는 기초적 특징인 것이다.

때의 문제에 더해, 다양한 각도에서 접근 가능하다는 특성을 구성하는 다른 요소에 관해 논의할 필요가 있다. 노직은 "그것은 동일한 관찰자의 서로 다른 감각들에 의해 …… 반복될 수 있다"라고 이야기한다. 이것을 1-B로 표시하기로 한다.

1-B. 동일한 관찰자의 서로 다른 감각들에 의해 반복 가능

이 문장에서 "그것은" 물론 객관적 사실이다. 노직의 표현에서 "동일한 관찰자의 서로 다른 감각들에 의해" 반복될 수 있다는 표현은 그렇게 반복할 수 있다면 바람직하고 객관성을 강화할 수 있다는 견해로 물론 받아들일 수 있다. 그런데 경험의 상당수는 노직이 말하는 서로 다른 감각들로 확인되지 '않는다'. 위에서 살펴본 소금의 짠맛은 혀로 느낄 수 있는 것이지, 시각으로 느낄 수는 없다. 단풍잎의 붉은색을 시각으로 확인할 수는 있어도, 혀로 맛보아서 알 수는 없는 것과 같다. 이처럼 우리의 직접적 감각 지각 능력에 제한해서 이해하면, 짠맛을 시각이나 촉각으로 경험할 수 없는 것이다. 그렇다면 노직이 제시한 1-B는 그릇된 요소인가? 반드시 그렇지는 않아 보인다. 그렇지 않은 상황이 어떤 것인지 살펴보기로 한다.

한 사실이 동일한 관찰자의 서로 다른 감각들에 의해 확인될 가능성에 대한 주장이 얼마만큼 의미를 지니느냐가 지금 우리의 관심사다. 단풍잎의 붉은색은 눈으로 보는 것이지 혀로 맛볼 수 없다. 이것은 한 사실을 서로 다른 감각들로 확인하기가 곤란한 경우를 보여주는 예다. 그런데 '도구'를 사용하는 경우에는 서로 다른 감각으로 한 사실의 확인이 가능한 것으로 보아줄 만한 상황이 존재할 수 있다. 도구를 사용하면 다른 이야기가 나올 수도 있는 것이다. 예를 들어, 분석화학 실험실에 소금의 성분 분석을 의뢰할 수 있다. 실험실은 도구를 사용하는 분석화학 기법을 소금의 맛을 확인하는 데 적용한다. 그리하여 소금에 나트륨(Na) 성분이 많다는 것이 분석화학 실험실 내의 컴퓨터 모니터에 나타난 그래프 곡선에서 나의 시각으로 확인되면, 소금은 짠맛을 지니는 물질이라고, 혹은 짠맛을 지니는 성분을 함유하고 있다고 추론하게 될 것이다. 이 상황은 저자가 노직이 말한 내용을 긍정적으로, 적극적으로 또는 확장적으로 해석한 것이다. 하지만 이것은 노직에 대한 한 해석일 뿐이며, 노직이 이 상황이나 이 상황과 유사한 그 어떤 경우를 염두에 두었는지를 알 수는 없다. 또한 컴퓨터 모니터상에 나타난 그래프에서 나트륨 성분이 많다는 점을 확인한 것이 우리의 감각 기관인 혀로 확인한 감각 지각 내용과 대등한 경험인지도 논란거리가 될 수 있다.[6] 논란의 여지가 있음에도 불구하고, 다양한 각도의 한 경우로서 서로 다른 감각들을 사용하는 확인의 중요성을 노직이 잘 지적하고 있다고 여기서 말하더라도 별 다른 이견을 발생시킬 것으로 보이지 않는다.

다양한 각도에서 접근 가능하다는 견해를 구성하는 세 번째 측면에 대해 논의하겠다. 그것은 바로 "서로 다른 관찰자에 의해 반복될 수 있다"라는 노직의 견해에 대한 논의다. 이를 1-C로 표시할 것이다.

1-C. 서로 다른 관찰자에 의해 반복 가능

소금이 짠맛을 지닌다는 경험은 나의 미각으로 서로 다른 때에 확인해 볼 수 있다. 이런 확인을 통해 때에 의존하지 않고 소금이 짠맛을 나타내면, 이것만으로도 상당한 객관성이 나타났다고 볼 수 있다. 하지만 이것은 '나의 감각에만' 나타나는 경우다. 다른 사람의 미각에는 소금의 맛이 짜게 느껴지지 않을 수도 있는 것이다. 따라서 다른 사람의 미각에서도 소금의 맛이 짜다는 경험이 나타나는지 검토할 필요가 있다. 이러한 상황이 바로 "서로 다른 관찰자에 의해 반복될 수 있다"라는 노직의 표현에 담겨 있는 것이다. 서로 다른 관찰자에 의해 동일한 경험이 반복될 수 있다는 것은 한 개인의 감각에서 서로 다른 때에 동일한 경험 내용이 나타났다는 것보다 '훨씬 더 강력한' 객관성 수립의 요소가 된다고 보아야 한다. 개인이 아니라, 개인을 넘어서서 경험의 사회적 차원이 열리기 시작하는 것이 바로 이 대목에서이기 때문이다. 위에서 살펴본 1-A) 서로 다른 때에 한 개인의 동일한 감각으로 접근 가능하고, 1-B) 한 개인의 서로 다른 감각들에 의해 접근 가능하다는 점은 어디까지나

---

6 이러한 대등성에 대한 상세한 논의가 이 장의 주된 쟁점이 아니므로, 추가적 논의를 덧붙이지는 않는다.

특정 개인의, 한 개인의 한계 안에서 이루어지는 사안이었다. 이에 비해, 이러한 1-C)라는 사회적 차원 또는 간주관적 차원은 인식 일반에서 주목할 만한 요소이며, 특히 과학 활동에서 상당히 강조되는 것이다.[7]

노직은 다양한 각도에서의 접근 가능성과 관련해서 1-C의 한 경우를 과학 활동과 결부지어 이렇게 말한다. "서로 다른 실험실이 그 현상을 복제할 수 있다." 이를 1-C-E로 표시하기로 한다.

1-C-E. 서로 다른 실험실이 동일 현상을 복제

특정한 실험실의, 특정한 도구에서만, 특정한 때에만 어떤 현상이 나타나면, 이 현상을 객관적인 것으로 인정하기는 곤란하다. 특정한 실험실 안에서라도, 그 실험실의 서로 다른 도구에서, 서로 다른 때에 그 현상이 나타나면 그 현상은 객관성을 드러내기 시작한다고 볼 수 있다. 그러다가 다른 실험실에서도 그 현상이 나타나면 객관성은 보다 더 인정받기 쉬운 단계로 접어든다. 여러 실험실에서, 여러 도구에서, 여러 때에 그 현상이 잇달아 출현하면, 그 현상은 과학자 사회에서 객관성을 갖는 것으로 인정될 것이다. X선 현상이 그 한 예가 될 것이다. X선은 처음에는 뢴트겐(Wilhelm Conrad Röntgen) 실험실의 실험 도구에서만 나타났다. 이 단계에서는 객관성을 인정받기가 쉽지 않았다. 뢴트겐 자신도 불투명체에 대해서 투과성을 지니는 이 현상이 무엇인지 의아해했을 것이다. 하지만 X선 현상이 여러 실험실에서 출현하면서 X선 현상은 객관적 현상이 되어갔던 것이다. 노직의 "서로 다른 실험실이 그 현상을 복제할 수 있다"라는 표현은 이처럼 과학 활동을 이해하는 데에 핵심적 관건이 되는 요소 가운데 하나를 정확히 지적하고 있다고 볼 수 있다.

1-C의 한 경우로서 "서로 다른 실험실이 그 현상을 복제할 수 있다"라고 말

---

7 그렇기 때문에 지표 1-C)는 지표 2), 3), 4)와 연관이 되는 것으로 보일 때가 있다. 그러한 연관이 있다면, 어느 수준에서 그러한지를 지표 2), 3), 4)를 다루는 절의 일부에서 논의할 것이다.

하는, 즉 1-C-E를 말하는 노직의 입장과 유사한 견해가 있다. 한 예를 들자면, 갤리슨은 '안정성(stability)'이라는 개념을 제기한 바 있다.[8] 갤리슨은 이렇게 말하고 있다.

> "안정성"으로 나는 실험 조건의 몇몇 면모를 변화시켜 주는 그 모든 절차를 염두에 둔다. 그 결과를 기본적으로 변화시키지 않는 시험 물질, 장치, 자료 분석에서의 변화. …… 각각의 변화를 주었을 때 결과에서 변동이 있게 되면 모든 관찰을 만족시키는 하나의 대안적인 인과적 이야기를 가정하는 것을 더 어렵게 한다(Galison, 1987, 260).

안정성은 실험 조건을 바꾸어줌에도 불구하고, 일정한 현상의 구조적 특성이 그대로 드러나는 성질을 의미한다. 어떤 이 H가 자신이 암에 걸려 있는지를 확인하는 상황을 염두에 두기로 한다. 먼저 그 사람은 A라는 병원에서 암에 걸렸다는 진단을 받는다. 이에 H는 병원 A의 이러한 진단을 의심할 수 있다. 이때 H가 취할 수 있는 방법의 하나는 병원 A에서 재검진을 받고 진단 결과를 들어보는 것이다. 하지만 H는 병원 A에서 받은 암 발병에 관한 진단을 의심하고 있으므로 H는 병원 A에서 재검진을 받는 일을 피하려고 할 수도 있지 않을까? 그럴 경우 H는 B라는 다른 병원에서 검진을 받아볼 수 있다. 병원 B는 병원 A와 다른 병원이라는 점이 중요하다. 병원 B는 병원 A와는 '다른' 의료진과 '다른' 의료 장비를 지닐 가능성이 매우 크다. 서로 다른 의료진과 의료 장비를 썼을 때도, H가 암에 걸린 것으로 진단되면, H는 자신이 암 환자임을 의심하기가 쉽지 않을 것이다. 물론 병원 B에서 H가 암에 걸렸다는 진단을 받아도, H는 이를 다시 의심할 수 있다. 그리하여 H는 C라는 또 다른 병원에서 또 다시 의학적 검사를 받을 가능성이 존재한다. 병원 C에서도 암이

---

8 이에 대해서는 Galison(1987), 특히 257-262를 참조하면 좋다.

있다고 진단되면 H는 자신이 암에 걸렸다는 사실을 이제는 거의 기정 사실로 받아들일 가능성이 농후하다. 물론 그럼에도 불구하고 H는 또 다른 병원 D, E 등등에서 재검진을 받아볼 수 있다. H가 어떤 태도를 취하든, 여기서 초점은 서로 다른 의학 실험실의 의료 장비에서 발암 진단이 나타나는 상황이다. 예를 들어, X선 촬영 판독, CT(computed tomography) 촬영 판독, PET(Positron emission tomography) 촬영 판독의 경우에서처럼,[9] '서로 다른 도구'에서 암 세포의 존재가 '공통적으로 나타난다'고 판정되면, 이것은 안정성이 강화되는 것으로 인정해야 한다는 것이다. 이것이 갤리슨이 말하는 안정성 개념을 보여주는 한 사례가 될 수 있다. H의 육체 안에 암 세포가 존재한다는 것이 '안정적인 사실로서' 주장되는 상황이 바로 이것이다.

이와 같은 사례를 통해 이해되는 갤리슨의 안정성 개념은 노직이 말하는 서로 다른 실험실에서 나타나는 현상의 복제와 기본적으로 유사한 내용을 보여준다. 1-C-E, 즉 서로 다른 실험실에서 이루어진 현상 복제로서 표현되는 객관성 개념은 갤리슨의 안정성 개념과 매우 유사한 것이다. 노직은 객관성을 개념적으로 보다 엄밀히 규정하는 일에 주목한다는 특징을 지니며, 갤리슨은 실험 과학에 대한 구체적인 사례 연구에 의존하는 방식으로 안정성이라는 개념을 옹호하는 특징을 나타낸다. 노직이 불변으로서의 객관성이라는 개념에 집중한다면, 갤리슨은 불변으로서의 안정성에 집중하고 있다.

4. 간주관적 동의

다양한 각도에서 접근 가능이라는 지표에 이어, 객관성의 두 번째 지표인 간주관적 동의에 대해서 검토하고자 한다. 위의 사례 중에서 본 것처럼, 객관

---

9 이런 영상 기술의 출현, 전개, 의미에 대해서 다루는 한 문헌으로 Wolbarst(1999)를 참조하면 좋다.

성의 첫 번째 지표와 관련하여 소금이 짠맛을 지닌다는 것을 내가 여러 방식으로, 즉 나의 한 감각으로 여러 때에, 나의 다른 감각들로 확인할 수 있을 것이다. 또한 서로 다른 관찰자에게 동일한 감각이 나타나는지를 점검해야 한다. 이것은 노직이 이야기하는 객관성의 첫째 지표, 즉 다양한 각도에서 접근 가능해야 한다는 사항과 관련이 있다. 그럼 노직이 말하는 객관성의 두 번째 지표가 무엇을 드러내주는 것인지에 대해 좀 더 자세히 살펴보겠다.

　노직이 밝히고 있는 객관성의 두 번째 지표는 간주관적 동의가 존재하거나 존재할 수 있다는 점이다. 내가 여러 때에, 여러 가지 방법으로 소금이 짠맛을 지닌다는 점을 확인했고, 또한 다른 이도 여러 가지 각도에서 소금이 짠맛을 지닌다는 점을 확인했다고 가정한다. 이 상황은 물론 객관성의 첫 번째 지표와 관련된다. 노직의 두 번째 지표인 간주관적 동의는 누군가가 다양한 각도에서 어떤 사실을 확인한다는 사항을 넘어선다. 그가 지적하는 간주관적 동의는 개별 인식 주관 '내부'의 문제가 아니다. 그것은 인식 주관들 '사이'에서 벌어지는 일이다. 인식 주관들이 각자 독립적으로 다양한 방식으로 어떤 사실을 확인하는 데 그치는 것이 아니라, 거기서 더 나아간다. 인식 주관들 사이에서 상호작용, 예를 들면, 소금은 짠맛을 지닌다는 사실을 놓고 상호작용이 있게 되고 서로 의견 일치 또는 의견 불일치에 이르는 상황이 전개될 수 있다. 이렇게 발생하는 간주관적 동의는 집단적 인식 활동에서 핵심적 관건의 하나가 된다. 예를 들어, 과학 활동에서는 내가 어떤 사실을 확인했다는 것이 일차적으로 중요함에도 불구하고, 인식 주관들 사이에서 이루어지는 동의, 즉 간주관적 동의가 필수적인 요소가 된다. 과학은 인식 주관들 사이에서 벌어지는 사회적 활동의 한 형태이기 때문이다.

　"간주관적 동의가 존재하거나 존재할 수 있다"라고 노직은 말하고 있다. 간주관적 동의에 대해서 노직이 이렇게 논의한 것을 더욱 발전시킨다는 의미에서, 저자는 간주관적 동의에 좀 더 섬세하게 유의를 기울여야 한다고 본다. 이러한 유의가 요구하는 핵심은 다양한 각도에서의 접근 가능성의 첫 번째 요소, 1-A) 서로 다른 때에 동일한 감각(시각, 촉각 등등)에 의해 반복 가능이 자동적으로 간주관적 동의를 함축하지는 않는다는 점이다. 소금이 짠맛을 지닌다와 같은 사실에 대해서는 간주관적 동의가 비교적 쉽게 이루어질 가능성이 존재한다. 하지만 뢴트겐이 X선 현상을 처음 보았을 무렵에는 이 X선 현상에 대한 간주관적 동의가 존재하기 어려웠을 가능성이 높다. X선 현상이 뢴트겐의 실험 도구에서 나타났고, 나아가 '반복적으로' 나타났을지라도 다른 실험자의 도구에서도 곧 바로 동일하게 나타난 것은 아니었기 때문이다. 설사 다른 이의 도구에서 X선 현상이 관찰되었다고 하더라도 간주관적 동의가 즉각적으로 성립되지는 않을 여지가 있다. 도구가 불완전하게 작동할 가능성이, 또는 도구가 오류로 인해서 작동될 수 있는 가능성이 완전히 또는 충분히 배제되었는가를 놓고, 동일한 도구를 사용하는 인식 주관들 사이에서, 나아가 서로 다른 도구를 사용하는 경우에는 더욱더, 논란이 있을 수 있기 때문이다. 어떤 실험 도구를 개인이 사용하여 실험적 현상을 얻은 경우에 위와 같은 상황이 충분히 연출될 수 있는데, 개인이 아니라 '집단'이 실험을 수행하는 경우에는 간주관적 동의에 도달하는 데에 더 많은 난관이 존재할 수 있다.[10] 어떤 현상이 제대로 나타났느냐에 대해서 다른 개인이나 다른 집단과 의사소통을 하기 이전에, 각 실험자 집단 '내'에 속하는 개별 인식 주관 사이에서조차 실험 결과의 신뢰성에 대해서 논란이 있을 수 있고, 더구나 이 개별 인식 주관 사이의 논란이 긴 시간을 끌 수 있기 때문이다. 이와 같은 정황에 대해 유의함으로써 우리는 다양한 각도에서의 접근 가능성이라는 지표가 간주관적 동의라는 지표와는 상당한 차이가 있으며, 유의미하게 구별되는 지표임을 확인할 수 있다.

앞서 살펴보았던 지표 1-C)는 반복 가능에 초점이 있는 반면, 지표 2) 간주관적 동의는 의견 일치 또는 합의에의 도달에 초점이 있다. 어떤 현상이 서로 다른 관찰자에 의해 반복적으로 나타났다고 하자. 이때 서로 다른 관찰자가

---

10 현대 과학 실험의 대부분에서 실험은 개인이 수행한다기보다는 집단이 수행한다. 그렇기 때문에 이런 난관이 나타날 가능성이 커진다.

'곧 바로' 의견 일치 또는 합의에 도달하게 되는 것은 아닐 것이다. 반복적으로 나타난 현상이 진정으로 동일한 결과를 보여준 것인지 아니면 우연의 일치 또는 외견상의 일치를 나타낸 것인지를 놓고 서로 다른 관찰자들 사이에서 의혹이 일어날 수 있기 때문이다. 바로 이런 상황 때문에 저자가 위에서 논의했던 갤리슨의 '안정성' 개념과 같은 요소가 중요한 것이다. 반복적으로 나타난 현상이 충분히 안정성을 지니는지의 여부가 확립되려면 일반적으로 확인 절차가 요구된다. 이 확인 절차는 서로 다른 관찰자 사이에서 다르게 받아들여질 수 있다. 한 관찰자에게 확인 절차는 비교적 쉽고, 신속할 수 있을 것이다. 반면 다른 관찰자에게, 확인 절차는 매우 어렵고, 길 수 있다. 그렇기 때문에 반복 가능한 현상이 서로 다른 관찰자 사이에서 나타났다는 것과 그 관찰자들 사이에서 동의, 즉 간주관적 동의가 일어났다는 것은 항상 동일한 의미를 지니지는 않는 것으로 보인다. 이렇게 이해할 때, 지표 2)는 지표 1-C)와 연관을 지님에도 불구하고, 양자는 구별되는 지표임을 인정할 수 있는 것이다.

5. 독립

객관성의 세 번째 지표, 또는 특징으로서 노직은 '독립'을 강조한다. 이 지표가 무엇을 뜻하는지 논의하기로 한다. 그는 이렇게 쓰고 있다. "만일 p가 객관적 진리이면, 그것은 사람들의 믿음, 욕구, 소망, 그리고 p인 관찰 또는 측정과 독립적으로 성립한다." 인용문에 기술된 내용 가운데 일부가 직관적으로 수용 가능해 보이지만, 다른 일부를 수용하는 데에는 숙고를 필요로 하는 것으로 보인다. p가 객관적 진리이면, 그것은 "사람들의 믿음, 욕구, 소망"과 독립적으로 성립한다는 견해는 비교적 쉽게 이해가 간다. '소금이 짠맛을 지닌다'는 주장을 고려해 보기로 한다. 소금이 짠맛을 지닌다는 것이 다양한 각도에서 확인되었고, 또한 간주관적 동의가 이루어졌다면, '소금이 짠맛을 지닌다'는 문장은 객관적 진리가 될 것이다. 이렇게 수립된 객관적 진리는 소금이 짠맛을 지닌다는 사실을 확인한 인식 주관들의 믿음, 욕구, 소망과 관계가 없다. '소금이 짠맛을 지닌다'는 문장은 소금이 짠맛을 지닌다는 경험적 확인에 의해서만 수립될 수 있는 것이지, 그러한 경험적 확인을 시도한 사람들의 믿음, 욕구, 소망과 관계가 없다. 소금이 짠맛을 지니는 것은 사람들의 믿음, 욕구, 소망에 대해 불변일 것이기 때문이다.

그런데 사람들이 수행한 "p인 관찰 또는 측정과 독립적으로 성립한다"라는 견해에 대해서는 좀 더 논의가 필요해 보인다. 노직은 이런 점에 대해서는 상세히 취급하지 않고 있다. p가 객관적 진리이면, 그것은 "p인 관찰 또는 측정과 독립적으로 성립한다"라는 주장이 p가 일단 객관적 진리가 된 이후에는 p인 관찰 또는 측정이 필요 없음을 의미하는 것으로 해석될 수는 없을 것이다. 왜냐하면 p인 관찰 또는 측정이 있어야만 p가 객관적 진리인지 아닌지 확인할 수 있기 때문이다. '소금이 짠맛을 지닌다'는 주장은 소금이 짠맛을 지닌다는 경험을 보여주는 관찰이나 측정 없이 객관적 진리로서 수립될 수가 없는 것이다. 어떤 주장은 그 주장이 사실로서 발생했는지에 대한 경험적 확인 내용과 독립적으로 참이 될 수 없다. 그러므로 "p인 관찰 또는 측정과 독립적으로 성립한다"라는 표현이 p가 일단 객관적 진리가 된 이후에는 p인 관찰 또는 측정이 필요 없다는 내용으로 해석될 수는 없는 것이다. 그렇다면 "사람들의 …… p인 관찰 또는 측정과 독립적으로 성립한다"라는 표현을 어떻게 받아들여야 할 것인가? 저자는 '사람들의 p인 관찰 또는 측정'이 관찰자가 '어떤' 사람이냐와 독립적이어야 함을 의미하는 것으로 해석되어야 한다고 본다. 노직의 문장은 분명히 무엇을 뜻하는지 말하지 않고 있다. 어떤 실험 도구를 사용하여 p인 관찰 또는 측정을 얻어냈다면, 그 관찰 결과 또는 측정 결과는 구체적으로 그 p인 관찰 또는 측정을 어떤 사람들이 또는 어떤 실험자들이 수행했느냐와는 관계가 없을 것이다. 예를 들어, 김 씨가 수행했든 이 씨가 수행했든, 남자가 했든 여자가 했든, 20대가 했든 60대가 했든 상관이 없는 것이다. 실험 도구가 무생물인 경우 그 도구가 사람의 영향을 받아 사람에 따라

서로 다른 실험 결과를 낼 가능성은 희박하다고 볼 수 있다.[11] 뢴트겐의 실험 도구에서 X선 현상이 나온 관찰은 그 실험을 수행한 이가 뢴트겐이냐 아니냐 와 무관해야 하는 것이다. 그래야만 '독립'이라는 개념이 유효성을 담보하게 된다.

지표 1-C) 서로 다른 관찰자에 의해 반복 가능은 지표 3) 독립과 어떤 관계에 있을까? 1-C)에서 서로 다른 관찰자라는 구절에 등장하고 3)에서는 p인 관찰 또는 측정의 관찰자나 측정자의 독립성을 말하고 있기에, 이런 질문을 제기할 수 있을 것이다. 지표 3)은 어떤 관찰자들과 현상들에 대해서 지표 1-C)와 지표 3)이 만족되었을 때, 그때에만 주장될 수 있는 사항이다. 지표 1-C)는 서로 다른 관찰자에게 어떤 현상이 반복적으로 나타난 상황 자체에 국한되는 성격을 지닌다. 지표 1-C)가 충족되고 나아가서 지표 2) 간주관적 동의가 이루어진 다음에, 비로소 지표 3)을 주장할 수 있는 것이다. 그러므로 1-C)가 중요한 지표이면서도, 지표 3)과는 구별되는 것임을 알 수 있다.

6. 변환 속 불변

6.1. 변환 속 법칙 불변

노직이 말하는 객관성의 네 가지 지표를 위에서 살펴보고 그에 관해 논의 했다. 그 세 가지 지표는 1) 다양한 각도에서의 접근 가능성, 2) 간주관적 동의, 3) 독립이었다. 노직은 객관성의 이 세 가지 지표에 마지막으로 한 지표를

---

11 그러나 개, 소, 고래 등과 같은 포유류를 사용하는 동물 실험에서는 무생물인 실험 도구를 사용 하는 실험과는 다른 상황이 벌어질 수도 있을 것이다. 개, 소, 고래와 같은 포유류가 지니는 수 준의 뇌 용량은 사람을, 즉 실험자를 분별할 가능성이 충분하기 때문이다. 하지만 생명체를 사 용한 실험이더라도, 박테리아나 바이러스와 같은 대상을 사용하는 실험에서는 그것들이 실험 자를 분별할 가능성은 희박할 것이다.

더한다. 그것은 4) 변환 속 불변이다. 이에 대해 노직은 다음과 같이 이야기하고 있다. "…… 내가 여기서 탐구하고자 하는 것은 객관적 진리의 네 번째의 그리고 더 근본적인 특징이다. 객관적 사실은 다양한 변환에서 불변이다. 어떤 것을 객관적 진리로 구성하는 것이 이 불변이며, 이것이 앞의 세 가지 특징들(그것들이 성립되는 한에서)의 기초를 이루며 이것들을 설명해 준다." 이처럼 노직은 변환을 객관성을 위한 지표 1)-3)보다 더 근본적인 지표로 본다. 이 변환이라는 지표로 노직이 무엇을 이야기하려고 하는지 이해하기 위해서 그가 드는 예를 활용하여 이 지표가 지니는 의미에 접근하기로 한다.

그가 드는 한 예는 아인슈타인(Albert Einstein)의 특수 상대성 이론(theory of special relativity)이다.[12] 잘 알려져 있듯이, 아인슈타인의 특수 상대성 이론은 법칙 '불변'과 깊은 관련이 있다. 특수 상대성 이론에서 '특수'라는 표현은, 잘 알려져 있듯이, '등속도로 운동하는' 좌표계에 제한하여 법칙 불변에 대해서 논의하는 상황을 의미한다. 특수 상대성 이론은 등속도로 운동하는 서로 다른 좌표계에서 물리 법칙이 불변적으로 성립한다는 이론이다. 즉, 등속도로 운동하는 서로 다른 좌표계에서 나타나는 물리 법칙의 수학적 기술(형식)이 동일하게 주어진다는 것이다. 노직은 이에 대해 이렇게 간명하게 말하고 있다. "아인슈타인의 상대성 원리는 모든 관성 좌표계에서 법칙들이 똑같은 수학적 그리고 논리적 형식을 취해야 할 것을 요구한다"(Nozick, 2001, 86). 이러한 예에서 알 수 있듯이, 노직이 주목하는 지표 4) 변환 속 불변은 법칙과 수학적 형식(기술)에 초점을 두고 있음을 알 수 있다. 이를 예를 들어 이해하기로 한다.[13] 한 강의실에서 내가 돌을 손에 쥐었다가 놓으면 수직으로 낙하한

---

12 노직이 특수 상대성 이론과 관련된 내용을 다루는 곳으로 Nozick(2001), 78-83, 86-87 등을 참조하면 좋다.

13 이하의 예에서는 등속도 좌표계 사이에서의 법칙 불변에 대해 논의할 것이다. 이런 점에 대해서는 아인슈타인 이전에 갈릴레오도 이미 다룬 바 있다. 이때 갈릴레오 상대성 원리와 아인슈타인 상대성 원리의 차이(예를 들면, 광속 불변의 도입)를 여기서 밝히는 것이 이 장의 목적이 아니므로 등속도 좌표계에서 발생하는 법칙의 불변과 관련된 사항에 초점을 두겠다.

다. 강한 바람과 같은 외력이 낙하하는 돌에 영향을 주지 않는 한, 돌은 지구의 중심 방향으로, 정확히 말하면, 지구의 중력 중심 방향으로 떨어진다. 바로 이 방향을 우리는 보통 수직 방향이라고 말하는 것이다. 내가 돌을 떨어트린 강의실은 한 좌표계다. 이 강의실을 관행적으로 일종의 정지 좌표계로, 즉 이동 속도가 0인 좌표계로 가정할 수 있다.[14] 그런데 돌을 손에 쥐었다가 떨어트리는 실험을 등속 운동하는 다른 좌표계에서 수행하면 어떤 결과가 나타날 것인가? 예를 들어, 등속도로 운동하는 열차의 객실 내부를 생각해 보기로 한다. 내가 열차의 객실 통로에서 돌을 손에 쥐었다가 놓는다. 돌은 어떻게 행동할 것인가? 열차가 등속도로 운동하므로 돌이 열차의 운동 방향과 반대되는 방향 쪽으로 비스듬하게 객실 바닥으로 떨어질 것인가? 잘 알려져 있듯이, 그렇지 않다. 등속도로 움직이는 열차 내부에서도 낙하하는 돌은 수직 방향으로 이동하여 열차 객실의 바닥에 닿는다. 낙하 운동의 결과는 등속 운동하는 서로 다른 좌표계에서 동일하게 나타난다. 강의실과 등속으로 움직이는 열차 안에서 낙체의 운동은 동일한 양상을 보이는 것이다. 즉 낙하 현상의 불변이 드러난다. 이것은 노직이 불변이라는 개념으로 이야기하는 내용을 보여주는 한 전형적 사례가 될 것이다.

노직이 변환 개념을 객관성의 한 지표로서 강조하는 것처럼, 변환 개념에 주목하는 철학자 가운데 하나로 반 프라센을 들 수 있다. 반 프라센은 변환이라는 표현보다는 '대칭(symmetry)'이라는 표현을 더 중심적으로 사용한다.[15] 아인슈타인의 특수 상대성 이론의 경우에서, 물리 법칙은 상대 운동하는 등속도 좌표계'들'에서 동일하게 주어진다. 이런 상황을 노직이 변환이라고 표현하는 데 비해, 반 프라센은 대칭이라고 더 빈번히 표현하고 있는 것이다.

---

14 우리가 정지 좌표계로 생각하는 강의실이라는 이 좌표계는, 지구가 공전 운동을 하므로, 엄격히 말하면 정지 좌표계는 아니다. 그렇지만 일반적으로, 흔히 정지 좌표계로 가정한다. 여기서도 그렇게 가정하기로 하겠다.

15 이에 대해서는 van Fraassen(1989), 특히 215-289를 참조하면 좋다.

노직은 서로 '다른' 좌표계를 강조하는 있는 것으로 보이며, 그래서 좌표계 사이에서 벌어지는 일로서의 변환이라는 개념을 사용하는 것으로 볼 수 있다. 이에 비해, 반 프라센은 서로 다른 좌표계에서 법칙이 '동일성'을 나타내는 점을 강조하여, 대칭이라는 개념을 사용하고 있다고 할 수 있다. 여기서 변환이라고 하든 대칭이라고 하든, 그러한 개념들을 구사하게 해줄 수 있는 근거는 '불변'이라는 성질에 있다. 노직은 말할 것도 없으며, 반 프라센 역시 변환과 불변이라는 개념을 명시적으로 사용한다. 물론 반 프라센의 경우 변환과 불변이라는 개념으로 사실상 대칭 개념을 다루고 있다. 그는 이렇게 표현하고 있다.

> 이제 나는 변환과 불변의 관점에서 그 동일한 주제를 정확히 이야기하길 원한다. 이 맥락에서 흥미로운 변환이란 모든 유관한 점에서 각 개별자를 동일하게 남겨두는 변환이다(van Fraassen, 1989, 244).[16]

위에서 "그 동일한 주제"란 대칭에 관한 주제다. 반 프라센이 주장하는 대칭은 바로 변환과 불변이라는 용어로도 동일하게 이야기될 수 있는 개념인 것이다. 그러므로 반 프라센의 견해는 변환에 관한 노직의 견해와 동일하다. 위에서 "이 맥락에서 흥미로운 변환이란 모든 유관한 점에서 각 개별자를 동일하게 남겨두는 변환이다"라고 반 프라센이 말할 때, 각 개별자를 동일하게 남겨둔다는 의미는 각 좌표계에서 발생하는 개별적인 사실적 상황, 개별적인 법칙적 상황을 뜻한다. 변환이 있어도 개별자가 보여주는 속성과 관계가 불변인 그러한 변환이 반 프라센이 관심을 두는 변환이다. 그리고 이러한 변환이야말로 노직이 말하는 변환과 동일한 것이다.[17]

---

16 강조는 반 프라센의 원문에 있는 것이다.

17 어먼(John Earman)도 대칭과 불변을 반 프라센과 동일한 의미로 사용하고 있다. 다음의 글을 참조하면 좋다. John Earman, 2004, "Laws, Symmetry, and Symmetry Breaking: Invariance,

변환에서 중요한 것은, 예를 들어 특수 상대성 이론의 경우에서처럼, 좌표계의 변환이 있어도 무언가가 '불변적으로' 주어져야 한다는 점이다. 위에서 본 특수 상대성 이론과 관련된 경우에서는 낙하 현상이 동일하게 불변으로 나타났다. 여기서 주목할 것은 '한' 좌표계에서 수직 낙하 현상을 '반복적으로' 확인한다는 점이 '아니다'. 한 좌표계 내에서의 반복적 확인은 객관성의 지표 중 1) 다양한 각도에서의 접근 가능성에 해당하는 것으로 볼 수 있다. 노직의 이야기는, 앞서 보았듯이, 지표 1)이 중요함에도 불구하고 지표 4) 변환이 더 "근본적인 특징"이라는 것이다. 이것은 일견 이해가 그리 어려운 것은 아니다. 한 강의실 내에서 '여러' 때 그리고 '여러' 장소에서 돌의 낙하가 수직으로 이루어진다는 관찰은 객관성을 이루는 주요 관건임에 틀림없다. 나아가 변환이라는 지표의 관점에서 볼 때, 등속도로 운동하는 다른 좌표계, 예를 들면 등속도로 운동하는 열차의 객실 내부에서 돌이 수직 낙하하는 것이 관찰되면, 즉 현상의 불변이 나타나면 객관성은 더욱 강화된다. 지표 1)이 객관성의 좌표계 '내' 특성이라면 지표 4)는 좌표계 '간' 특성이라고 말하면 이 상황을 적절히 묘사하는 일이 될 것이다. 노직의 표현대로 지표 4) 변환이 지표 1) 다양한 각도에서의 접근 가능성보다 더 근본적이라고 볼 수 있는 측면이 있다. 한 좌표계에서의 반복 관찰보다는 '서로 다른' 좌표계 사이에서 나타나는 불변이 더 깊은 인식적 의미를 지닌다고 판단해도 무방할 것이기 때문이다.

이어서 지표 1)의 한 경우로서 지표 1-C)와 지표 4)의 관계에 대해 살펴보기로 한다. 지표 2)와 3)에 대해서 지표 1-C)가 그랬듯이, 지표 1-C)는 지표 4)에 대해서도 양자가 어떤 식으로 관계가 되는지에 대한 관심을 불러일으킬 수 있다. 그것은 1-C)가 서로 다른 관찰자에게 현상이 반복적으로 나타나는 상황을 말해주기 때문이다. 그런데 지표 4)는 '서로 다른 관찰자'에 초점을 두

Conservation Principles, and Objectivity," *Philosophy of Science*, Vol. 71, No. 5: 1227-1241. 어떤은 주요 사례로 아인슈타인의 일반 상대성 이론(theory of general relativity)을 사용하여 법칙과 대칭에 대해 논의한다.

는 것이 아니라, 서로 다른 좌표계에 초점을 둔다는 데 주목해야 한다. 1-C) 는 한 좌표계 내에서 서로 다른 관찰자에게 어떤 현상이 반복적으로 나타난 다는 데 유의하는 지표다. 그렇지만 1-C)는 '서로 다른 좌표계에서도' 서로 다른 관찰자에게 현상이 반복적으로 출현하는지에 대해서는 고려하지 않는 지표인 것이다. 이에 대한 고려는 지표 4)에서 비로소 이루어진다. 바로 이 점에서 지표 1-C)와 지표 4)는 구별되는 것이다. 따라서 지표 4)에 노직이 주목하는 일은 객관성을 철학적으로 이해하는 작업에서 그 정당한 의미를 차지하고 있다고 말해도 될 것이다.

6.2. 변환 속 사실 불변

노직의 지표 4)가 지니는 이러한 중요성에도 불구하고, 이 지표 4)가 진정으로 다른 지표 1)-3)에 비해 근본적인지에 대해서는 약간의 회의적 태도를 취할 여지가 있는 것으로 보인다. 변환과 불변 사이의 관계에 대해서 노직은 법칙의 불변과 결부지어 논의한다. 그런데 변환 속 불변 개념을 더 의미 있게 하려면 '사실'과 관련하여 변환의 문제를 확대시킬 가능성에 대해 고려해 볼 필요가 있다. 그것은 변환 개념이 사실과 관련하여 '일반적으로' 적용 가능한 지표가 되느냐라는 의문과 관계된다. 예를 들어, 아인슈타인의 특수 상대성 이론이라는 사례에서처럼, 낙하 법칙의 불변이 서로 등속도로 움직이는 좌표계 사이의 변환에도 불구하고 존재하느냐를 놓고 이야기할 때에는 변환 개념이 매우 유용하다. 하지만 사실과 관련된 사항에 변환 개념을 적용하는 데는 한계가 있어 보인다. 이런 의미에서 변환과 불변에 대한 논의는 그 확대 가능성에서 한계를 지닌다고 논의하려는 것이다. 어디에는 확대할 수 있고, 어디에는 확대할 수 없는지 검토하게 된다. 이것이 왜 그런지를 예를 들어 살펴보기로 한다.

우선 사실과 관련해서, 변환과 불변의 관념이 성립하는 경우, 즉 긍정적인 경우를 논의하고자 한다. 과학자들은 지상, 즉 지구 좌표계 내에서 사실과 관련된 과학 탐구를 할 수 있다. 어떤 과학자는 지상 좌표계에 속해 있는 자신의 실험실에서 세포의 여러 속성들을 탐구한다. 그는 현미경을 사용하여 세포가 지니는 여러 성질과 그에 기반한 생물학적 활동을 탐구할 수 있는 것이다. 어떤 과학자는 지구 밖에서 움직이고 있는 우주선 안으로 현미경과 세포 표본을 가지고 들어가서 세포와 관련된 사실을 연구할 수 있다. 이 과학자가 타고 있는 우주선은 지구 좌표계와 '다른' 좌표계다. 이를 우주선 좌표계라고 하자. 과학자들은 서로 다른 좌표계에서 사실과 관련한 탐구를 통해 세포의 속성에서 불변적인 것으로 나타나는 특성을 연구할 수 있다. 지구 좌표계와 우주선 좌표계에서 나타나는 탐구 조건의 차이로 주어지는 대표적인 것으로 중력을 들 수 있다. 서로 다른 좌표계에서 중력은 차이가 나타날 수 있는 것이다. 지구 좌표계에서 우주선 좌표계로의 이동, 혹은 그 역은 일종의 변환이라고 할 수 있다. 중력 차이가 빚어지는 서로 다른 좌표계 사이에서의 변환에서도 세포의 일정한 성질과 거동은 불변적 양상을 보일 수 있다. 이런 의미에서 노직이 제시한 변환은 일부 사실에 대해서도 확대 적용할 수 있는 것이다.

하지만 다른 사실에 대해서는 변환과 불변의 관념을 적용하기가 곤란한 것으로 보인다. 히말라야산맥의 거동을 논의 대상으로 삼을 수 있다. 이 히말라야산맥의 최고봉 에베레스트산은 해마다 몇 cm씩 높아지고 있다고 이야기된다. 판구조론(theory of plate tectonics)에 따르면,[18] 히말라야산맥은 지각과 상부 맨틀로 구성되는 지판(地板)들 중에서 유라시아 판과 인도-오스트레일리아 판이 판구조 운동에 의해 이동하여 부딪혀 '서로 밀어 올리기' 때문에 형성된 것이다. 그리고 그렇게 두 판을 밀어 올리는 작인은 현재에도 계속 작용하고 있다. 따라서 히말라야산맥은 앞으로도 해마다 수 cm씩 상승할 것이다. 그런데 히말라야산맥이 해마다 수 cm씩 상승한다는 것을 지구라는 좌표계가 아닌 '다른 좌표계'에서 관찰할 수 있을까? 히말라야산맥이 지금도 상승한다

---

18 판구조론에 대해서는 예를 들어 Frank Press and Raymond Siever, 1994, *Understanding Earth*, New York: W. H. Freeman and Company, 특히 446-477을 참조하면 좋다.

는 것을 다른 좌표계에서 관찰한다는 관념이 성립 가능한 것인가? 그렇지 않다고 답할 수 있다. 히말라야산맥 부분을 지구에서 떼어다가 달로 옮기기가 현재로서는 (그리고 미래에도?) 불가능하다. 히말라야산맥은 그 산맥 부분 자체에 의해서 상승하는 것이 아니라, 더 광범위한 판구조 운동을 하는 두 판의 충돌에 의해서 발생하는 것이므로, 히말라야산맥을 옮기더라도 에베레스트 산의 상승 운동은 달에서 관찰되지 않을 것이다. 옮기려면 히말라야산맥 부분만이 아니라, 유라시아 판과 인도-오스트레일리아 판을 모두 달로 옮겨야 하는데 이는 불가능한 일이다. 또한 유라시아 판과 인도-오스트레일리아 판의 충돌이라는 판구조 운동도 두 판만의 사이에서 벌어지는 독립적 상호작용이 아니다. 두 판의 충돌은 전 지구적 규모에서 여러 판들 사이에서 벌어지는 여러 상호작용의 일부분을 구성할 뿐이다. 따라서 유라시아 판과 인도-오스트레일리아 판, 두 판의 운동을 있게 하려면, 전 지구를 달로 옮겨야 한다는 것인데, 이것은 상상 가능하지만 현실적으로 구현하기는 불가능하다. 어떤 방법으로도 지구를 달로 옮겨 놓을 수 없으며, 더욱이 지구는 달보다 훨씬 크지 않은가? 설사 지구보다 훨씬 더 큰 천체로 지구를 옮겨서 히말라야산맥의 상승 여부를 관찰하려는 작업에 대해 상상해 보아도 결과는 마찬가지일 것이다. 지구를 다른 천체로 옮길 수 없다. 즉 어떤 천체라는 다른 좌표계로 가져가서 히말라야산맥의 상승이라는 사실을 확인할 수 없는 것이다.[19] 아인슈타인의 특수 상대성 이론을 논의하면서 다루었던 낙하 법칙과 관련이 되는 그 떨어지는 돌을 다른 천체로 가져가서 탐구할 수는 있다. 즉, 다른 좌표계로 가져가서 그것의 낙하 법칙에 관해서만이 아니라 그것의 성질(질량, 화학 조성 등)을 탐구할 수가 있는 것이다. 그러나 판구조 운동을 하는 지판의 이동은 다른 천체와 같은 좌표계로 이동시킬 수가 없다. 따라서 이 경우에서는 앞 절에서 본 법칙 불변과 관련된 유의 변환 개념은 적용되지 않는 것으로 보인다.

---

19 세포와 같은 작은 대상에 대해서는 달을 포함한 다른 천체에 옮겨서 탐구할 수 있을 것이다.

이렇게 판단할 때, 노직의 변환 속 불변 개념을 사실과 관련하여 적용하는 데에는 한계가 있음을 알 수 있다. 변환 속 불변 개념이 노직이 제시한 다른 세 가지 지표에 대한 상대적인 근본성을 지니고 있음을 부정하기는 어렵다. 그러나 이 변환 개념을 모든 사실과 관련된 변환 개념으로까지 확대시키기는 곤란하다는 점을 인지할 수 있다.

6.3. 적극적 변환과 소극적 변환

저자는 위의 6.1.에서 변환 속 법칙 불변에 대해 논의했다. 노직의 변환 개념은 바로 이 변환 속 법칙 불변에 집중해 있다. 이어 6.2.에서 저자는, 노직이 그의 저술에서 직접적으로 다룬 것은 아니지만, 변환 속 사실 불변에 대해서도 그의 변환 속 불변 개념이 지니는 유의미성을 일부 살릴 수 있다고 논의했다. 반면 일부 사실에 대해서는 그의 변환 개념을 적용하는 데 난점이 있다고 주장했다. 여기서 저자는 변환 개념을 법칙에 적용할 때와 변환 개념을 사실에 적용할 때 나타나는 미묘한 차이를 좀 더 명백히 설명하기 위해 변환 개념을 '적극적' 변환 개념과 '소극적' 변환 개념으로 분리하고자 한다.

적극적 변환 개념은 다른 좌표계를 실제로 취하여 불변이 발생하는지와 연관된 개념이다. 아인슈타인이 상대성 이론을 탐구한 맥락이 바로 이 적극적 변환 개념에 속한다. 소극적 변환 개념은 변환 속 사실 불변과 일부 관련된다. 이때 변환 속 사실 불변의 모두와 관련되는 것이 아니라 일부하고만 관련된다는 데 유의할 필요가 있다. 위에서 보았듯이, 우리는 지구의 실험실에서 실험 도구를 통해 세포의 특성을 탐구할 수 있다. 또한 우리는 지구 밖에서 운행하는 우주선 속에서도 세포의 특성을 탐구할 수 있을 것이다. 이것은 적극적 변환에 속한다고 말할 수 있다. 변환 속 사실 불변에 속하는 이러한 상황은 적극적 변환의 일부가 될 수 있다. 한편 6.2.에서 다른 히말라야산맥의 판구조론적 거동에 대한 관찰은 지구가 아닌 다른 좌표계에서 이루어지기가 곤란하다고 이야기했다. 이 경우는 바로 소극적 변환 개념으로 다룰 수 있는 부분인 것이다. 히말라야산맥이 판구조 운동에 의해 계속 상승하느냐에 대해서는 히말라야산맥이라는 대상을 다른 좌표계로 옮기지 않고 탐구할 수가 있다. 우리는 지상에서의 관찰이나 측정에 의해 히말라야산맥의 높이가 변화되었는지를 확인할 수 있는 것이다. 한편 우리는 헬리콥터를 이용해 또는 인공위성을 이용해 히말라야산맥의 높이 변화를 측정할 수 있다. 예를 들면 인공위성에서 레이저를 이용해 히말라야산맥의 고도 변화를 확인할 수 있는 것이다. 이것은 대상을 다른 좌표계로 이동시키지 않고 관찰자의 좌표계를 바꾸는 방식에 의거한다. 이 같은 방식은 소극적 변환 개념의 주요 사례가 된다. 관찰 대상이 아니라 관찰 주체 쪽에서 발생하는 변환(지상, 헬리콥터, 인공위성이라는 서로 다른 좌표계)에서 사실의 불변 여부를 확인할 수 있는 것이다.

변환 개념을 적극적 불변과 소극적 불변으로 나누는 것은 저자의 의도이지만 노직의 저술에서는 이러한 의도가 드러나지 않는 것으로 보인다. 변환 개념에 대한 노직의 이해는 주로 적극적 변환에 국한된 것으로 판단된다. 특히 변환 속 법칙 불변과 관계가 깊다. 그러나 소극적 변환 개념을 도입하면 변환과 관련된 불변 개념이 좀 더 분류적 의미에서 명확해진다. 적극적 변환과 소극적 변환이라는 이분법이 객관성을 파헤치기 위해서 노직이 제시하는 핵심적 지표로서의 변환 개념을 손상시키지 않는다. 오히려, 소극적 변환 개념을 통해, 우리는 사실과 관련된 불변을 파악하는 데는 적극적 변환 개념을 적용할 수 있는 경우와 그렇지 못한 경우가 있음에 유의할 수 있게 된다.

7. 결론

이제까지 검토했듯이, 노직은 불변이라는 개념을 중심으로 객관성을 이해한다. 그가 제시하는 객관성의 지표는 네 가지였다. 노직이 말하는 네 가지 지표 모두는 이 불변 개념과 연결되어 있다. 그 네 가지 지표는 다음과 같다. 첫째, 다양한 각도에서의 접근 가능성. 둘째, 간주관적 동의. 셋째, 독립. 넷째, 변환 속 불변. 저자는 노직이 분명하게 논의하지 않고 지나간 것으로 판단되는 이들 네 가지 지표의 함의, 상호 관련성, 한계 등에 대해 상세히 검토했다. 위에서 논의해 왔듯이, 이들 지표는 객관성의 특성을 잘 보여주는 것으로 이야기할 수 있다. 하지만, 그럼에도 불구하고 이들 지표는 음미해 보았을 때 몇 가지 제약과 한계를 부분적으로 수반하고 있음을 드러냈다.

지표 1) 다양한 각도에서의 접근 가능성과 관련하여, 1-A) 서로 다른 때에 동일한 감각(시각, 촉각 등등)에 의해 반복 가능은 객관성을 확보하기 위한 매우 기초적인 요소다. 1-B) 동일한 관찰자의 서로 다른 감각들에 의해 반복 가능은 어떤 경우에는 적용하기가 곤란한 경우도 있음을 보았다. 1-C) 서로 다른 관찰자에 의해 반복 가능과 1-C)의 특수 경우로서 1-C-E) 서로 다른 실험실이 동일 현상을 복제는 객관성 일반은 물론, 특히 실험 과학의 성격을 잘 보여주는 것임을 검토했다. 1-C-E)에 대한 검토의 과정에서는 갤리슨의 안정성 개념과 비교했다.

객관성의 지표 중 2) 간주관적 동의의 경우, 이 지표는 인식 활동의, 예를 들어, 과학의 사회적, 집단적 성격을 염두에 둘 때, 매우 중요한 객관성의 지표임을 확인할 수 있었다. 그러나, 실제 과학의 상황에서, 간주관성이 수립되는 데에는 몇 가지 난관이 존재할 수 있음을 논의했다. 과학 활동이 개인 활동이라기보다는 집단적 활동이기에, 간주관성을 확보하는 데 난점이 존재한다는 점에 주목했다.

지표 3) 독립은 객관성을 이루어내게 해주는 또 다른 중요 사항이다. 결국 독립의 문제란 사실의 확인 과정에 참여한 관찰자나 실험자가 어떤 사람이냐, 더 구체적으로는 그 사람이 어떤 믿음, 욕구, 소망을 갖고 있느냐 등과 상관이 없음을 강조하는 지표임을 확인할 수 있었다.

노직은 객관성의 지표 4) 변환 속 불변을 매우 강조한다. 지표 4) 변환 속 불변을 다른 지표들 1)-3)보다 객관성을 구성하게 해주는 더 근본적인 지표로 보고 있다. 이 지표 4) 변환 속 불변은 변환이 있더라도 법칙의 불변성이 나타나는 경우를 주로 염두에 두는 것으로 보인다. 이러한 의미의 변환을 적용할 수 있는 한 경우로 아인슈타인의 특수 상대성 이론과 법칙 불변의 관계를 살펴보았다. 이것은 저자의 '적극적' 변환 개념과 관계가 있다. 특수 상대성 이론에 따르면, 서로 등속도로 움직이는 좌표계 사이의 변환이 있어도 물리 법칙은 불변이다. 사실 지표 1)-3)에 비해 4)가 더 근본적인 지표임을 주장하는 노직의 입장에 상당한 근거가 있음을 부정하기는 어렵다. 예를 들어, 한 좌표계 내에서 낙체가 동일한 운동 행태를 나타낸다는 점을 반복적으로 확인하는 것(지표 1) 다양한 각도에서의 접근 가능성에 해당)보다는 다른 좌표계에서도 낙체의 운동 행태가 마찬가지로 나타난다는 점을 확인하는 것(지표 4) 변환 속 불변에 해당)이 더 의미심장함을 부인하는 일은 합리적이지 않기 때문이다. 하지만, 위에서 논의했듯이, 변환 속 불변이라는 지표는 '일부' 사실의 경험적 확인 과정에는 확대 적용할 수 있으나 '다른' 사실에 대해서는 확대 적용할 수 없는 경우도 존재함을 논의한 바 있다. 이것은 저자의 '소극적' 변환 개념과 관계가 있다. 우리가 살펴본 것처럼, 지구의 판구조 운동은 지구 안에서만 확인 가능한 것이지, 다른 천체로 판구조 운동하는 부분, 또는 지구 전체를 옮겨서 경험적으로 확인해 볼 수는 없다는 점을 지적했다. 결국 지표 4) 변환 속 불변이 다른 지표에 비해 객관성의 보다 근본적인 지표가 되는 측면을 지님에도 불구하고, 지표 4)는 적용에 있어 한계가 있음을 알 수 있었다. 그 한계란 일정한 종류의 사실에는 적용이 불가능하다는 점이었다. 하지만, 이런 부분적 한계가 존재한다는 점을 감안하더라도, 객관성의 지표로 노직이 제시한 사항들 1)-4)는 객관성의 특성을 파악하는 데 매우 유익한 요소라고 말해도 될 것이다.

이 장에서는 불변하는 그 무엇과 관계된 것으로서 파악되는 의미의 객관성을 둘러싼 노직의 주장을 검토하고, 비판하며, 발전시키고자 했다. 이것이 이 장의 주된 내용이다. 그런데 이렇게 볼 때, 노직은 상대주의의 일부 조류에 맞서는 의미의 논의를 펼치고 있는 셈이라고 말할 수 있다. 하지만 상대주의와 객관주의의 대립에 관한 노직의 논의는 이 장의 범위에서 벗어나 있다. 이 장은 불변과 객관성에 관한 논의에 국한되었기 때문이다.

3 사실의 산출과 실험실 공간

　현재 과학적 사실의 상당 부분이 실험실에서 창출된다. 이 장에서는 실험적 사실의 산출이 실험실이라는 공간에서 어떻게 이루어지는지를 탐구하고자 한다. 그럼으로써 과학적 탐구의 핵심 영역의 하나라고 할 수 있는 실험적 사실의 산출 과정 및 그러한 사실이 지니는 인식적 성격을 세밀히 드러낼 것이다.

　과학철학의 전개 과정에서 그 논의의 대부분은 '이론' 공간에서 이루어져 왔다고 할 수 있다. 과학철학에서 주로 다루어져 왔던, 이론, 가설, 관찰 용어, 이론 용어, 과학적 설명, 예측 등의 논의들은, 대부분 넓게 보아서 개념이나 관념 안에서, 좁게 보아 이론의 영역 안에서 이루어졌던 것이다. 논리 실증주의는 물론이고, 그 이후에 논리 실증주의 과학관을 비판하고 나섰던 쿤, 파이어아벤트(Paul Feyerabend) 등의 과학철학 역시 이론 공간에 대한 논의를 위주로 했다(Kuhn, 1970; Feyerabend, 1975). 쿤과 파이어아벤트의 논의는 대체적으로 이론 중립적 관찰 용어의 존재를 회의적으로 보면서 이론[또는 패러다임(paradigm)]이 관찰 활동을 포함한 과학 활동 전반에 강력한 영향을 미치는 것으로 보았다. 그러한 논의에서 실험 공간이나 실험실 공간에 대한 논의는 소외되거나 간과되었던 것이다.

실험하기의 의미와 실험적 사실의 출현에 대한 논의는 1980년 전후로 본격화되었다.[1] 이 분야의 고전적 논의 중 하나가 라투르와 울거의『실험실 생활(Laboratory Life)』(1986)이다. 그들은 분석적 과학철학의 전통 바깥에서 실험실에서 이루어지는 사실 산출 작업의 의미를 파헤친다. 라투르와 울거는『실험실 생활』에서 실험실 내에서 이루어지는 '과학적 사실의 구성'에 대한 연구를 제시한다. 그들은 실험실이라는 '국소적' 환경 속에 존재하는 구성에 초점을 두고 인류학적, 미시사회학적 접근을 취하여 실험적 사실의 인식적 의미를 추적하는 탐구를 행했다.[2] 라투르와 울거의 논의는 방법론적으로 과학인류학 분야를 개척한 데서 그 주요 의의를 부여할 수 있다. 그러한 과학인류학적 방법을 통해서 실제로 밝혀내고 있는 것은 실험적 사실이 지니는 의미다. 이런 맥락에서 두 사람의 논의는 과학철학적으로 중요하다. 그러나 이런 대목에 관한 유의는 그간에, 특히 우리 철학계에서 간과되어 왔다고 할 수 있다.[3]

두 사람의 이러한 탐구는, 두 저자 중 한 사람이 실험실을 방문하여 과학자들이 과학 현장에서 활동하는 상황을 관찰했던 인류학적 현장 연구에 기초를 두고 있다. 라투르와 울거는 다음과 같이 말한다.

우리는 실험실 본래 장소에 대한 관찰 경험을 이용하려 한다. 국소화된 과학적

---

1 과학철학, 그리고 과학사에 가장 영향력 있는 대표적인 논의로 Hacking(1983)이 있다.

2 라투르와 울거 이외에도, 인류학, 민속방법론(ethnomethodology)에 의거하여, 과학 활동을 기술(記述)하는 작업을 강조한 크노르-체티나(Karin Knorr-Cetina), 린치(Michael Lynch) 등등이 유사한 입장을 취한다(Knorr-Cetina, 1981; Lynch, 1985). 이들의 논의는 해킹(Hacking, 1983)의 논의보다 과학철학, 과학사에 영향력은 훨씬 적었으나 과학지식사회학(sociology of scientific knowledge)의 영역에서는 매우 선구적이고 새로운 논의다.

3 이것의 원인으로는 대략 다음의 사항을 고려해 볼 수 있다. 첫째, 우리 철학계에서 과학철학을 주로 분석철학 전통에 속하는 연구로 국한해 보려는 시각 때문이다. 둘째, 이러한 국한의 전통은 더 넓게 보아 과학철학의 도입, 전개의 역사가 국내 학술계에서 그다지 길지 않다는 점에 기인할 것이다.

실천에 밀접해 있음으로써, 관찰자는 과학자들 스스로가 어떻게 질서를 산출시키는지를 이해하기 위한 바람직한 상황을 갖게 된다(Latour and Woolgar, 1986, 39).

과학이 이루어지는 본래 장소인 실험실에 들어가기 그리고 과학적 실천을 관찰하기, 이 두 과정을 통해 라투르와 울거는 실험실에서 사실이 산출되는 절차를 파악하고자 한다. 그리고 실험실에서 산출되는 그와 같은 사실이 어떻게 논문에 반영되어 글쓰기 작업에 활용되는지를 파헤친다.

과학 활동에 대한 이러한 접근 방식은 과학철학이나 과학사의 전통적 접근 방식과는 많은 차이가 있다. 예를 들어, 과학철학의 전통적 혹은 일반적 접근 방식은 문서를 중심으로 하는 것이다. 과학 논문과 책에 담긴 내용을, 특히 개념이나 관념(위에서 강조한 이론을 중심으로 하는 과학철학에서처럼)을 주로 분석의 대상으로 삼는다. 라투르와 울거는 이러한 출간된 문서 중심의 연구가 매우 중요함에도 불구하고 한계가 있다고 본다. 이와 대조되는 혹은 보완적인 탐구 방법을 라투르와 울거가 제시하는데 그것이 이른바 인류학적 방법이다. 과거의 통상적인 인류학자들은 근대 문화와 거리가 있는 문화적 상태에 처해 있는 부족민의 생활, 문화, 의식 등을 연구했다. 라투르와 울거는 이들 인류학자들처럼 과학 실험실을 방문하여 실험실의 실천, 문화, 의식을 연구하고자 했다. 물론 이때 두 사람의 방문 연구 혹은 참여 연구의 목적은 과학 실험실에서 '어떻게 사실이 산출되느냐'를 이해하려는 것이다. 두 사람은, 이러한 참여 연구 혹은 방문 연구가 책이나 논문과 같은 문서를 중심으로 과학을 분석하는 탐구의 맹점을 극복하게 하거나 한계를 벗어나게 해줄 것으로 보았던 것이다.

실험실에 관한 다수의 쓰인 기록과는 달리, 비공식적 토론은 수정되지 않았거나 공식화되지 않은 재료를 제공한다. 그런 재료가 과학자 간의 일상적 의사 교환에서 있는 사회적 요인의 관입(貫入)에 대한 풍부한 증거를 제공한다는 점은 아마도 놀랍지 않을 것이다. 그러나 이제 그 분석을 사고 자체라는 영역으로 확장시키는 것이 가능할 것인가? 우리는 독자로 하여금 거시사회학적 관심사로부터 실험실에 관한 연구로 그리고 거기로부터 단일 사건에 대한 미시사회학적 연구로의 우리의 이동을 따라오도록 설득을 시도했다(Latour and Woolgar, 1986, 168).

두 사람은 출간 문서와 같은 공식적 기록만이 아니라 비공식적 토론이나 비공식적인 재료를 인류학적 현장 연구를 통해 만날 수 있다고 이해한다. 그리고 이러한 비공식적 성격의 토론이나 재료가 과학 이해, 특히 실험적 사실의 성격을 이해하는 데 중요한 기여를 한다고 보는 것이다. 인용문의 거시사회학적 관심사란 실험실에서만 통용되는 것이 아니라 실험실 바깥의 사회 영역, 즉 사회 일반의 영역에서 통용되는 것에 대한 관심사를 의미한다. 그들은 이런 거시적인 것에 관심을 두고 있지 않다. 그들은 실험실 '안에서' 무슨 일이 발생하는지 이해하고자 한다. 그리고 실험실 안에서 '단일' 또는 특정 사실의 출현에 대한 이해에 초점을 두고 있다.

라투르와 울거 두 사람은 신경 내분비학(neuroendocrinology) 분야에서 특정한 호르몬의 분비를 조절해 주는 '갑상선 자극 호르몬 방출 인자(호르몬) [Thyrotropin Releasing Factor(Hormone): TRF(H)]'로 불리는 물질의 존재가 과학적 사실로 인정받기까지의 과정을 탐구한다. 갑상선은 사람을 포함하는 포유동물의 신체의 성장과 대사 작용에 긴요한 역할을 맡고 있다. 이 갑상선이 기능하도록 자극하는 것이 갑상선 자극 호르몬이다. 그리고 이 갑상선 자극 호르몬이 방출되도록 하는 것이 바로 TRF(H)인 것이다. TRF(H)는 뇌의 시상하부(視床下部, hypothalamus)에서 '극히 미량'으로 만들어지는 펩타이드(peptide) 성분의 물질이다. 그들은 과학사적인 실험이나 실험실이 아니라 두 사람의 연구가 수행될 당시에 실제로 운영되고 있던 실험실의 사실 산출 활동에 주목했던 것이다. 그 실험실은 TRF(H)의 존재와 이 같은 성질을 밝혀내는 데 크게 기여했던 실험실이었다.

라투르와 울거의 『실험실 생활』이 과학기술학(science and technology stud-ies)에 끼친 큰 영향에도 불구하고, 국내에서 이 저술과 후속 저술이 지니는 의의를 다룬 논의는 드문 실정이다.[4] 이 연구에서는 『실험실 생활』에 나타나는 라투르와 울거의 논의를 중심으로 사실의 산출이 실험실 공간에서 어떻게 진행되는가를 논의하려 한다. 이와 같은 논의를 전개해 가면서 과학적 사실의 성격을 검토하는 라투르와 울거의 견해를 초기 논리 실증주의의 사실관, 독립적 실재를 주장하는 입장, 그리고 부분적으로 상대주의와 비교하는 작업을 시도할 것이다. 라투르와 울거의 입장은 논리 실증주의, 독립적 실재를 주장하는 입장, 상대주의와 다르다. 이들 각각의 입장이 두 사람의 견해와 어떤 차이를 지니는지 검토하게 된다. 이러한 검토를 위해 먼저 라투르와 울거의 실험실과 사실에 대한 입장을 파악하는 작업이 이루어져야 한다.

1. 수치와 도표: 도구의 역할로서 '기록하기'

과학자는 많은 출판물을 읽고 또 쓴다. 그런데 왜 과학자는 이다지도 쓰는 것인가? 과학 활동을 통해서 수많은 과학 문헌들이 쏟아져 나온다. 이와 같은 수많은 문헌 중에는 순수한 추론에 의거하고 있는 것도 있다. 하지만 과학 문

---

4 예를 들어 김경만(2004), 225-248쪽의 논의를 참조할 것. 짧기는 하나 홍성욱(1999), 43-49쪽도 참조하면 좋다. 『실험실 생활』에 주목하는 국외의 한 예로는 다음과 같은 것이 있다. Brown (1989), 76-95.
　　이 장은 실험실 공간에서 일어나는 사실 산출의 의미를 밝히는 데 있다. 논의 과정에서 『실험실 생활』에서 나타나고 있는 라투르와 울거의 입장이 논의되나, 그 논의는 실험실에서 벌어지는 탐구 및 사실 산출과 관련된 부분에 국한된다. 『실험실 생활』이 라투르와 울거의 후속 연구에 영향을 끼친 것은 사실이다. 하지만 그러한 후속 연구 '전반'에 대한 평가가 이 장의 관심 사상이 되지는 않는다. 따라서 사실 산출과 직접 관계되지 않는 한, 두 사람의 연구 전반에 대한 국내외 연구를 여기서 망라하지는 않으려 한다. 그들 가운데 한두 가지 예를 언급하면 다음과 같다. 김환석(2006), 62-122; 김숙진(2010).

헌은 대개 경험적 사실을 포함한다. 이와 같은 경험적 사실 중에는 우리의 감각 기관만을 사용하여 얻는 것도 있지만, 경험적 사실의 상당수는 실험실에서 나온다. 실험실은 수많은 도구를 배치하고 있으며 이를 활용하여 경험적 사실을 확보해 낸다.

> 우리의 관찰자가 과학자들이 출판물을 읽는다는 점을 알게 되는 일은 놀랍지 않다. 그를 더 놀라게 하는 바는 실험실 내부로부터 엄청난 양의 문헌이 발산된다는 점이다. 값 비싼 장치, 동물, 화학물질, 작업 공간에서의 활동이 결합되어 쓰인 문서를 산출하는 일은 어떻게 이루어지며, 왜 이러한 문서는 참여자들에 의해서 그토록 높이 가치를 인정받게 되는 것일까(Latour and Woolgar, 1986, 32)?

장치, 동물, 화학물질은 결국 문서를 작성하는 재료로 쓰인다. 과학 활동이 개인의 고립된 활동이 아니라면, 과학 활동의 결과는 사회화되어야 한다. 그래야 과학의 결과물이 사회적으로 전파되며, 타인의 인정을 받을 수 있게 된다. 과학 활동이 만들어내는 결과물의 사회화는 문서를 통해 이루어진다.

라투르와 울거는 기본적으로 과학 활동을 '문헌적 기록하기(literary inscription)'(줄여 기록하기)라고 본다(Latour and Woolgar, 1986, 15-90). 과학 활동은 결국 기록된 결과물을 지향하고 있다는 것이다. 그들에 따르면, 실험은 기록하기를 위한 작업이다.

각종의 점, 선, 소리, 빛, 전자기적 신호 등등이 기록하기에 의해 잡힌다. 기록하기를 위해 채용하는 각종 도구는 자연의 행동을 포착해 내는 목적을 지닌다. 즉 기록하기 장치(inscription device)로서의 실험 도구는 자연이 보여주는 다양한 종류의 행동 흔적을 남기게 만들기 위한 것이다.

물질적 장비를 통해 자연의 신호를 처리하는 공간이 실험실이다. 자연의 신호는 실험 도구와 같은 물질적 매개를 배제한 우리의 순수한 감각 기관에 항상 흔적을 남기지는 못한다. 인간의 눈은 아주 제한된 영역의 가시광선을 볼 수 있을 뿐이다. 예를 들어 맨눈으로 전자(電子)의 흔적을 잡아내기가 어렵다. 우리의 청각 역시 마찬가지다. 매우 제한된 진동수와 파장을 갖고 있는 소리를 듣는 데에 그친다. 촉각에 대해서도 비슷한 이야기를 할 수 있을 것이다. 우리의 피부는 아주 미세한 온도 변화를 잡아내지 못할 수 있다. 기록하기 장치 없이 자연이나 물질의 행동을 적절히 포착해 낼 수 없는 경우가 허다하게 발생할 수 있는 것이다. 그래서 기록하기 장치가 중요하다. 우리의 감각 기관이 잡아내지 못하는 물질의 행동을 실험 도구는 어떤 경우에 파악해 낼 수가 있다. 그렇기 때문에 기록하기 장치는 실험 과학의 매우 중심적인 부분이 된다.

실험 도구를 통해서 실험 과학자는 인간의 감각 능력을 확장시킬 수 있다. 구름 상자(cloud chamber)는 우리가 맨눈으로 볼 수 없는 몇몇 기본 입자(elementary particles)를 볼 수 있게 해준다. 전자와 같은 하전된 일부 기본 입자는 수증기로 포화된 구름 상자에 일정한 궤적을 만들어낸다. 우리는 맨눈으로 이와 같은 하전된 입자를 볼 수가 없지만, 구름 상자와 같은 도구를 통해서는 그러한 입자를 탐지할 수 있다. 여기서 볼 수 있게 해준다는 의미는 실험 도구라는 물질적 매개 없이 맨눈으로 본다는 의미는 물론 아니다. 구름 상자로 우리는 기본 입자의 궤적을 시각화해 낼 수 있다는 의미에서 본다고 말하고 있는 것이다.

기록하기 장치에 남겨지는 이러한 각종의 신호가 바로 글쓰기(writing)의 재료가 된다. 따라서 라투르와 울거가 이야기하는 기록하기란 문서 작성을 위한 기반 작업이 된다. 글쓰기는 주로 기록하기 이후에 이루어지는 문자를 중심으로 진행되는 작업으로 보아야 할 것이다. 기록하기의 요체는 기록하기 장치로서의 실험 도구라고 말할 수 있다. 과학자가 순수 감각 작용으로 획득할 수 있는 기록의 영역은 제한되어 있다. 따라서 과학자에게는 실험 도구의 도움이 필요한 것이다.

시료가 최초로 추출되었던 쥐와 최종적으로 출판물에 나타나는 곡선 사이에 존재하는 변환의 전체 연쇄는 엄청난 양의 정교한 장치와 관계되어 있다(사진 8). 이 장치의 비용과 덩치와는 대조적으로, 최종 산물은 연약한 종잇장 위에 쓰인 곡선, 도표, 또는 수치표일 따름이다. 하지만, 참여자가 그 "유의미성"을 조사하는 것이, 그리고 논문의 논변의 일부에서 "증거로" 사용되는 것이 이 문서인 것이다. 따라서, 변환의 길어진 연쇄의 주요한 결과는, 명백해질 것처럼, "물질"의 구성 과정에서 결정적인 자원이 되는 어떤 문서다. 몇몇 상황에서는, 이 과정이 훨씬 더 짧다. 특히 화학 진영에서, 일정한 장치를 사용하는 일은 물질이 그들 고유의 "서명"을 직접적으로 제공한다는 인상을 얻기 쉽도록 해준다(사진 9). 사무실 공간의 참여자는 새로운 초고를 작성하느라 분투하는데, 그들 주위의 실험실은 그 자체가 글쓰기 활동의 중심지인 것이다. 근육 영역, 광빔 영역, 심지어 잉크로 쓰이게 되는 약간의 종이조차도 다양한 기록 장치를 활성화시킨다. 그리고 과학자 스스로가 기록 장치의 쓰인 출력물에 그들 자신의 글쓰기를 기초시킨다(Latour and Woolgar, 1986, 50-51).[5]

실험용 쥐 내부에 있는 특정 신체 기관이 일정한 생화학물질을 분비할 수 있다. 이 분비물을 얻어내기 위해서 실험자가 그 분비물을 직접 채취할 수도 있을 것이다. 사람의 신체로, 예를 들면 손가락으로 쥐를 자극하여 쥐로 하여금 실험자가 원하는 분비 물질을 내놓도록 만드는 방법을 생각하게 된다. 하지만 직접 채취가 불가능할 경우에는 도구를 써야 한다. 사람의 몸으로 자극하는 방법으로는 분비물이 쥐의 몸에서 배출되지 않을 수 있고, 분비물이 있더라도 극미량일 경우에는 실험자의 오감만으로 분비물의 존재 여부를 확인하지 못할 수가 있다. 라투르와 울거가 들어가서 참여, 관찰했던 실험실에서 실험자들이 채취한 물질인 TRF(H)는 분비량이 극히 적어서 사람의 몸만으로는 채취가 불가능할뿐더러 실험 도구 없이는 그와 같은 극미량을 저울질해

---

5 (사진 8), (사진 9)는 라투르와 울거의 원문에 실려 있는 것을 말한다.

낼 수가 없다. 즉 실험 장치, 라투르와 울거의 의미로는 기록하기 장치 없이는 그 미량의 분비 물질을 파악해 내거나 측정해 내기가 불가능한 것이다.

분비 물질의 채취, 측정이 있은 이후에 그러한 특정 생화학물질의 채취 과정과 채취 결과는 문서화되어야 한다. 그래야만 과학자 사회에서 교류, 공유, 전파가 가능해진다. 실험의 모든 활동은 바로 이와 같은 기록하기 활동의 연쇄로 이루어져 있다. 기록하기 장치에서 출력된 결과물은 과학자의 글쓰기 재료가 된다. 과학자는 기록하기 장치에서 나온 출력물의 유의미성과 그 가치를 글쓰기를 통해 문서에 담을 것이다. 두 사람이 보기에, 실험실 공간에 채용되는 몇몇 매체, 그 가운데 각종의 실험 도구가 바로 이 기록하기 활동을 위한 것이다.

> 우리가 "기록하기 장치"라고 부르는 수많은 품목의 장비들은 물질의 조각들을 쓰인 문서로 변환시킨다. 더 정확히 말해, 기록하기 장치는 재료 물질을 사무실 공간의 구성원 중 어떤 이가 직접 사용할 수 있는 수치 또는 도표로 변환시킨다(Latour and Woolgar, 1986, 51).

수치와 도표는 기록하기의 전형적인 사례다. 특정 기록하기 장치의 말단에 있는 출력 장치에서 종이 위에 인쇄된 각종의 수치와 도표는 어떤 자연적 대상이나 자연적 과정에 대한 정보를 제공한다. 그리고 자연적 대상이 이와 같은 기록하기로서의 각종의 수치와 도표에 의해서 탐구되고 그 존재에 관한 이야기가 구성되는 것이다. TRF(H)와 같은 미시적 대상은 일정한 기록하기 장치 없이 탐구될 수가 없다. 이런 관점에서 라투르와 울거는 실험실에서 도구와 실험자, 즉 물질인 실험 도구와 인간으로서의 실험자 집단 등등이 함께 어울려 상호작용하면서 일정한 실험 결과, 즉 사실을 빚어낸다고 이해한다. 이와 같이 만들어진 문서가 유통되고 학술지 등에 실리게 됨으로써 과학적 가치를 인정받게 된다. 즉, 사회에서 신뢰할 만한 과학 지식으로 알려질 것이다. 그렇기 때문에 과학자는 글쓰기에 집착할 수밖에 없으며, 글쓰기를 위한 재료가 바로 기록하기에 의해 제공되는 것이다.

　라투르와 울거의 기록하기에 대한 관심은 실험 도구에 대한 탐구를 향하고 있지만, 이것은 동시에 과학자들의 의사소통 구조와 깊이 연관되어 있다. 단지 과학자들이 실험실에서 어떻게 도구를 사용하는가를 보여주는 데에 그치지 않고, 왜 도구를 사용하는가에 대해서 논의를 하고 있는 것이다. 실험 도구는 그저 도구가 아니라 과학자 사회의 의사소통을 가능하게 해주는 측면에서 주목받을 필요가 있다. 실험 도구에 의해서 얻게 되는 기록 내용은 그 의미가 과학자 사회에서 공유되어야 한다. 그렇지 않으면 그러한 기록하기 활동은 과학자 사회에서 아무런 의미를 지닐 수 없게 될 것이다. 따라서 과학자들은 자연의 거동을 탐구하되 그 거동을 과학자 사회에서 의미 파악이 가능한 형태로 제시하고자 한다. 이와 같은 제시에 필요한 것이 바로 기록하기이고 기록하기를 위해 각종의 실험 도구가 사용된다고 할 수 있다.

2. 논리 실증주의와 라투르와 울거의 구성주의

　초기 논리 실증주의는 과학을 구성하고 있는 언어, 더 구체적으로는 과학 이론을 이루는 진술의 '의미'를 확보하게 해주는 것으로 보이는 논리적 재구성을 시도한 바 있다. 논리 실증주의 입장은 마흐(Ernst Mach) 유의 현상주의(phenomenalism)와 프레게(Gottlob Frege) 유의 술어 논리(predicate logic)를 종합시킨 한 형태로서, 과학 이론을 구성하는 진술은 궁극적으로 '직접적 관찰 보고'를 담고 있는 '관찰 진술'과 어떤 식으로든 연결되어야 한다는 주장을 그것의 핵심으로 가지고 있다.[6] '과학적'이라는 표현을 붙일 수 있는 모든 진술의 체계는

6　논리 실증주의가 마흐의 영향을 받은 것은 부정하기 어렵다. 여기서 논리 실증주의자들이 마흐에게서 강력히 영향을 받았다는 점은 말할 수 있으나, 그렇다고 논리 실증주의 입장이 마흐의 입장과 동일하다고까지 주장하기는 쉽지 않을 것이다. 마흐의 과학철학에 대한 논의로 고인석(2010)

이 요건을 만족시켜야만 했다. 이는 철저하게 이론에 대한 관찰의 지배, 더 엄밀하게는 이론적 진술들에 대한 관찰 진술의 지배를 의미하는 것이었다. 관찰 진술은 우리의 감각 기관에 그 어떠한 매개 없이 곧바로 들어오는 지각 내용을 담는 것이다. 그러므로 라투르와 울거가 분석해 낸 실험실에서 도구에 의존하여 산출되는 실험적 사실은 관찰 진술에는 포함될 수가 없다.

라투르와 울거의 논의는 도구와 기록하기를 강조한다는 측면에서 논리 실증주의와는 물론 크게 다르다. 논리 실증주의에 따르면, 직접적으로 인간의 감각 기관에 와 닿는 지각 내용만이 경험 과학의 근거가 된다.[7] 이러한 입장은 기록 장치를 강조하는 라투르와 울거의 입장과 양립하기가 곤란하다.

논리 실증주의의 사실관은 매우 제한적인 경험에 입각해 있다. 이와 같은 사실관은 출발 당시의 과학 활동과 원만하게 조화되지 않았으며, 오늘날의 과학 활동과도 잘 조화되지 않아 보인다. 특히 근대 이후의 과학 활동은 각종의 실험 도구를 사용하여 이루어져 왔기 때문이다.

두 사람 라투르와 울거의 논의 초점이 외견상으로는 논리 실증주의적 과학관에 대한 명시적 비판에 있지는 않은 것으로 보인다. 그렇지만, 결과적으로 보아, 그들의 논의는 사실상 논리 실증주의적 과학관이 현대 실험실의 활동을 해명하는 데 무력할 수밖에 없으며, 실험실과 무관하다는 점을 입증한 것이 된다. 실험실에서 도구를 쓰는 작업, 즉 라투르와 울거의 개념으로서 기록하기는 논리 실증주의의 사실관과 무관하다. 우리의 감각 기관에 직접 들어오는 지각 내용은 기록하기에서 얻는 결과물과 그 의미에서 큰 차이가 있는 것이다. 도구를 쓰는 기록 활동은 초기 논리 실증주의에서는 인식적 확실성을 담보하지 못하는 과학자의 작업으로 치부되었다. 그들에게는 오직 직접적 지각만이 경험적 유의미성을 지니는 것이었기 때문이다. 그럼 라투르와 울거

을 참조하면 좋다.

7 이에 대한 좀 더 상세한 논의에 대해서는 이상원(2009), 235-264를 참조하면 좋다.

의 사실 구성에 대한 논의를 좀 더 자세히 살펴보기로 한다.

3. 독립적 사실과 구성된 사실의 대조

3.1. 발견을 기다리던 실재 관념에 대한 회의

기록하기에 입각한 사실의 산출이 라투르와 울거가 주장하는 핵심 내용이다. 이에 따르면, 사실의 산출은 기록하기에 철저하게 의존한다. 그렇다면 사실 혹은 실재는 기록하기와 독립적으로 존재할 수가 없다. 두 사람의 이와 같은 사실관 혹은 실재관은 독립적 실재를 주장하는 입장과 배치된다. 독립적 실재를 믿는 입장에 의거하면, 실재는 자연에서 과학자가 실재를 발견할 때까지 기다리고 있거나 과학자와 별도로 존재하는 것이다. 하지만 라투르와 울거가 이해하는 실험적 작업, 특히 기록하기로서의 실험실 활동은 이러한 사실관과 양립하기 힘들다.

심장 박동의 미묘한 변화는 사람의 손가락 바깥에 위치해 있는 피부 감각으로 정확히 잡아내기 어렵다. 물론 예민한 의사가 그러한 변화까지도 읽어내는 일이 절대적으로 불가능하지는 않겠으나, 일반적으로는 쉬운 일이 아닐 것이다. 심장 박동의 극히 미세한 변화는 의학 도구에 의해 감지될 수 있다. 의학 도구의 말단에 위치해 있으면서 심장 박동의 양태를 잉크로 그려내는, 철침과 출력 용지가 심장 박동의 변동을 잡아낼 수 있다. 잉크가 달린 철침과 출력 용지는 의학 도구라는 기록하기 장치의 말단 부위에서 곡선을 만들어낸다. 최근에는 종이 위에 잉크로 그리는 경우보다는 컴퓨터 모니터상에 곡선을 그려내는 경우가 더 일반적이라고 볼 수 있다. 하지만 두 경우 모두 기록하기의 유형에 포함된다는 점에서 본질적인 차이는 없다. 이와 같은 의학 도구라는 기록하기 장치는 인간 감각의 실증주의적 지각 능력을 확대하거나 넘어서서 새로운 경험을 만들어낸 것이다.

라투르와 울거는 TRF의 속성을 파악하는 기제로서 기록하기의 성격을 묘사하고 있다. 일정한 화학적 또는 생화학적 검정(檢定, assay) 장치에서 잉크가 달린 철침과 출력 용지는 TRF의 존재와 관련될 수 있는 어떤 경험적 정보를 제공할 수 있다. TRF와 같은 미시적 대상에 대한 연구는 기록하기 장치 없이 사실상 불가능하다. 아래의 인용문에서 보이듯이, 곡선들 사이의 차이란, 기록하기 장치의 마지막 부위에서 출력 용지에 철침으로 그려내는 결과물 사이의 차이를 의미한다. TRF라는 새로운 존재자에 대한 정보를 얻기 위해서는, 알려진 물질에 대해서 실험을 하여 얻어낸 곡선과 그 알려진 물질을 배제한 상태에서 어떤 물질을 가지고 실험을 하여 얻어낸 곡선을 대조했을 때 나타나는 차이를 통해서 접근해야 하는 것이다.[8] '알려진 물질'에서 얻은 실험 곡선과 '알려지지 않은' 물질에서 나온 또 다른 실험 곡선 사이의 차이가 TRF에 대해서 무언가를 이야기해 줄 수 있다. 알려진 물질로 행한 실험 곡선에서 보이는 정점(頂點, peaks)(가장 두드러진 값)과 TRF로 추정되는 미지의 물질에서 나타나 보이는 실험 곡선에서 나타나는 또 다른 정점 간의 대조(또는 중첩)는 TRF의 속성에 대해 일정한 경험적 정보를 보여줄 수 있다. 그러나 알려진 물질에서 얻는 실험 곡선과 미지의 물질에 관한 실험 곡선의 차이가 없으면, 그 알려진 물질의 존재 또는 속성에 대해 쉽사리 주장을 할 수 없게 된다.

우리의 과학자들이 기록하기란 "바깥쪽 저기"에 독립적 존재를 지니는 몇몇 존재자에 대한 표상 또는 지시자가 될 수 있다는 믿음을 갖고 있었다는 사실에도 불구하고, 우리는 그러한 존재자들이 이들 기록하기의 사용을 통해서 유일하게 구성되었다고 논의했다. 곡선들 사이의 차이들이 물질의 존재를 지시한다는 단순히 그런 것은 아니다. 오히려 그 물질은 곡선들 사이에서 감지된 차이들과 동등하다는 것이다. 이 점을 강조하기 위해, 우리는 "그 물질은 생물학적 검정을 사

---

8 이에 대해서는 Latour and Woolgar(1986), 124-129를 참조하면 좋다.

용함으로써 발견되었다" 또는 "그 대상은 두 개의 정점 사이의 차이를 파악해 낸 결과로 발견되었다"와 같은 표현을 멀리했던 것이다. 그런 표현들을 채용하는 것은 일정한 대상의 존재가 사전에 주어진 것이며 그러한 대상들은 과학자들에 의해서 시간의 흐름 안에서 그들의 존재가 노출되기를 그저 기다렸다는 오해를 불러일으키는 표현을 전달하는 일이 될 것이다. 이와 대조적으로, 우리는 미리 주어졌으되 이제껏 숨겨진 진리들에 관해 커튼을 들어 올리는 것으로서의 다양한 전략을 사용하는 과학자들을 개념화하지 않는다. 오히려, 대상들(이 경우에는 물질들)은 과학자들의 기교가 넘치는 창의성을 통해 구성된다(Latour and Woolgar, 1986, 128-129).

라투르와 울거의 입장에 따르면, 실재는 "바깥쪽 저기"에 과학자나 과학자의 실험적 작업과 무관하게 이미 존재하던 것이 아니다. 실재는 독립적 존재가 아니라 "유일하게 구성되었다"는 것이다. 장님이 그의 맨손으로 어떤 코끼리의 코를 만진다. 이때 코끼리의 코에 대한 장님의 지각 내용은 실증주의적 사실이다. 손으로 느껴지는 코의 이러저러한 형태, 코 피부의 이러저러한 촉감, 열적 상태(어떤 따스함 혹은 차가움)는 직접적 관찰에 해당한다. 우리는 코끼리 코에서 장님이 느낀 사실을 실증주의적 사실의 한 사례로 인정할 수 있을 것이다. 또한 그러한 실증주의적 사실의 담지체인 코끼리의 코는 독립적 존재로서 장님이라는 개별 인식 주체의 '바깥쪽 저기'에 있다고 말해도 될 만하다. 이런 수준의 실증주의적 사실이나 독립적 존재에 대한 인정조차도 물론 논란의 여지를 가질 수 있다. 하지만 과학자들은 대체로 이러한 사실과, 그 사실을 우리의 감각 기관에서 지각하게 해준 독립적 존재를 인정하리라고 본다. 하지만 TRF(H)와 같은 대상에 관해서는 코끼리의 코에 관한 실증주의적 사실 및 독립적 존재 개념을 쉽사리 적용할 수 없다. 그것은 TRF(H)가 코끼리 코가 존재하는 방식으로 존재하는 대상이 아니기 때문이다.

코끼리의 코는 거시적 대상이다. 반면 TRF(H)는 도구를 쓰지 않는 우리의 무매개적 관찰에 의해서는 경험할 수 없으며 실증주의적 관찰이 불가능한 대상이라고 할 수 있다. "과학자들의 기교가 넘치는 창의성"이란 새로운 기록장치의 개발, 도입 및 기록하기 내용에 대한 유의미한 해석을 의미한다. 이와 같은 과학자들의 기교가 넘치는 창의성이 실험실 안에서 과학적으로 유의미한 경험을 창출시키는 것으로 보아야 할 것이다. 새로운 기록장치의 도입 없이는 실재에 대한 논의는 극히 제한된다. 기록하기 장치로서의 도구의 도움이 배제된 상태에서 TRF(H)와 같은 존재자를 탐구할 길은 없는 것이다.

3.2. 기록하기 장치의 우선성과 구성된 사실

기록하기 장치, 즉 실험 도구 없이 TRF(H)는 과학자에게 알려질 수 없었다. 실험하기에 의해 TRF(H)의 성질이 알려진 '이후'에만 비로소 과학자들은 TRF(H)의 존재에 관해서 말할 수 있다. 이것이 바로 라투르와 울거가 다음과 같이 쓰는 이유다. "오히려, 대상들(이 경우에는 물질들)은 과학자들의 기교가 넘치는 창의성을 통해 구성된다." 두 사람은 기록하기라는 관념에 의거하여, 과학 활동을 발견보다는 창의성과 구성에 관한 것으로 본다. 그 구성은 바로 기록하기에 의한 것이다. 실험실 공간에서의 사실의 산출은 기록하기 장치, 즉 실험 도구에 의해서 성취된다. 그래서 라투르와 울거는 이렇게 말하고 있는 것이다. "우리는 그리하여 과학은 (창의성과 구성보다는 차라리) 발견에 관한 것이라는 오해를 불러일으키는 인상을 산출시키지 않는 과학 활동에 관한 서술을 정식화하는 일이 극단적으로 어렵다는 것을 알게 되었다"(Latour and Woolgar, 1986, 129).[9] 미시적 대상이 존재한다는 것은 기록하기에 의존한다. 그런 의미에서 기록하기 장치는 사실의 구성에 우선한다고 말할 수 있다.

---

9 강조는 원문에 있는 것임.

4. 동적 안정성

실험적 사실 또는 실험적 현상은 안정성을 지녀야 과학적 가치를 갖는다. E라는 실험의 상황에서 P라는 실험적 현상이 '예외적으로' 나타날 경우, 과학자는 그 현상의 안정성에 대해서 회의할 가능성이 크다. 반면 E라는 실험의 상황에서 P라는 실험적 현상이 '통계적으로 유의미하게' 주어지면, 과학자는 그 현상과 실험 상황에 주목하게 된다. 예를 들어 E라는 실험 상황이 100회 주어졌을 경우, 그중 98회에서 P라는 실험적 현상이 나타났을 때, 과학자들은 그 실험 상황과 실험적 현상이 통계적으로 유의미하다고 평가할 가능성이 크다. 하지만 이러한 가상적 사례는 실제 실험의 시행과 거리가 있을 수 있다.

위의 예에서 나온 100회 중 98회의 발생 빈도라는 것은 결과만을 바라볼 때 나오는 수치다. 그 발생 빈도의 근저에는 실험 도구의 준비와 실험적 오류의 제거라는 매우 중대한 계기가 놓여 있다.[10] 실험 도구의 적절한 준비 없이, 실험적 오류의 충분한 제거 없이 통계학적 유의미성을 따지는 것은 커다란 의미를 지니지 않는다. 과학자들이 실현하고자 하는 물질적 현상을 나타나게 해줄 실험 도구는 일반적으로 사전(事前)에 존재하지 않는다. 그렇기 때문에 실험 과학자의 창의성과 구성 능력이 필요한 것이다. 실험적 오류의 충분한 제거에 대해서 과학자들은 보통 전적으로 확신하지는 않는다. 실험적 오류의 제거란 당시까지 알려진 실험 기법의 수준과 실험과 관련된 이론들의 수준에 의존할 따름이기 때문이다. 어떤 한 시점에 알려지지 않는 오류의 원천이 뒤따르는 실험 기법과 이론의 발전으로 얼마든지 새로이 드러날 수 있는 것이다.

이와 같은 점들을 염두에 두더라도, 실험의 안정성은 때로 쉽게 도달하기 어려운 목표로 보인다. TRF(H)와 관련된 기록하기의 안정성을 다루는 라투르와 울거의 다음의 논의를 살펴보기로 한다.

---

10 실험의 오류의 제거와 통계적 방법에 관한 과학철학적 논의로는 Mayo(1996)를 참조하면 좋음.

우리는, 안정화의 시점에 대한 우리의 결정이 "실재하는 TRF"가 그저 발견되기를 기다리고 있었다는 그리고 그것이 마침내 1969년에 가시화되었다는 우리의 가정에 의존하지 않았다는 점을 지적하는 데에 신중을 기해왔는데, 그 시점에 한 진술은 그 자체로부터 장소와 시간이라는 결정 요인과 그것의 생산자와 생산 과정에 대한 모든 언급을 제거해 버린다. TRF는 여전히 인공물로 판명 날 수도 있었다. 예를 들면, TRF가 "생리학적으로 유의미한" 양으로 몸 안에서 Pyro-Glu-His-Pro로서 나타난다는 증명으로 받아들여진 어떤 논의도 아직 제기되지 않았던 것이다. 합성 Pyro-Glu-His-Pro가 검정에서 활성이 있다는 것이 받아들여진다고 하더라도, 그것을 몸 안에서 측정하는 일은 아직 가능하지 않다. TRF의 생리학적 중요성을 확립하려는 기도 가운데 부정적 발견은 TRF가 인공물일 가능성보다는 사용되고 있는 검정의 비민감성 탓으로 지금까지 돌려졌다. 그러나 좀 더 나아간 약간의 맥락 변화는 대안적 해석의 선택과 이 TRF가 인공물일 가능성의 실현을 여전히 선호할 수도 있는 것이다. 안정화가 발생하는 시점은 특수한 맥락 내부에 널리 퍼져 있는 조건들에 의존한다. 안정화가 구성 과정에 대한 모든 언급으로부터 한 진술의 탈출을 수반시킨다는 점은 사실 구성 과정의 특성인 것이다(Latour and Woolgar, 1986, 175-176).

두 사람은 안정화가 기본적으로 '동요 가능한' 것임을 지적한다. Pyro-Glu-His-Pro는 특정 아미노산 사슬이다. TRF(H)는 자연 속에서 발견되기를 기다리다가 1969년에 마침내 가시화되었다고 전형적인 실재론자인 어떤 이가 이야기할 수 있음에도 불구하고, 이러한 서술은 안정성의 동적 상태를 숨기지 못한다고 그들은 지적한다. 1969년의 가시화는 TRF(H)의 안정성에 대한 중대한 사건이었을 수 있다. 그러나 이 안정화는 그것에 도달하기 이전에는 얼마든지 흔들릴 수 있는 것이었음을 라투르와 울거는 논의하고 있다. TRF(H)를 다룬 실험에 관한 대안적 해석의 선택이 이루어질 가능성과, TRF가 실재하는 대상이 아니라 인공물(artifact), 즉 도구에 의해 만들어진 또는 도구로 인해 실재하는 것으로 잘못 비추어진 존재로 판명될 수도 있음을 지적하고 있다. "그러나 좀 더 나아간 약간의 맥락 변화는 대안적 해석의 선택과 이 TRF가 인공물일 가능성의 실현을 여전히 선호할 수도 있는 것이다"라는 라투르와 울거의 지적은 1969년 당시에 적용되는 이야기일뿐더러 현재의 실험 과학 상황에도 유의미하게 적용될 수 있는 사항이라고 볼 수 있다. TRF(H)는 Pyro-Glu-His-Pro라는 특정 아미노산 사슬이 아닌 다른 아미노산 사슬, 또는 아미노산 물질조차도 아닌 그 밖의 다른 것으로 판명 났을 가능성을 배제할 수 없다는 견해다. 실험 과학의 진전은 과학자에게 알려지지 않은 오류의 근원을 알려줄 수 있고, 이에 따라 기존에 확립된 안정성이 동적 상태로 가게 될 수가 있는 것이다. 동적 안정성에 대한 주장은 과학의 객관성을 흔드는 주장이 아니다. 오히려 이것은 과학의 객관성과 합리성의 성립이 매우 복잡한 과정을 거쳐 이루어질 수도 있음을 지적하는 유익한 견해라고 보아야 할 것이다.

5. 발견을 기다리던 대상에서 논쟁 확정 이후에만 실재하는 대상으로

물질적 매개 없이 우리의 감각 기관을 사용하여 경험할 수 있는 대상, 즉 거시적 대상과 그렇게 경험할 수 없는 대상, 즉 미시적 대상은 철학적으로 논란의 대상이 되어왔다. 미시적 대상과 거시적 대상이라는 존재가 지니는 성격에 대해서, 라투르와 울거의 입장은 미시적 대상의 경우에서 '실재'란 발견을 기다리던 대상이 아니라는 쪽에 기울어 있다. 예를 들어, TRF는, 'TRF가 이러이러한 화학적 구조를 갖고 있다'는 진술을 확정 지을 수 있을 '특정 기록하기 장치가 존재하기 이전까지는' 발견을 기다리던 대상이 될 수 없다는 것이다. TRF(H)는 Pyro-Glu-His-Pro라는 특정 아미노산 사슬이라는 주장은 특정 기록하기 장치들을 전제하지 않고는 출현할 수 없었던 것이다. 이것은 TRF가 코끼리의 코와 같은 대상이 아니라는 데 그 주된 근거가 존재한다. 코끼리의 코는 거시적 대상이기에 우리가 특정한 기록하기 장치에 의존함이 없이도 그 코의 존재와 성질에 대해서 알 수 있다. 반면에, TRF는 기록하기 장치에 의존함이 없이는 그것의 존재와 성질에 대해서 알 길이 없는 것이다.

특정한 기록하기 장치에 의존함이 없이, TRF와 같은 대상의 '실재'를 한 진술의 담지체로 주장할 수 없다는 것이 라투르와 울거 두 사람의 주장이다. 실재가 이미 있었고 그에 대한 진술이 출현했다는 '인식적 수순'은 잘못된 것이라는 견해인 것이다. 제대로 된 인식적 수순은 그 역이라는 것이다. 특정 실험 도구에 의해서 가능해진 한 진술의 경험적 입증에 따라서 '논쟁이 확정되면', 그때라야 비로소 실재의 존재와 그것이 지니는 성질에 대해서 말할 수 있을 뿐이라는 주장이다. 라투르와 울거에 따르면, 실재는 실험적 안정화의 귀결이며, 실재가 경험적 안정화를 설명해서는 안 된다. 바로 이러한 의미에서, 사실과 실재는 구성된다.[11] 기록하기와 안정화에 의한 구성이 라투르와 울거의 구성이다. 여기서 구성에 대한 그 외의 다른 해석은 두 사람의 입장을 왜곡할 가능성이 매우 크다. 두 사람은 이렇게 말하고 있다.

이 논변을 다른 식으로 요약하면, "실재"는 한 진술이 왜 사실이 되는가를 설명하는 데 사용할 수 없는데, 실재의 효과를 얻는 것은 진술이 사실이 된 이후에만 그렇게 되기 때문이다. 이것은 실재의 효과가 "객관성" 또는 "바깥쪽 저기에 있음"의 측면에서 주조(鑄造)되느냐에 관한 경우다. 어떤 진술은 존재자 속으로 분열해 들어가고 어떤 진술은 존재자에 관한 것이 되는 것은, 논쟁이 확정되기 때문이다. 그러한 분열은 결코 논쟁의 해결에 앞서질 못한다. 물론, 논쟁의 대상이 되고 있는 진술을 연구하고 있는 과학자에게 이것은 별것이 아닌 것으로 보이게 될 것이다. 결국, 그는 TRF가 회의에서 튀어나올 것이며 그것이 어떤 아미노산을 포함하고 있는지에 관한 논쟁을 결국 확정할 것이라는 희망 속에서 기다리지는 않는다. 따라서 이 연구에서 우리는 그 논변을 방법론적 예방책으로 사용한다. 과학자 자신들처럼 우리는 실재라는 관념을 한 진술의 안정화(3장을 볼

---

11 이 의미의 구성에 대해서 7절에서 좀 더 논의한다.

것)를 설명하기 위해서 사용하지는 않는데, 왜냐하면 이 실재는 이 안정화의 귀결로 형성되는 것이기 때문이다(Latour and Woolgar, 1986, 180-182).[12]

실재는 라투르가 말하듯이, "'바깥쪽 저기에 있음'이 과학 연구의 원인이라기보다는 과학 연구의 귀결이라는 것이다." TRF가 무엇인지 미리 알고 이것을 연구할 수는 없다. 기록하기에 기초한 논쟁의 확정 이후에만, 즉 과학 연구의 귀결이 확정적으로 주어진 이후에만 실재에 대해서 말할 수 있다고 두 사람은 강조하고 있다. 여기서 과학 연구는 실험실 과학임을 강조할 필요가 있다. 실험실 공간에서 이루어지는 사실 산출은 기록하기 장치인 실험 도구에 의해서 실현되는 것이다.

> 우리는 사실이 존재하지 않는다고 또는 실재와 같은 그런 것은 존재하지 않는다고 말하고 싶진 않다. 이 단순한 의미에서 보아, 우리 입장이 상대주의는 아니다. 우리의 논점은 "바깥쪽 저기에 있음"이 과학 연구의 원인이라기보다는 과학 연구의 귀결이라는 것이다. 우리는 따라서 시점의 중요성을 강조하길 원한다. 1968년 1월의 TRF에 대해 고려해 보면, TRF는 우연적인 사회적 구성이라는 점과 더욱이 과학자들 스스로가 인공물일 수도 있는 한 실재를 그들이 구성할 가능성을 상당히 의식하고 있었다는 점에서 상대주의자라는 점을 보여주기는 쉬울 것이다. 다른 한편, 1970년 1월에 있은 분석은 TRF를 과학자들에 의해서 발견된 자연의 대상으로서 드러내게 되는데, 그들은 그동안에 단단해진 실재론자로 탈바꿈해 버렸던 것이다. 논쟁이 일단 확정되자, 실재는 이 확정의 원인으로 여겨지게 된다. 그러나 논쟁이 계속 격렬한 상태에 있는 동안에, 실재는 토론의 귀결인 것인데, 마치 그것이 과학의 노력의 그림자인 듯 논쟁 속에 존재하는 각각의 방향 변화와 선회를 따른다(Latour and Woolgar, 1986, 180-182).[13]

---

12 강조는 원문에 있는 것임.
13 강조는 원문에 있는 것임.

6. 도구와 실험 결과의 국소성

포유류 생명체의 유지와 존속에는 미량의 생화학물질이 관여하는 경우가 많다. '소마토스타틴(somatostatin)'은 '성장 호르몬 억제 호르몬(growth hormone-inhibiting hormone)'으로도 알려진 물질이다. 뇌의 시상하부에서 분비되어 성장 호르몬의 방출을 억제하는 기능을 하여 생체에 중요한 영향을 미친다. 소마토스타틴 역시 TRF(H)처럼 특정 기록하기 장치 없이는 연구가 불가능하다. 소변처럼 쉽게 얻을 수 있으며 맨눈을 포함한 우리의 직접적 감각 능력으로 경험이 가능한 경우가 아닌 것이다. 소마토스타틴이 성장 호르몬을 실제로 억제하느냐의 여부를 확인하기까지는 기록하기 장치로서의 특정 실험 도구가 요구되었다. 그 도구는 '방사성 면역 검정(radioimmunoassay)'이라 불리는 것이었다.

방사성 면역 검정이라는 실험적 방법을 채용하지 않고는 소마토스타틴이 그야말로 성장 호르몬 억제 호르몬인지의 여부를 확인할 길이 존재하지 않았던 것이다. 소마토스타틴이 성장 호르몬을 억제하는 역량을 갖추었느냐는 특정 실험 도구에 의존할 수밖에 없었다. 이 맥락에서 우리는 실험 과학의 '국소성(locality)'에 대해서 생각하지 않을 수 없다. 라투르와 울거는 다음과 같이 말하고 있다.

이러한 관찰은 실험실이 이른바 기초과학과만 배타적으로 관계한다면 별다른 무게를 지니지 않을 것이다. 그렇지만, 우리 실험실은 특허를 통해 임상의 및 산업과 여러 가지 연결을 가졌다. 한 가지 특수한 진술을 고려해 보기로 한다. "소마토스타틴은 방사성 면역 검정으로 측정된 것으로서의 성장 호르몬의 방출을 막는다." 우리가 이 진술이 과학 바깥에서 작동하느냐고 묻는다면, 그 답은 방사성 면역 검정이 신뢰할 만하게 갖추어진 모든 곳에서 성립한다는 것이다. 이는 그 진술이 모든 곳에서, 심지어 방사성 면역 검정이 갖추어지지 않은 곳에서조차도 참이 됨을 함축하지는 않는다. 만일 어떤 이가 소마토스타틴이 환자의 성장 호르몬 수준을 낮추는지를 결정하기 위해 병원 환자에게서 혈액 표본을 취한다면, 소마토스타틴 방사성 면역 검정에 접근하지 않고서는 이 질문에 답할 길이 없다. 어떤 이는 소마토스타틴이 이 효과를 지닌다고 믿을 수 있으며 심지어 귀납에 의해서 그 진술이 절대적으로 참이 된다고 주장할 수 있지만, 이것은 증명이라기보다는 믿음과 주장이 된다. 그 진술에 대한 증명은 동일한 검정을 갖추기 위해 방사성 면역 검정이 타당하게 성립하는 네트워크의 확장을 필연화하는데, 이는 병원 병동의 일부를 실험실 부속 건물이 되게 하는 것이다. 한 주어진 진술이 그 실험실 밖에서도 검증되었느냐를 증명하는 일은 그 진술의 존재 바로 그것이 실험실의 맥락에 의존하므로 불가능하다. 우리는 소마토스타틴이 존재하지 않음을 논의하고 있는 것도 아니고 그것이 작동하지 않는다고 논의하고 있는 것도 아니며, 그것은 그것의 존재를 가능하게 해주는 사회적 실천의 네트워크 바깥으로 튀어나갈 수 없음을 논의하고 있는 것이다(Latour and Woolgar, 1986, 182-183).[14]

실험실 과학에서 사실은 기록하기 장치인 실험 도구에 의해 산출된다. 그런데 위의 인용문 내용 중 다음의 진술, "소마토스타틴은 방사성 면역 검정으로 측정된 것으로서의 성장 호르몬의 방출을 막는다"라는 진술이 '한 실험실 상황'에서 이루어진 사실 산출의 결과에 의해서 입증되면 '모든 상황'에서 성립되는 성격, 즉 '전역성(globality)'을 지니는 것일까? 라투르와 울거는 이에 대해서 회의적 입장에 서 있다. 두 사람은 이 진술은 오직 방사성 면역 검정이라는 실험적 체계와 결부한 한에서만 의미를 지닌다고 주장한다. 어떤 연구자가 환자에게서 혈액 표본을 취했더라도 이것을 실험적으로 분석할 수 있는 실험 도구를 사용할 수 있기 전에는, 그 혈액 표본에서 소마토스타틴과 성장 호르몬 억제 효과에 관해 어떤 주장을 담고 있는 진술의 경험적 입증이 전역

---

14 강조는 원문에 있는 것임.

적으로 발생할 수가 없다는 것이다. 두 사람이 쓰고 있듯이, 이들은 소마토스타틴이 존재하지 않는다고 이야기하지도 않으며 소마토스타틴이 어떠한 호르몬적 억제 기제를 갖고 있지 않다고 주장하지도 않는다. 다만, 특정한 국소적 실천의 체계인 방사성 면역 검정을 염두에 두지 않고는 소마토스타틴에 관한 어떤 진술은 의미를 지닐 수 없음을 이야기하는 것이다.

7. 반실증주의적이고 반상대주의적인 구성

라투르와 울거가 이야기하는 바의 사실이 구성된다는 것의 의미를 좀 더 논의하기로 한다. 이것은 과학에 관한 합리주의와 상대주의 진영 사이에서 벌어지는 논쟁의 주요 부분과 관련된 사항이다. 사실의 구성이 자연 또는 물질세계에 존재하지 '않는' 어떤 사실을 실험자가 인위적으로 만들어내는 작업으로 규정된다면, 그것은 합리주의보다는 상대주의 입장에 도움이 된다. 또한 사실의 구성이 사회 구성주의(social constructivism)가 주장하듯 사실이란 자연의 독립적 사실이 아니라 과학자 사회에서 '사회적 힘'에 의해서 합의에 의해 만들어지는 것으로 규정된다면, 이 역시 상대주의에 도움을 주게 된다. 반면 사실의 구성이 이와 다른 의미로 해석된다면, 상대주의와는 관계가 없게 될 수가 있다.

실험적 사실이란 '실험적 실천과 별도로' 바깥쪽 저기에 이미 존재하고 있었던 어떤 대상이 지닌 경험적 성질이 기록하기 장치에 의해 잡힌 것인가? 라투르와 울거에 의하면, 전혀 그렇지 않다. 그리고 바로 이 대목에 대한 해석에 두 사람의 '구성' 개념의 핵심이 포함되어 있다. 두 사람은 이렇게 말하고 있다.

우리 논변에서 사용된 첫 번째 개념은 구성이라는 개념이다(Knorr, 인쇄 중). 구성은 기록하기가 겹쳐지고 설명이 밑받침되거나 기각되는, 느리고, 실천적인 장인적 작업을 말한다. 그것은 따라서 대상과 주체 사이의 차이 또는 사실과 인공물 사이의 차이는 과학 활동에 관한 연구의 출발점이 되어서는 안 된다는 우리 주장의 밑받침을 강조한다. 오히려, 한 진술이 대상으로 변환되거나 사실이 인공물로 변환될 수 있는 것은 실천적 작업을 통해서다. 3장의 경과 중에, 예를 들어, 우리는 화학적 구조의 집합적 구성을 따라갔고, 정제된 뇌 추출물을 얻어 내기 위해 8년 동안 기록하기 장치를 가동한 후에, 어떻게 진술이 그것을 여타의 네트워크와 연계시킬 수 있을 정도로 충분히 안정화되었는가를 보여주었다. 단순히 TRF가 사회적 힘에 의해 조건 지어졌다는 것이 아니라, 오히려 그것이 미시사회적 현상을 통해서 구성되었다는 것이다. …… 사실과 인공물 간의 차이에 대한 탈신비화는, 사실이라는 용어가 직조되는 것과 직조되지 않는 것을 동시에 의미할 수 있게 되는 방식에 관한 우리의 논의(4장의 끝에서 있은)를 위해 필수적이다. 인공물 구성을 관찰함으로써, 우리는 실재가 논쟁 확정의 원인이라기보다는 귀결임을 보여주었다. 이것이 명백함에도 불구하고, 이 점은 여러 과학 분석가에 의해서 간과되어 왔는데, 이들은 사실과 인공물의 차이를 주어진 것으로 취하며 실험실 과학자들이 그것을 주어진 것으로 만들기 위해 고투하는 과정을 놓친다(Latour and Woolgar, 1986, 236).[15]

라투르와 울거에게, 구성이란 자연과 무관하게 실험적으로 무엇을 만들어낸다는 의미로 쓰이지 않는다. 오히려 그들에게, "구성은 기록하기가 겹쳐지고 설명이 밑받침되거나 기각되는, 느리고, 실천적인 장인적 작업을 말한다." 앞의 3절에서 논의했듯이, 실험 곡선을 대조하는 경우가 이에 해당한다. 알려진 물질에 대해서 실험한 결과로 얻은 곡선과 이들 알려진 물질이 배제된 상태에서 행한 실험에서 얻는 실험을 대조하는 것을 가능하게 해주는 실험 도구를 세워야 한다.[16] 이것이 기록하기가 겹쳐진다는 것의 의미다. 새로운 도구

---

15 강조는 원문에 있는 것이다. (Knorr, 인쇄 중)도 원문에 나오는 참고문헌이다.
16 더 나아가 한 가지 도구를 개발, 사용하는 것과 관련된 장인적 작업 이외에도 다음과 같은 경우

를 채용하는 일은 일반적으로 그 속도가 느리고 인내를 요구한다. 위 인용문에서 볼 수 있듯이, 정제된 뇌 추출물을 얻어내는 데 8년이나 소요되었다. 이와 같이 느리고, 실천적인, 즉 수많은 시행착오를 되풀이하여 오류의 원천을 제거해 내며 마침내 안정성을 지니는 사실의 산출에 도달하는 과정과 그 과정의 장인적 성격에 대해서 라투르와 울거는 '구성'이라는 말을 붙이고 있다.

두 사람이 쓰는 사실의 구성이라는 개념은 자연 또는 물질세계 안에 존재하지 않는 사실을 탐구 대상과 무관하게 만들어낸다는 것이 아니다. 이러한 의미에서, 그들의 구성 개념은 상대주의 입장을 위해 도움이 되는 개념이 아니다. 또한 두 사람이 쓰는 사실의 구성이라는 개념은 사회 구성주의가 말하는 '합의'와 같은 사회적 힘이 과학적 절차에서 결정적으로 작동하여 과학 활동을 지배한다는 주장과 전혀 관련이 없음을 알 수 있다.[17]

도 포함될 것이다. 라투르와 울거가 지적한 것은 아니지만, 한 가지 도구로 여러 차례 유사한 실험 결과를 얻어 대조하는 일에서 더 나아가, 서로 다른 도구로 실험한 결과에서 유사한 실험적 현상이 출현하면 이것은 그 현상에 대한 신뢰성을 높여준다. 이것 역시 기록하기가 겹쳐진다는 것의 확장된 의미로 받아들여질 수 있다. 이에 대해서는, Hacking(1983), 186-209에 나타나 있는, 서로 다른 현미경에서 나타나는 이미지들의 일치에 대한 논의를 참조하면 좋다. 한 가지 현미경으로 여러 차례 유사한 실험 결과를 얻는 것보다, 서로 다른 현미경으로 실험한 결과에서 유사한 이미지가 출현하면 이것은 그 이미지에 대한 신뢰성을 높여준다. 상이한 현미경을 세워 이를 통해 물질적 작용의 안정적 출현을 보여주는 실험적 작업을 염두에 두고 있는 것이다.

17 라투르와 울거가 이런 혐의나 오해를 받기 전까지, 상당 기간 동안 상대주의나 사회 구성주의 입장으로 오인받았음에 주목할 필요가 있다. 두 사람의 구성주의와 사회 구성주의 간의 차이와 논전을 다루는 것이 이 장의 목적은 아니다. 그럼에도 불구하고, 두 입장의 기본적 대립 구도를 이해하는 것은 사실의 구성이라는 라투르와 울거의 개념의 진의를 파악하는 데 도움이 된다. 라투르와 울거는 이 기록하기 개념을 근거로 머튼(Robert K. Merton)식의 전통적 과학사회학과 에든버러 학파(Edinburgh school)로 대표되는 사회 구성주의를 비판한다. 두 사람은 실험실 공간에서 사실의 산출이 이루어지는 과정을 의미 있게 이해할 수 있으려면 '기술적' 측면과 '사회적' 측면 둘 다 필요하다고 본다. 기술적 측면은 실험적 절차와 관련된 사항이고, 사회적 측면은 신뢰성 있는 실험적 사실의 확보와 이러한 실험적 사실에 의거한 이론 평가와 관련된 의미로만 국한되는 사회적 요인이다. 과학 문서 작성과 이것의 제출, 회람, 심사가 바로 그와 같은 사회적 측면의 핵심이다. 두 사람이 보기에, 전통적 과학사회학은 기술적 측면에 전혀 관심을 두지 않았고, 그렇기에 사실 산출과 관련된 과학 활동의 본성을 파악하는 일과는 무관하다. 또한 그들은 사회 구성주의가 기술적 측면과 사회적 측면 모두에 유의는 하되 사회 구성주의는 기술

라투르와 울거는 신뢰 가능한 실험적 현상이 실험실에서 벌어지는 느리고, 지루하고, 인내를 요구하는, 실천적인 장인적 작업에 의존해 출현한다는 점을 강조하고 있을 뿐이다. 이것은 특히 논리 실증주의적 사실관과는 크게 대조되는 것이다. 즉각적으로 우리 감각 기관에 물질적 매개 없이 직접적으로 주어지는 관찰적 사실은 사실의 구성에 관한 라투르와 울거의 견해와는 접점을 찾기 어렵다. 결국 라투르와 울거는 사회 구성주의적 의미의 상대주의자도 아니며, 그들의 입장은 논리 실증주의와도 거리가 멀다.

8. 맺음말

사실 산출이 실험실 공간에서 어떤 방식으로 이루어지며, 그 철학적 의미는 무엇인지를 파악하고자 했다. 실험적 작업에 대한 논의 가운데, 라투르와 울거의 과학관은 현대 실험실에서 이루어지는 사실 산출과 사실의 의미를 파악하는 데 주요한 의의를 지닌다. 전형적인 분석적 과학철학의 전통 바깥에서 사실 산출 작업과 실험실 활동의 성격을 파헤쳐 과학 이해를 돕고 있다. 라투르와 울거의 논의는 실험실 공간 속의 물질적 배치와 함께하는 실험자의 분투로 얻어내는 믿을 만한 실험적 사실의 출현을 사실의 구성, 실험적 작업의 국소성 등을 중심으로 면밀히 밝혀냈다. 이것은 전통적 과학철학이 실험 공간이 아니라 '이론' 공간에 주목한 것과 대조를 이룬다. 두 사람은 1980년대 이전까지 과학철학자, 과학사학자, 과학사회학자가 별다른 관심을 두지 않았

적 측면을 사회적 측면에 완전히 종속되는 것으로 잘못 보았다고 비판했다. 여기서 사회 구성주의자들이 바라보는 사회적 측면은 단순히 실험실 내적인, 즉 과학 내적인 사항과 관련된 사회적 측면이 아니라, 이보다 더 넓은, 예를 들면, 이데올로기와 같은 사회적, 정치적 요소 등도 포함하는 포괄적인 사회적 측면이다. 두 사람의 비판은 사회 구성주의의 상대주의적 과학관을 배척하는 것이다. 라투르와 울거의 구성주의를 지지하는 진영과 사회 구성주의 간의 상세하고 긴 논전에 대해서는 Pickering(ed.)(1992), 215-465를 참조하면 좋다.

던 실험실과 기록하기 활동에 본격적으로 주의를 기울이는 선구적인 논의를 펼쳤기 때문이다. 실험실에서 어떤 일이 이루어지며 과학자들은 그 안에서 무엇을 위해 작업하는지를 라투르와 울거는 보여주고 있다.

과학자들은 실험의 결과물을 얻고자 하며, 그러한 얻음은 '기록하기'에 의해 가능하다. 기록하기는 각종의 도구와 기계의 도움으로 이루어진다. 이와 같은 도구의 채용과 그에 기반을 둔 기록하기 활동은 결국 출판물을 생산하기 위한 것이다. 출판물은 실험 결과와 그것의 의미를 담고 있다. 이 출판물의 사회화에 의해서 실험 활동은 그 가치를 인정받는 계기를 마련하게 된다. 라투르와 울거 두 사람은 이와 같은 과정이 실험실에서 어떻게 이루어지는지를 생생하게 보여주고 있으며 이런 영역의 탐구에서 매우 뚜렷한 의미 있는 자취를 남긴 셈이다.

기록하기는 라투르와 울거의 실험실 연구에서 핵심적 지위를 갖는다. 그들이 이야기하는 기록하기란 실험 도구로 자연적 과정과 물질적 과정에 개입하여 자연과 물질로 하여금 그것들이 지닌 성질과 구조의 자취를 남기게 만드는 일이다. 각종 수치와 도표는 전형적인 기록하기 내용이다. 자연과 물질의 성질과 구조는 도구 없이는, 수치와 도표로 표현된 기록하기 결과물이 없이는 얻어내기가 곤란하다. 도구 의존적으로, 실험자는 자연의 행동이 도구에 기록을 새겨두게 만드는 것이다. 인간의 감각이 잡아내지 못하는 신호를 도구는 잡아낼 수 있다. 라투르와 울거적 의미에서, 도구는 바로 기록하기를 위한 장치다.

과학자의 활동 결과물은 과학자 사회에서 수용과 거부, 승인과 기각의 절차를 밟는다. 이러한 절차에 요구되는 것이 과학 문서다. 과학 논문은 과학 문서를 대표한다고 할 수 있다. 기록하기는 바로 과학 문서 작성을 위한 것이다. 자연과 물질의 구조와 성질을 실험 도구라는 기록 장치에 적어두도록 하는 것이 기록하기이고, 이 기록하기 결과물인 수치와 도표는 과학 문헌 작성의 핵심이다.

간접적인 방식이기는 하되, 논리 실증주의 과학철학에 대한 비판적 논의가 두 사람의 견해에서 주목할 만한 부분이다. 사실의 산출과 실험실 공간에 대한 이해가 논리 실증주의적인 기호 논리와 관찰 문장에 대한 강조로는 충분치 않음을 우리는 보아왔다. 기록하기란 도구 의존적 활동임을 여러 차례 강조한 바 있다. 논리 실증주의는 우리의 감각 기관만으로 간주관적으로 확인 가능한 직접적 관찰 가능성을 강조했다. 그리고 이러한 견해를 옹호하기 위해 도구를 쓰는 과학 행위는 인식적으로 확실한 부분이 아니라고 보았던 것이다. 라투르와 울거의 기록하기 개념에 의거한 실험실 활동과 사실 산출에 대한 논의는 논리 실증주의적 과학관이 매우 협소한 과학관이며, 현대 과학 실험실 속에서 이루어지는 과학 활동의 많은 부분을 설명할 수 없음을 보여주고 있다. 기록하기에 의존하여 사실은 구성되며, 특정 도구에 의존하는 사실의 산출은 실험 결과의 국소성을 함축한다. 하지만 이런 의미의 국소성은 상대주의 입장과는 거리가 멀다. 특정 도구에 의해서 실험적 안정성을 확보할 수 있다는 것이 그러한 의미의 국소성이 시사해 주는 바이기 때문이다.

'사실의 구성'이란 개념은, 라투르와 울거가 주장하기로, 상대주의와 무관하다. 그것은 기록하기 장치를 채용하는 느리고, 인내를 필요로 하며, 실천적인 장인적 작업을 뜻할 뿐이다. 동적 안정성을 지니는 '신뢰할 수 있는' 실험적 사실에 이르는 과정과 실천을 두 사람은 강조한다. 이러한 구성 개념과 실천 개념은, 실험에 바탕을 둔 현대적인 인식적 감각에 기초하여, 상대주의보다는 오히려 합리주의를 옹호한 것으로 볼 수 있다.

4 기술화된 과학의 물질성

1. 도입

이 장은 저자가 이론적으로 흥미롭고 실천적으로 의미 있다고 추정하는 과학과 기술의 관계에 대한 탐구다. 아주 긴 기간을 통해 과학과 기술은 거의 분리된 채로 각자의 활동을 해왔다. 고대 희랍에서 탈레스가 자연철학 활동을 시작한 이래로, 2천 년 이상의 시간 대부분 속에서 과학과 기술은 독립된 길을 걸어왔던 것이다. 그렇지만 근대 이후,[1] 특히 19세기 말, 20세기 이후로 과학과 기술은 서로 긴밀히 결합되고 상호 영향을 주고받게 되었다. 이 장에서는 과학의 물질적 활동 공간의 존재 양상에 대해서, 그리고 물질적 활동 공간의 존재 양상이 어떻게 변화될 수 있는지를 '기술적 측면'에서 논의하고자 한다. 즉 과학이 지니는 관념적 성격보다는 물질적 성격에 관심을 기울일 것이다. 과학의 관념적 성격과 관련해서는 흔히 이론을 떠올리게 되고, 물질적

---

1 대략 갈릴레오, 뉴튼 등이 활동하던 무렵을 염두에 두면, 이 시기가 이해될 것이다.

성격과 관련해서는 실험을 떠올리게 된다.

과학의 '물질성(materiality)'에 관심을 두고 있는 논의이므로, 아래의 토의에서 실험실과 실험 도구가 연구의 주된 관심 대상이 된다.[2] 여기서 사용되는 의미의 물질성은 도구사용(instrumentation)과 실험의 역할 확대라는 맥락에서 주로 사용할 것이다. 근대 이후 과학에서 실험실과 실험 도구는 과학 활동의 핵심 요소가 되어왔고, 과학 활동의 내용과 과학의 진로에 커다란 영향을 미쳐왔다.[3] 예를 들어, 현미경이 도입되기 전까지 우리의 육안으로 관찰이 되지 않은 세계는 경험 과학의 세계 안으로 들어올 수 없었다. 관찰이 불가능한 미시 세계는 과학의 영역 밖에 있었던 것이다. 하지만 현미경이 보여주는 미시 세계가 존재한다는 점이 인정되면서, 우리의 직접적 시각 능력 바깥에 존재하는 미시 세계도 거시적인 실제 세계가 존재하듯 실제로 존재하는 세계임을 깨닫게 되었으며 현미경을 통해 보이는 세계도 과학 탐구의 대상이 된다. 이와 같은 변화는 현미경이라는 도구가 없었으면 벌어질 수 없는 일이었다. 이처럼 도구는 과학 활동에서 매우 중요한 위치를 점하게 되었던 것이다.

과학의 물질적 활동 공간의 변화란 바로 이 측면을 의미한다. 이와 같은 과학의 물질적 활동 공간의 변화는 현대 과학 문화의 한 핵심적 국면을 구성해 왔다고 할 수 있다. 저자는 라투르가 제기한 '테크노사이언스(technoscience)' 개념을 중심으로 현대의 과학 활동과 기술 활동의 의미를 파악하고자 한다. 테크노사이언스라는 개념에 비추어, 과학과 기술 사이의 관계가 변동되어 온 방식에 대해 탐색하는 일이 그것이다. 이와 같은 탐색은 과학과 기술이 융합

---

2 이 장에서는 과학의 물질성에 초점을 둔다. 하지만 이러한 초점 두기가 과학의 관념성의 약화를 드러내고 강조하려는 의도를 지니는 것은 아니다. 오히려, 과학의 물질성의 진전과 더불어 일반적으로 과학의 관념성도 함께 진전한다. 새로운 실험적 현상이 나타나 안정성을 얻으면, 그에 대한 이론적 해석이 요구되게 마련이다. 예를 들면, X선 현상이 출현한 후 얼마 지나서 안정적인 것으로 인정되자 그것의 본성이 과연 입자냐 파동이냐에 대한 이론적 탐구가 등장했었다. 이처럼 물질성에 대한 연구가 관념성의 간과나 도외시를 의미하는 것이 전혀 아님에 유의할 필요가 있다.

3 이러한 측면을 논의한 연구의 한 예로 이상원(2009)을 참조하면 좋다.

되면서 발현되는 과학의 양태 변화의 주요 국면을 이해하려는 시도다.

과학과 기술의 관계는 고정되어 있지 않았으며 역사적으로 변화를 겪어왔다. 서양 고중세에는 과학이 기술과 매우 달랐다. 과학의 목적은 자연의 운행 원리나 자연을 구성하는 근원 물질을 파악하는 것이었고, 기술의 목적은 주로 인간 생활의 편리를 추구하는 것이었다. 과학은 자연에 대한 이해를 목적으로 했다. 기술은 원리에 대한 이해 여부와 직접적 상관 없이도 우리의 생활에 도움을 제공하는 수단이 되면 그것으로 족한 것으로 치부되었다. 또한 과학과 기술 두 분야에 종사하던 이들의 신분도 매우 달랐다. 과학은 주로 사회 지배층을 구성하는 이들의 활동 영역이었고, 이들은 자연 세계를 이론적으로 해명하는 데에 관심이 깊었다. 기술은 사회 하부층을 구성하는 이들의 활동 영역이었으며, 그들의 활동은 거의 대부분의 경우 지적, 이론적 작업과는 거리가 멀었다. 기술자들은 대부분 문맹이었다. 과학과 기술은 목적이 달랐고 종사하던 이들의 지적 역량과 사회적 신분에서 커다란 차이를 보였던 것이다. 따라서 과학과 기술이라는 이들 두 활동이 분리되었던 것은 자연스러워 보인다. 오늘날에 과학과 기술이 아주 가깝게 여겨지는 대상으로서 파악되고 있는 것과는 사정이 다르다. 과학과 기술의 이와 같은 분리 상태는 상당 기간 지속되었다. 하지만 이와 같은 분리는 어느 시점에서 변화하기 시작했다.

변화는 근대 이후에 시작되어, 특히 19세기 말과 20세기 초부터 과학과 기술은 밀접히 결합되기 시작한다. 화학적 현상에 관한 지식과 전기적 현상에 관한 지식이 산업 기술에 응용되는 모습이 나타났다. 화학자나 전기 이론가가 단순히 산업 기술에 관심을 가진 것이 아니라, 그들이 지닌 '지식'이 기술에 적용되는 양태를 볼 수 있게 된 것이다. 인적 소통이나 인적 영향만이 아니라 이론적 소통과 이론적 영향이 과학과 기술의 결합에 매우 중요했다. 20세기 동안 이러한 양상은, 즉 과학 지식이 기술에 응용되는 과정은 강화되어 왔다. 21세기에도 공학의 발전과 변화는 이어지고 있다. 과학 지식은 기술화되고, 그리하여 기술은 과학화되는 상황이 이미 100여 년 전부터 발생해 왔다.

과학과 기술의 성격은 이처럼 시기적으로 큰 변화를 겪을 수 있는 것이다.

그런데, 이러한 변화는 과학에서 기술로 향하는 영향의 결과였다. 과학 지식이 기술 활동에 영향을 미칠 수 있는 것처럼, 기술도 과학 활동에 심오한 영향을 미칠 수 있다. 저자는 기술에서 과학으로 가는 영향을 과학의 물질성이라는 관점에서 논의하고자 한다. 과학이 기술에 주는 영향과 효과와는 역방향의 영향과 효과에 관해 살펴보려는 것이다. 즉 기술이 과학 활동의 주요 관건이 된다는 점에 관심을 둔다.

2절에서는 테크노사이언스가 등장하게 되어 과학이 기술에 의존하는 양상에 관해 논의한다. 과학 활동이 이루어지는 과정에서, 그리고 과학 활동이 종료된 이후에, 과학의 모습이 어떻게 서로 극적으로 다르게 나타나 보이는지에 대해서 다룰 것이다. 이 과정에서 과학의 유동성과 '안정성(stability)'의 의미에 주의를 기울이고자 한다. 논의 가운데, 도구 의존적, 기술 의존적으로 과학의 안정성이 확보되는 국면을 파악할 수 있을 것이다. 3절에서는 과학의 물질성과 관련하여 라투르의 '기록하기(inscription)' 개념과 '시각적 표현(visual display)' 개념의 가치와 의의에 대해 검토한다. 4절에서는 테크노사이언스에 대한 일부 오해에 관해 논의한다. 테크노사이언스는 과학과 기술이 동일해졌음을 주장하기 위해 나온 개념은 아니다. 테크노사이언스 개념을 기초로 과학과 기술의 유사화와 비동일성에 관해 토의할 것이다. 5절에서는 테크노사이언스와 물질성의 진전에 대해 좀 더 강조하는 논의를 펼친다. 다양한 분야에서 기술 의존적 과학 활동이 어떻게 이루어지는지 살펴보고자 한다. 결론에서는 전체 논의의 요점을 환기하고, 테크노사이언스와 물질성을 중심으로 하는 논의가 기술에 대한 과학의 우위 관점을 일부 비판, 보완해 낼 수 있다고 이야기하면서 토의를 마무리하게 된다.

2. 테크노사이언스의 등장과 과학의 기술 의존성

앞에서 주로 과학이 기술에 미친 영향에 대해 훑어보았다. 이 절에서부터
는 기술적 요소가 과학 활동에 어떤 영향을 미칠 수 있는지를 논의해 나가기
로 한다. 이와 같은 논의는 위에서 본 것과는 반대 방향의 논의다. 과학 활동
에 기술적 요소가 영향을 주고 개입하는 측면에 대한 논의에 초점을 맞춘다.
이러한 논의를 위해 라투르의 테크노사이언스 개념을 활용할 것이다.

2.1. 활동 중의 과학과 활동 밖의 과학: 과학의 안정성과 유동성에 관한 새
로운 시각

라투르는 테크노사이언스라는 개념을 유행시킨다. 그의 책『활동 중의 과
학(Science in Action)』(1987)에서 라투르는 '실제의' 과학 활동 중에 나타나는
과학의 모습을 설명하기 위해 이 테크노사이언스 개념을 도입한다.[4] 오늘날

---

4 아이디(Don Ihde)는 테크노사이언스 개념이 아마도 1930년대에 바슐라르(Gaston Bachelard)에
의해서 만들어졌을 것이라고 보고 있다. 그는 테크노사이언스 개념의 원래 주인이 바슐라르라고
단언하지는 않으나 바슐라르에게 소유권이 있는 것이 아니냐는 견해를 피력하고 있는 것으로 보
인다. 하지만 테크노사이언스라는 개념이 최근에 인기와 관심을 끌게 된 것은 주로 라투르의 논
의 때문이라고 아이디는 이야기하고 있다(Ihde, 1993, 143).
　　technoscience를 기술과학이라고 번역하기도 하며 나름의 의미를 지니는 번역어로 본다. 하
지만, 라투르가 사용하는 technoscience가 지니는 의미가 기술과학이라는 용어에 충분히 반영
되지 않는 측면이 부분적으로 있다고 판단하여, 테크노사이언스라는 번역어를 사용하기로 한다.
기술과학이라고 하면 기술과 과학이라는 두 분야를 통칭하는 것으로 단순하게 이해하는 이들이
일부 있을 것이다. 실제로 공공 도서관에 가면 책들을 그렇게 분류하는 경우가 적지 않다. 과학
기술이라는 항목으로 과학과 기술 분야 책을 분류해 놓는 것과 유사하다. 그런 경우 라투르가 사
용하는 의미의 technoscience의 의미가 전혀 나타나지 않는다. 기술과 과학이라는 두 분야를 통
칭하는 의미로서의 기술과학은 라투르가 사용하는 의미와는 철저하게 다르기 때문이다. 물론
테크노사이언스라고 써도 말만 듣고는 의미가 무엇인지 즉각적으로 드러나지 않을 수 있다. 그
러나 기술과학보다는 테크노사이언스가 기술과 과학 모두에 대한 통칭으로 쉽게 여겨지지는 않
을 것으로 보인다. 선택의 문제인 것으로 보이며, 어느 용어가 절대 우위에 있다고 말하기는 어
렵다.

의 과학은, 라투르의 견해를 따를 때, 기술화되었다. 테크노사이언스는 바로 기술화된 과학을 의미한다고 볼 수 있다. 테크노사이언스는 사변적 특징을 보여준다기보다는 강한 의미에서 '기술 의존적 과학'이라고 말해야 할 것이다. 테크노사이언스는 고중세의 아리스토텔레스주의 자연철학과 대비된다. 아리스토텔레스주의 자연철학 활동에서 도구사용은 배제된 바 있다. 근대 과학은 이와 같은 아리스토텔레스주의 자연철학과는 전혀 다르다. 도구 없는, 기술 없는 과학 활동을 생각하기 어렵다. 테크노사이언스는 바로 이 대목에 집중하여 과학을 이해하고자 하는 의도에서 라투르가 제기한 개념이다.

'활동 중의 과학'은 활동 후의 과학, 즉 과학 활동이 '종료된 후'에 나타난 과학의 모습을 강조하는 과학관을 비판하는 개념이라고 할 수 있다.[5] 과학 활동이 종료된 후에 관찰되는 과학의 모습은 합리적이고, 투명하고, 안정되어 보이지만, 활동 중의 과학, 즉 활동이 이루어지고 있는 상태에서 보게 되는 과학의 모습은 과학의 그러한 모습과 다르다는 것이다. 라투르는 이렇게 말한다.

> 우리는 최종 산물인 컴퓨터, 핵 시설, 우주론, 이중 나선(double helix)의 모양, 한 박스의 피임약, 경제 모형을 분석하려 하지 않을 것이다. 그 대신에 우리는 과학자들과 공학자들이 핵 시설을 계획하고, 우주론을 풀어내고, 임신 호르몬의 구조를 수정하거나 경제에 관한 새로운 모형에 사용된 수치를 분해하는 그 시간과 그 장소에서 그들을 따라갈 것이다. 우리는 최종 산물에서 생산으로, "차가운" 안정된 대상에서 "더 따뜻하고" 불안정한 대상으로 간다(Latour, 1987, 21).

---

5 여기서 '과학 활동의 종료'는 우주 안에서 과학 활동 전체가 끝났음을 의미하는 것이 아니라, 과학의 '일정 영역'에서 존재하는 종료를 의미한다. 예를 들어, 케플러가 천체의 궤도는 등속 원운동이 아니라 부등속 타원 운동을 한다는 주장을 제기한 상황은 이제 종료되었다. 갈릴레오가 목성도 지구처럼 달, 즉 위성을 갖는다는 주장을 제기한 과학 활동의 상황은 종료된 것이다.

과학의 최종 산물은 차갑고 안정적인 것으로 보일 수 있다. 라투르도 이를 인정한다. 이와 같은 과학의 이미지는 뿌리 깊은 것이며, 상당수의 현대인들에게 호소력을 발휘해 왔다. 하지만 과학의 최종 산물을 들여다보는 것이 아니라 과학의 생산이 이루어지는 과정을 들여다보면 과학은 불안정한 것일 수 있다고 라투르는 본다.

"'더 따뜻하고' 불안정한 대상"이란, 논란의 여지가 충분하며 그 상태에서는 그것을 무엇이라고 단정하여 논쟁을 종결시키기가 곤란한 그러한 상태에 있는 대상을 말한다. 예를 들어, 최종 산물로서의 DNA(deoxyribonucleic acid)의 구조는 이중 나선이다. 이것은 차갑고 안정적인 것이다. 이에 대해서는 논란과 변경의 여지가 없거나 거의 없다는 의미에서 차갑고 안정적이라고 라투르는 말할 수 있다. 현재로서는 DNA의 이중 나선 구조를 변경하거나 불안정한 것으로 치부할 뚜렷한 이유를 들기 어렵기 때문이다. 그러나 DNA에 대한 몇 가지 모형이 검토되고 있던 당시의 상황에서는 탐구 대상은 유동적이다.[6] 활동 중의 과학, 즉 활동이 끝난 것이 아니라 활동이 진행 중인 과학 속에서, 탐구 대상의 정체는 불안정하고 더 따뜻한 것으로 볼 수 있다. 최종 산물로서의 과학을 관찰하는 것이 아니라 생산 과정에 있는 것으로서의 과학을 살펴보면, 과학은 차가운 안정된 대상이 아닐 수가 있다는 것이다. 바로 그런 의미에서 과학은 "'더 따뜻하고' 불안정한 대상"이다.

2.2. 도구와 과학의 안정성 획득

합리적이고, 투명하고, 안정된 활동으로서의 과학적 작업에 정당성을 부여하는 일이 과연 적절한 것인지를 좀 더 섬세하게 이해하고자 한다. 과학 활동

---

6 최종 산물로서 이중 나선이 안정성을 얻기 전에는, 이중 나선만이 아니라 '단일' 나선도 DNA 구조의 한 후보로서 검토되었다. 이처럼 활동 중의 과학에서는 일반적으로 '여러' 모형이 제기될 수 있으며, 탐구의 유동성 혹은 불안정성을 나타낸다고 말할 수 있다.

이 진행 중일 때 나타나는 과학 활동의 존재 양상을 이해하기 위해, 라투르는 테크노사이언스라는 개념을 등장시킨다. 그는 과학 활동이 이루어지는 과정과, 그 이후의 과정으로 나누어서 과학의 성격을 파악하고자 한다. 과학은 합리적이고 투명하고 안정된 활동으로 보일 수 있지만, 과학 활동이 이루어지는 중에는 과학 활동이 그다지 합리적이지 않거나, 투명하지 않거나, 안정되지 않은 활동으로 보일 수도 있음에 라투르는 주목한다. 또한 이때에는 과학 활동이 종결된 이후의 시점에 비해 과학 활동이 '기술적 내용'과 '사회적 맥락'에 더 크게 영향을 받을 수 있음을 지적한다.[7]

1953년에 DNA 이중 나선 구조가 발견되었다고 흔히 이야기한다. 그런데 DNA의 이중 나선 구조는 우리의 '육안'으로 DNA의 모습을 직접 보고 바로 알아냈다는 의미의 과학적 발견은 아니다. X선 촬영 장치라는 '도구', '기계'에 의존해서만 DNA의 이중 나선 구조를 발견할 수 있었다고 말해야 할 것이다. 이중 나선 구조란 우리의 육안으로 볼 수 있는 거시적 대상이 아니다. 그것은 현미경적 대상이다.

도구 없이, 우리는 DNA의 구조에 대해서 그것이 무엇이라고 규정하기가 곤란했을 것이다. 이러한 도구가 없었더라면, DNA의 구조는 이중 나선이 아닌 다른 구조를 갖는 것으로 판정되었을 가능성이 있다. X선 촬영 장치라는 도구, 즉 '인공물'에의 의존성 아래에서만, '자연'에 존재하는 DNA의 이중 나선 구조 발견이 성립 가능했다고 비로소 이야기할 수 있는 것이다. 즉, X선 촬영 장치라는 도구 때문에, DNA의 이중 나선 구조는 '차가움'과 '안정성'을 얻을 수 있었다고 보아야 한다.[8]

---

7 라투르는 기술적 내용과 사회적 맥락을 대립적이며 양자택일을 요구받는 두 요소로 보지 않는다. 그의 테크노사이언스에 대한 입장은 기술적 내용에 초점을 두고 있다. 또한 그가 보기에 사회적 맥락이라는 요소도 기술적 내용과 관련되는 한에서만 의미 있게 고려될 뿐이다. 이런 측면에서 라투르의 입장은 사회 구성주의(Social Constructivism)의 상대주의 입장과 대립된다.

8 이 발견과 관련된 왓슨(James Watson)과 크릭(Francis Crick), 윌킨스(Maurice Wilkins), 프랭클린(Rosalind Franklin), 폴링(Linus Pauling)과 같은 인물 사이에 존재했던 논쟁, 이해관계, 경쟁

라투르가 테크노사이언스라는 개념을 사용한 것은 이러한 맥락에 대한 파악에 기인했으며, 이 개념은 그 후 과학기술학(science and technology studies), 특히 현대 과학 활동의 성격과, 과학과 기술 간의 관계를 이해하는 연구에 많은 영향을 미친다. 앞서 이야기한 바와 같이 저자는 이 장에서 라투르가 이야기하는 기술적 내용에 초점을 둔다. 테크노사이언스라는 개념이 사회적 맥락과 무관한 것은 아니지만, 이 개념이 과학기술학 분야에서 관심을 끌게 된 것은 과학 활동의 도구 의존적 성격, 기술 의존적 성격에 대한 논의를 주요 관념으로 담고 있기 때문이었다고 할 수 있다. 라투르가 말하는 사회적 맥락이라는 것도 이 기술적 내용과 관련된 과학자 사회의 사회적 상호작용과 유관한 사항을 말한다.[9]

3. 텍스트에서 실험실로: 기록하기, 시각적 표현, 과학의 물질성

과학은 상당 부분 도구 의존적 활동이다. 물론 과학 활동이 모든 경우에 도구를 꼭 써야만 이루어지는 것은 아니다. 하지만 근대 과학은 대부분의 경우 도구에 의존한다. 이와 같이 도구에 의존하는 과학의 성격을 이해하는 데에 라투르의 테크노사이언스 개념을 활용할 수 있다. 그의 논의의 핵심은 실험실과 '기록하기'다. 기록하기란 과학 문헌 작성의 바탕이 되는 자료(data)를 실험실에서 실험 도구로 만들어내는 작업이다(Latour and Woolgar, 1986; Latour, 1987).[10] 라투르는 실험실에 대해 다음과 같이 말하고 있다.

등과 같은 사회적 맥락과 무관하게 DNA의 이중 나선 구조 발견을 충실히 이해하기는 쉽지 않을 것이다. 하지만 라투르의 논의 초점은 기술적 측면에 있다.

9 이와 관련하여, 주 6)과 7)을 참조할 것.

10 Latour and Woolgar(1986)에서 기록하기에 대해 자세히 논의하고 있으며, Latour(1986)에서도 기록하기 개념에 대해 논의하고 있으나, 후자의 책에서는 테크노사이언스에 주목한다.

'당신은 내가 쓴 것을 의심합니까? 내가 당신께 보여드리지요.' 과학 텍스트에 의해서 확신을 갖게 되지 못했으며 그 저자를 제거하는 여타의 방식을 찾지 못한 아주 드물고 끈덕진 반대자가, 그 텍스트로부터 그 텍스트가 나왔다고 이야기되는 장소로 인도된다. 나는 이 장소를 **실험실**이라고 부를 것이며, 이것은 지금으로서는 단순히 그 이름이 가리키듯, 과학자들이 일하는 장소다(Latour, 1987, 64).[11]

실험실은 과학 텍스트를 생산하는 장소다. 거기서 과학자들이 일한다. 라투르는 과학 문헌을 인정하지 못하는 의심 많은 반대자를 과학 문헌이 생산되는 장소로 인도하는데, 그곳이 바로 실험실이다. 실험실은 과학 문헌의 근거가 되는 내용을 생산하는 곳이라고 할 수 있다. 과학 문헌의 근거가 되는 자료는 실험실에 있는 실험 도구에 의해 산출된다. 실험실에서 실험 도구가 하는 일이 바로 '기록하기'인 것이다.[12] 라투르는 이렇게 말하고 있다.

논문이라는 거울을 통한 이런 움직임은 나로 하여금 도구를 정의하도록 허락하는데, 이 정의는 어떤 실험실에 들어갈 때 우리에게 방향을 주게 될 정의다. 나는 도구(또는 기록하기 장치)를 과학 텍스트 속에 나타나는 어떤 종류의 시각적 표현(visual display)을 제공하는 어떠한 설비라고, 그것의 크기, 본성, 비용이 어떠하든 간에, 부를 것이다. 이 정의는 충분히 단순해서 우리로 하여금 과학자들의 움직임을 따라가게 해준다. 예를 들어 광학 망원경은 도구지만, 몇 가지

---

11 강조는 라투르의 것임.
12 라투르의 이러한 견해에 대한 논의로 김경만(2004), 225-248과 홍성욱(1999), 43-49를 참조하면 좋다. 이상원(2011)은 실험실에서 이루어지는 사실 산출의 의미와 관련하여 기록하기 개념의 가치를 상세히 논의하고 있다.
　기록하기 개념보다 더 넓은 의미에서, 테크노사이언스 개념과 가깝게 연결되어 있는 라투르와 울거의 '행위자 연결망(actor-network) 이론'에 대해 다룬 논의로 다음의 문헌을 참조하면 좋다. 김환석(2006), 62-122; 김숙진(2010).

전파 망원경들의 배열도, 그 구성물들이 서로 수천 킬로미터 떨어져 있다고 하더라도, 그렇게 도구인 것이다. 기니 피그(guinea pig) 회장(回腸) 분석은 전파 망원경의 배열 또는 스탠퍼드 대학 선형 가속기에 비해 작고 값이 싼 것임에도 불구하고 도구다. 이 정의는 비용이나 정교함에 의해서 제공되는 것이 아니라 오직 다음과 같은 특성에 의해서만 제공된다. 즉, 설비는 과학 텍스트에서 최종 층(layer)으로서 사용되는 기록하기를 제공한다. 이 정의에서, 도구란 어떤 이로 하여금 읽도록 허용해 주는 작은 창을 가진 설비 모두는 아닌 것이다. 온도계, 손목시계, 가이거 계수기 모두가 읽음을 제공하지만 이들 읽음이 기술적 논문의 최종 층으로서 사용되지 않는 한 도구로 여겨지지 않는다. (그렇지만 6장을 볼 것.) 이 점은 흰 가운을 걸친 기술자들에 의해 취해지는 수백 개의 매개적 읽기 내용을 지닌 복잡한 고안물을 처다볼 때 중요하다. 논문에서 시각적 증명으로 사용될 바는 거품 상자 속의 몇 안 되는 선들일 것이나 매개적 읽기 내용을 만들 어내는 인쇄 출력물의 더미는 아닐 것이다(Latour, 1987, 67-68).[13]

라투르에게 초점은 과학 텍스트 작성이다. 과학 텍스트의 전형은 논문이라고 하겠다. 책도 물론 과학 텍스트에 포함될 수 있다. 도구는, 라투르가 보기에, 기록하기 장치다. 하지만, 그가 보기에, 기록 능력을 지녔다고 해서 모든 설비가 도구는 아니다. 과학 문헌에 직접적으로 쓰이는 기록하기 내용을 산출시키는 설비가 도구다. 이 설비에서 중요한 것은 크기나 비용이나 본성이 아니라 기록하기다. 과학 텍스트의 핵심 근거이며 '시각적 표현'을 창출하는 능력을 지닌 것이 기록하기 장치로서의 도구다. 과학 텍스트 작성에 필요한 것이 도구, 즉 기록하기 장치다. 기록하기 장치는 논문에 실리는 표, 그림, 수치와 같은 시각적 표현을 생산하는 것이다.[14] 이 시각적 표현은 논문의 주장을

---

13 강조는 라투르의 것임.

14 라투르의 기록하기와 시각적 표현에 대한 논의와 유사한 관심을 보이면서, 아이디도 과학 활동에서 나타나는 시각주의(visualism)에 관한 논의를 제시한 바 있다(Ihde, 1998).

밑받침해 주는 것이다. 위에서 살펴본 DNA X선 회절 사진은 시각적 표현의 한 예가 된다. 실험실과 기록하기 장치로서의 도구는 과학 문헌 작성의 핵심이다. 바로 여기서 과학의 물질성이 본격적으로 모습을 드러내기 시작한다. 도구, 즉 라투르의 표현으로서 기록하기 장치 없이 기록하기는 수행될 수 없다. 기록하기 없는 과학 문헌 작성을 상상하기 곤란하다.

몇몇 사례를 통해 기록하기의 성격에 대해 좀 더 이해하기로 한다. 기록하기의 다른 예는 컴퓨터 모니터상에 나타나는 심장 박동 이미지의 산출이다. 이 심장 박동 이미지는 이른바 시각적 표현의 일종이다. 특정 심장 박동은 아주 짧은 시간에 발생했다가 사라진다. 따라서 도구를 사용하지 않는 우리의 촉감, 청각, 시각으로 하나의 심장 박동, 혹은 박동의 연쇄를 제대로 잡아내기는 쉽지 않다. 컴퓨터 모니터는 시간에 따른 박동의 양태를 시각적으로 남겨준다. 이러한 기록하기 자료는 과학 분야의 논문과 책 집필의 주요 기초 근거가 된다. 기록하기란 이처럼 도구 의존적, 기록 의존적으로 이루어지며 테크노사이언스는 바로 이 기록하기에 초점을 두고 과학을 기술 의존적 맥락에서 이해하는 관점이다.

지진계 기록 용지에 나타나는 파동 형태도 기록하기의 또 다른 예다. 지진계의 경우도 컴퓨터 모니터의 심장 박동 사진과 유사한 성격을 지닌다. 지진파는 보통 지구의 어떤 공간을 순식간에 지나가며, 따라서 지진파의 전달 방향, 진동수, 파장, 진폭을 우리의 감각 기관만으로 파악하기가 곤란하다. 강력한 지진이 인간의 살아가는 공간, 예를 들면, 학교, 도로, 철도, 공항, 건물 등에 막대한 피해를 남기지만, 그 모두가 순식간에 일어난다. 우리의 감각 기관은 지진 활동 결과로서의 이러한 피해를 볼 수 있지만 그 피해를 일으킨 지진파의 거동을 파악할 능력은 거의 없다. 기록하기 장치로서의 지진계는 우리의 감각 기관이 못 하는 일을 할 수 있다. 지진이 발생했을 경우 지진파의 모습을 기록 용지에 그려주는 지진계의 한 부품으로서 지진의 파형을 그려내는 바늘을 생각해 보기로 한다. 아날로그 지진계의 일부로서 이 바늘은 지진파의 모습과 전달 양태를 보여준다. 지진계라는 기록하기 장치에서 나온 지진파의 모습을 기초로, 우리는 지구 내부를 통해 지진파가 어떻게 움직이며, 어떤 방향으로 어떤 양의 에너지를 갖는 상태로 전달되고 있었는지를 계산할 수 있게 된다. 이것은 바로 도구 의존적 테크노사이언스의 세계다.

몇몇 예에서 볼 수 있듯이, 현대 과학이 도구 의존적 성격을 지닌다는 점은 쉽게 알 수 있다. 실험실과 도구는 대부분의 과학에서 중추적 역할을 맡고 있다. 위에서 살펴보았듯이, 윗슨과 크릭이 DNA의 분자 구조가 이중 나선 형태를 갖는다는 주장을 하게 된 것은 DNA에 대한 X선 사진이 있었기에 가능했다고 볼 수 있다. 윌킨스와 프랭클린이 촬영한 DNA의 X선 사진이 없었다면 윗슨과 크릭의 DNA 분자 구조의 형태에 대한 주장은 제기될 수 없었을 가능성이 크다. X선 장비를 갖춘 실험실이 있었기에 DNA의 X선 사진이 있었고, 이 DNA의 X선 사진이 있었기에 DNA 분자 구조 형태에 대한 이중 나선 모형이 과학적 주장으로서 성립될 수 있었다. DNA X선 회절 사진은 라투르가 말하는 시각적 표현의 전형적인 한 사례가 된다. 라투르의 테크노사이언스라는 개념을 통해서 파악할 수 있는 것이 과학 활동의 바로 이 같은 국면이다.

테크노사이언스를 도구 의존적 과학, 실험실 과학 등으로도 부를 수 있을 것이다. 예를 들어, 어떤 의학 활동의 현장에서 볼 수 있는 실험실, 실험용 동물, 실험실에 들어 있는 기계, 기계의 작동을 기록하는 그래프용지, 용지 위에 그려진 이미지 자료 또는 수치 자료, 기타 각종의 장비 등이 전형적 테크노사이언스의 구성 요소를 보여준다. 이와 같이 다양한 물질로 이루어진 실험실 과학은 테크노사이언스의 대표적 사례이며, 이런 복잡하고 어떤 면에서는 별로 말끔하지만은 않은 물질적 배치가 테크노사이언스의 일반적 모습을 대표한다.[15]

라투르의 테크노사이언스에 관한 논의는 주로 과학 문화의 '내부적 상황'과 의미를 파악할 수 있도록 해주는 학술적 작업이다. 여기서 내부적 상황이란

---

15 말끔한 과학의 이미지는 활동 중의 과학이 아니라 활동 종결 이후의 과학에서 주로 느껴지는 혹은 부여하게 되는 이미지라고 할 수 있다.

과학의 외부, 예를 들면, 과학과 무관해 보이는 사회, 정치, 경제적 상황이 과학과 기술에 영향을 주는 측면보다는 과학자와 기술자 자신의 활동 영역 및 자신의 분야에 대한 자의식의 변화에 더 관심을 기울인다는 의미와 관련되어 있다. 즉 도구사용과 관련된 내용, 다른 말로 하면 기록하기 장치 사용과 시각적 표현 창출과 관련된 한에서 이루어지는 과학자들 간의 상호작용이, 바로 내부적 상황의 핵심이다. 라투르의 연구는 오해되어 흔히 사회적 연구로 치부되는 경향이 있으나, 사회적 연구라는 표현은 그것이 담는 의미가 매우 넓다. 따라서 이 의미를 축소할 필요가 있다. 그의 연구는 과학과 기술의 내부적 상황에 훨씬 더 주목하고 있음에 유의해야 한다.

4. 테크노사이언스에 대한 부분적 오해: 과학과 기술의 동일성이 아니라 유사화

테크노사이언스라는 개념은 최근 10여 년 사이에 과학기술학 분야에서 많은 관심을 불러일으켜 왔다. 예를 들면, 2003년에 나온 책 『테크노사이언스 추적하기(Chasing Technoscience)』에서 볼 수 있듯이, 제목으로서 테크노사이언스가 명기되어 있다. 이 책은 라투르만이 아니라 피커링(Andrew Pickering), 아이디(Don Ihde), 해러웨이(Donna J. Haraway)와의 인터뷰와 이들의 입장에 대한 학술적 분석을 담은 글을 포함하고 있다. 이들은 테크노사이언스와 테크노사이언스를 둘러싸고 벌어지는 여러 가지 인식적, 사회적 상황에 대해 논의한다. 그 외 아이디의 몇몇 논의(Ihde, 1993, 1998, 2009)에서도 라투르의 개념을 기초로 여러 기술철학적 논의를 보여주고 있다. 아이디는 테크노사이언스에 대해 다음과 같이 말하고 있다.

오늘날, 물론, 도구사용 속에서의 과학의 구현으로부터 회사 모델을 갖는 거대과학 속의 그것의 거대 구조에 이르기까지, 기술들 없이 과학에 관해 사고하는 일은 상상할 수가 없을 것이다. 여기에 과학/기술의 결혼식이 존재하는데, 이 것은, 브루노 라투르가 그것을 칭하듯이, 테크노사이언스가 되었다(Ihde, 1993, 25-26).[16]

중급 규모의 실험 도구 사용으로부터 많은 인력과 돈이 투여되는 회사 형 태를 띠는 거대과학에 이르기까지 나타나는 과학의 기술적 구현에서 볼 수 있듯이, 과학과 기술이 밀접히 결합되어 실행되고 있음에, 그리고 라투르가 이러한 융합적 실행을 테크노사이언스라 칭한 데에 아이디는 주목하고 있다.

아이디는 다른 곳에서 테크노사이언스를 간략히 "현대 세계의 도구로 구현 시킨(instrument-embodied) 과학"(Ihde, 1998, 4)이라 부르고 있다. 고중세의 도 구 없는 과학이 아니라 "현대 세계의 도구로 구현시킨" 과학이 테크노사이언 스라고 아이디는 규정한다. 이는 테크노사이언스의 성격을 잘 묘사하는 어구 로 보인다. 아이디는 이와 같은 방식으로 테크노사이언스를 파악하면서 라투 르의 선구적 기여를 높이 평가하고 있는 것이다.[17]

돈 아이디가 말하는 '도구로 구현시킨 과학'이 바로 저자가 주목하여 이 장 에서 논의를 발전시키고 있는 테크노사이언스의 주요 측면이다. 기록하기와 시각적 표현에 대한 라투르의 논의가 바로 이 도구로 구현시킨 과학과 밀접 히 연관된다.

테크노사이언스가 지니는 '회사 모델을 갖는 거대과학'에 대한 아이디의 지 적은 도구로 구현시킨 과학과 마찬가지로 매우 유의미하다. 예를 들어 입자

---

16 강조는 아이디의 것임.
17 이 장은 '도구사용'에 관심을 갖고 있다. 저자가 이 장에서 말하는 도구는 주로 실험 도구, 실험 장치와 같은 물질이다. 그런데 저자가 인용하는 아이디의 기술철학, 특히 독일 전통의 기술철 학에서는 인간과 도구라는 관점에서 기술철학 논의를 전개하는데, 이때의 도구는 실험 도구만 이 아니라 더 넓은 의미의 기술적 도구 일반을 뜻한다. 테크노사이언스에 대한 라투르의 논의 의 프랑스적 기원에도 불구하고, 아이디는 테크노사이언스에 대한 라투르의 논의가 자신의 독 일적 기원을 지니는 기술철학과 일부 성격을 공유한다고 보고 있다.

가속기를 가동하는 고에너지 물리학과 같은 거대과학은 갈릴레오나 뉴튼 같은 과학자가 단독으로 행하는 연구와는 거리가 멀다. 대형 실험 도구인 입자 가속기를 채용하는 고에너지 물리학은 회사 모델의 전형적인 한 예가 될 수 있다. 연구 책임자인 교수나 책임 연구원이 연구단의 맨 위에 위치해 있고, 그 아래 박사급 연구원이 있고, 이어 석사급, 학사급 연구원이 있다. 또한 가속기의 기술적 측면을 다루는 테크니션도 근무한다. 그리고 연구 내용이 아닌 연구비 지출을 포함하는 회계 처리를 담당하는 사무원들도 존재한다. 또한 가속기가 들어 있는 건물을 순찰하거나 지키는 경비원도 자연스럽게 있게 마련이다. 이 모든 것이 회사 모형 거대과학의 세계다. 이것 역시 테크노사이언스의 주요 국면이다. 하지만 저자가 현재 초점을 두고 있는 것은 아이디가 말하는 '도구로 구현시킨 과학'이지 회사 모형 거대과학의 위계 구조가 아니다.[18]

테크노사이언스는 과학과 기술 사이의 전통적인 구별 방식을 탈피하려는 시도다. 오늘날 과학과 기술의 목적은 확연히 구분되지 않는다. 테크노사이언스는 공학 실험실에서 이루어지는 활동과 외견상 매우 비슷한 양상을 나타낸다. 도구 의존적 자연과학 활동과 공학 실험실의 활동 모습 사이에는 차이가 별로 없으며 서로 매우 닮아 있는 것이다.

하지만 여기서 주의해야 할 점은 과학과 기술이 확연히 구분되지 않는다는 것이지 과학과 기술이 동일하다는 것이 아니다. 최근에 라투르는 테크노사이

---

18 망원경을 사용한 갈릴레오의 연구와 프리즘을 사용한 뉴튼의 광학 실험은 '초기' 테크노사이언스의 전형이다. 하지만 갈릴레오와 뉴튼의 테크노사이언스는 현대의 회사 모형 거대과학은 아니다. 20세기 '테크노사이언스'의 한 예인 대형 입자 가속기 사용과 같은 거대과학은 현대의 산물이며 회사 모델을 취한다. 갈릴레오와 뉴튼의 초기 테크노사이언스는 거대과학과 달리 단독 연구 형태를 띠고 있다. 우리는 테크노사이언스의 '다양한 수준'을 인정하고 그것에 유의할 필요가 있다. 저자는 테크노사이언스의 물질성과 그에 기초한 과학의 안정성의 출현에 대해 관심을 두고 있다. 즉 테크노사이언스의 내적 측면에 국한하여 논의를 전개하고 있는 것이다. 테크노사이언스의 외적 측면, 즉 예를 들어 거대과학의 인적 구성과 그 상호작용 등은 테크노사이언스의 또 다른 주요 특성이다.

언스 개념을 자신이 쓰는 의미와 다른, 자신이 보기에는 부정적인, 의미로 사용되고 있음에 대해서 그리고 자신이 자신의 논변을 위해 이 테크노사이언스 개념을 사용한 것에 대해서 후회하는 이야기를 한 바 있다.

> 최악의 철학은 그 두 영역이 마치 동일한 것처럼 "테크노사이언스"라는 단어를 사용하는 사람들에 의해서 이루어졌다. (그럼에도 불구하고 나는『활동 중의 과학』에서 그 용어들을 사용했으며 이를 아주 많이 후회한다)(Olsen and Selinger, 2007, 125).

과학과 기술은 현대에 와서 일부 영역에서 유사한 양상을 보여주고 있으나, 과학과 기술은 '전면적으로' 동일하다고 보기는 곤란하다. 라투르와 아이디 등이 사용하는 것으로서의 테크노사이언스 개념은 과학의 물질적 측면, 즉 도구사용과 관련된 측면에 강조점이 있는 것이다. 양자가 동일하다는 데 강조점이 있는 것은 전혀 아니다. 이와 같은 대목에 유의해야 함에도 불구하고, 과학 활동과 기술 활동은 몇 가지 측면에서 닮아가고 있음을 부정하기는 어렵다. 예를 들어, 과학도 실생활의 편리를 위해 응용될 수 있고, 기술도 과학 지식 못지않은 전문적인 지식을 필요로 할 수 있는 것이다. 기술 쪽 종사자는 더 이상 하층민이 아니며, 기술은 과학자와 대등한 사회적 존재 양식을 갖는 인간 집단의 활동이 되었다.

공학은 전통적 기술과 상당한 차이점을 보이고 있다. 전통적 기술에 종사하던 장인들은 대부분 자연과학 지식의 발전과는 격리된 채 자신의 작업에 충실했다. 그렇지만 현대의 공학도가 예를 들어 대학의 교과 과정에서 배우는 내용은 과학도가 대학에서 배우는 것과 그 난이도의 측면에서 차이가 거의 없다.

과학 또한 사실상 편리와 효용을 위한 목적으로 이루어지는 경우가 많다. 현대의 분자 생물학은 생명 현상에 대한 분자적 차원에서 이루어지는 순수한 연구가 될 수 있을 뿐만 아니라, 생명 현상에 대한 분자적 수준에서의 연구를 통해 삶의 편리와 효용을 동시에 추구하는 연구도 될 수 있는 것이다. 현대 서양 의학은 물론이고 대부분의 생물학 관련 학제에서 연구자들은 사실상 유전공학과 아주 가까운 활동을 하고 있다고 말할 수 있다. 자연과학대학에 소속되어 있는 많은 연구자가 예를 들면 나노기술을 연구한다. 공대에서만 나노기술을 연구하는 것이 아니다. 어떤 경우 순수 자연과학을 공학과 더 이상 쉽게 구별해 낼 수 없다.

과학의 물질성(실험적 전문성)과 기술의 관념성(이론적 전문성)이 성숙해 가면서 과학과 공학은 서로 구별이 어려워지고 있다. 과학의 관념성과 기술의 물질성에 집중하는 과학과 기술의 관계에 관한 과거의 이분법적 인식에서 탈피할 필요성이 여기에 있는 것이다.

실험 과학에서 나타나는 과학의 물질성 및 기예적(技藝的, artistic) 측면과 공학에서 나타나는 관념성 및 이론적 측면을 포괄해 내는 어떤 틀에 입각하여 과학과 기술에 대해 이해하는 일은 과학과 기술의 성격을 이해하는 데 매우 유익하다. 그리고 이러한 관점에서 과학과 기술에 대한 사회적 지원과 조정이 이루어질 때 현대 테크노사이언스의 적절한 활용이 가능하게 될 것이다.

이러한 논의를 통해, 우리는 다음과 같은 대목에 주목할 수 있다. 과학은 기술과 융합되면서, 과학과 기술이 분리되어 상호작용을 주고받지 않던 상황에서 볼 수 있었던 특성을 상실해 가고, 테크노사이언스와 같은 기술화된 과학으로 변화해 가고 있는 것이다. 또한 이와 같은 과학과 기술의 융합적 양상이 과학적 인식 작업은 물론 사회와 문화에도 많은 변화를 일으키고 있음을 파악할 수 있다.

저자는 이 장에서 주로 도구와 과학이라는 관점에서 과학과 기술의 관계를 논의하고 있다. 그러나 라투르의 『활동 중의 과학』(1987)에서 논의하는 테크노사이언스는 근대 과학 활동이 더 많은 도구에 의해서 이루어진다는 측면뿐만 아니라, 다소 모호한 점이 있기는 하지만, 과학과 산업의 관계가 긴밀해진다거나, 과학 활동이 거대화되고 있다는 조직적 측면에 대한 논의도 포함하고 있다.[19]

기술화된 과학에 대한 사회적 이해와 통제와 같은 영역에, 테크노사이언스 개념이 어떤 함의를 남길 수 있는지 추적할 여지가 있다고 본다. 현대 사회 속의 과학과 공학에 대한 사회적 지원과 통제는 과학과 기술에 대한 전통적인 구별 방식에 입각해서 이루어져서는 바람직하지 않다. 위에서 논의해 왔듯이, 테크노사이언스는 전통적 과학이나 전통적 기술과는 커다란 차이를 보여주고 있기 때문이다.

5. 테크노사이언스와 물질성의 진전: 도구가 지니는 영향력 판도의 확장

과학과 기술이 결합되어 나타나는 모습을 테크노사이언스라는 개념으로 비교적 정확히 잡아낼 수 있다. 테크노사이언스 개념을 통해 과학과 기술의 융합 양상을 의미 있게 파악하게 된다. 이러한 테크노사이언스 개념으로 라투르가 기술화된 현대 과학에 대해 논의하고 있는 바는 현대의 실험 과학에 대해서 다루는 과학철학, 과학사의 일정한 흐름과 궤를 같이한다. 과학과 기술의 관계에 대한 논의는 매우 흥미로운 주제이기 때문에 과학사 및 과학기술학에서는 많은 연구가 진행되어 왔고, 특히 1980, 1990년대에는 실험을 중심으로 흥미로운 연구들이 발표되어 왔다. 예를 들면, 해킹과 갤리슨의 입장은 테크노사이언스에 대한 라투르의 논의와 동류에 속한다고 할 수 있다. 해킹은

---

19 저자가 이 장에서 초점을 맞추고 있는 것은 과학 지식 생산과 도구의 관계라는 측면이다. 이 측면에서 테크노사이언스, 또는 기술과 과학의 관계에 대한 논의를 전개하고 있다. 하지만, 피커링(Pickering, 1995, 37-67)이나 갤리슨(Galison, 1997, 313-431)이 보여줬던 거품 상자(bubble chamber)를 만드는 과정에서 나타난 엔지니어, 테크니션, 과학자의 관계를 논의로 다룰 수도 있을 것이다. 또는 제2차 세계대전을 전후해서 과학 활동이 이루어지는 사회적 맥락이 군사 및 경제와 긴밀하게 연관되어 가면서 실험실의 과학 활동이 변모하는 측면도, 라투르의 논의에서 끌어낼 수 있는 과학과 기술의 관계 또는 '현대의' 과학 활동과 기술 활동의 의미에서 추적할 수 있는 요소다. 그렇지만 저자의 이 장에서의 강조점은 과학 지식 생산과 도구의 관계에 있으므로, 이들 측면에 대한 논의는 별도의 연구를 요구한다고 본다.

실험하기가 때로 이론과 독립적인 고유한 생명을 갖는다고 보았다(Hacking, 1983). 실험 활동은 이론 활동의 우산 아래에서만 존재하는 것이 아니며, 특정 이론의 운명과 무관하게 실험은 고유한 생명을 지닐 수 있다고 주장한다. 갤리슨은 도구가 이론이나 실험과 독립적인 생명을 가질 수 있으며, 때로 도구가 이론적 탐구의 영역을 제약하거나 새로이 열어줄 수 있다고 주장한다(Galison, 1987, 1997). 라투르, 해킹, 갤리슨 모두 실험실과 도구의 역할을 강조하고 있는 것이다.

해킹과 갤리슨뿐만 아니라, 피커링은 과학이 도구, 이론, 사실, 인간의 실천, 사회적 관계, 이해관계가 뒤얽힌 지대에 존재한다고 주장하면서, 논의의 일부로 도구의 역할을 강조하고 있다(Pickering, 1995). 즉 과학 활동이 물질성의 제약을 받는다는 점을 지적한다. 라인버거(Rheinberger, 1997)의 논의에서도 라투르의 논의와 유사한 국면이 제시되고 있다. 단백질 연구가 시험관(test tube)이라는 실험 도구, 즉 인공물과 밀접히 결합되어 전개되어 나가는 과정을 보여주고 있다. 이 연구 역시 라투르가 이야기하는 일종의 기술 의존적 과학 활동을 사례 연구를 통해 제시한다. 시험관의 물질성에 단단히 기반하여 단백질이라는 이론적 존재자에 대한 탐구가 펼쳐지는 대목에 대한 탐구다.[20]

라투르와 해킹, 갤리슨, 피커링, 라인버거 등의 논의는 넓게 보아, 과학 활동과 과학 지식 창출에서 나타나는 물질성의 역할과 확대에 주목하는 학술적 탐구라고 할 수 있다. 해킹, 갤리슨, 라인버거 등이 주로 과학 활동 내부에 국한하여 이론과 실험에 대해 탐색하는 데에 비해, 라투르의 테크노사이언스는 과학 활동 내부에서 보이는 이론과 실험의 역학 관계의 변동만이 아니라 이를 포함하면서 더 넓게는 물질성을 기초로 하는 과학과 기술의 역동적 상호침투에 대해 더 넓게 다루고 있다고 하겠다. 과거에 피커링은 도구의 중요성보다는 사회적 관계와 이해관계에 더 강조점을 두어 과학을 이해했다. 하지

---

20 이들에 더해, 아커만(Ackermann, 1985)과 라더(Radder, 1988), 배어드(Baird, 2004)도 유사한 성격의 논의를 펼치고 있으므로, 참조하면 좋음.

만 그는 1990년대 중반 이후에는 물질성에 좀 더 주의를 기울이는 경향을 보여주고 있다. 이런 의미에서 라투르의 테크노사이언스에 대한 논의가 지니는 성격과 피커링의 논의가 꽤 가까워졌다는 인상을 지우기 어렵다.

과학 활동이 어떻게 도구에 의존하게 되는지를 좀 더 살펴보면서 테크노사이언스의 물질성이 확대되어 가는 국면에 주목할 필요가 있다. 세포 내 기관 중 염색체(chromosome)가 있다. 염색체라는 단어가 지시하는 세포 내 기관은 주지하듯 현미경 사용과 관련되어 등장한 개념이다. 현미경은 조명 기술과 염색 기술에 크게 의존한다. 조명에 따라 현미경이 허상을 보여주거나 관찰하고자 하는 대상에 대한 왜곡된 이미지를 만들 수 있다. 또한 특히 생명 물질 중에는 빛을 아주 잘 통과시켜서 현미경적 관찰을 어렵게 하는 대상이 적지 않다. 염색 기술은 바로 이런 상황을 벗어나려는 의도에서 출현한 기술인 것이다. 염색체는 세포 내 대상 중 관찰 대상을 염색했을 경우 관찰 대상이 확연히 도드라져서 관찰을 용이하게 해주는 기관에 붙여진 명칭이다. 조명 기술과 염색 기술의 진전이 없었다면 현미경의 진화와 현미경적 관찰에 기초하는 과학 분야의 진화는 매우 더뎠으리라고 추론할 수밖에 없을 것이다. 이와 같이 도구와 도구를 둘러싼 기법의 변화는 과학의 진전에 커다란 영향을 줄 수 있다.

과거의 지구 환경을 이해하는 데에 도구가 행하는 역할은 지대하다. 그린란드와 그 너머의 북쪽 지역의 상당 부분은 빙하로 덮여 있다. 이 빙하는 그것이 지니는 냉장고와 같은 역할 때문에 빙하 속에 옛 생명 물질을 보관하는 경우가 종종 있다. 그런데 빙하는 생명 물질뿐만 아니라 비생명 물질도 포함할 수 있다. 우리는 빙하를 채취하고 그 성분을 분석하여 과거의 지질학적 시기에 존재했다고 추정되는 지구의 화산 활동 등과 그에 따른 지구 환경 변화를 연구할 수 있다. 빙하는 옛 지구 환경의 상태를 담고 있는 정보를 제공할 수 있기 때문이다. 빙하를 연구하는 과학자들이 빙하를 시추한다. 시추된 내용물은 녹지 않도록 처리해야 한다. 녹더라도 특정 빙하층이 녹은 물질이 다른 물질과 섞이지 않도록 할 필요가 있다. 이 빙하 시추물을 과학적으로 분석하여 그 빙하 시추물 안에 무엇이 들어있는지를 파악할 수 있는 것이다. 이 모든 과학은 도구 의존적 세계다. 기술을 매개하지 않고 이러한 연구를 진행시킬 수는 없다. 시추 장비와 빙하 내용물을 분석하는 장치에 의존하지 않고 과거 지구 환경에 대한 탐구를 행하기는 곤란하다.

지구 환경에 대한 이와 같은 도구 의존적 탐구는 실제적 효용, 산업적 효과, 이윤 추구 그 자체를 목적으로 한다고 보기는 어렵다. 하지만 이러한 탐구 양상과 절차는 강한 물질성을 보여주며, 공학 활동[21]과 많이 닮아 있으며 그것에서 부분적으로 영향받은 것이다.

자연과학이 다루는 사실이 단순히 자연으로부터 주어지는 경우도 있으나, 테크노사이언스가 활용하는 도구에 의한 개입에 힘입어 자연을 조작함으로써 실험 과학자에게 나타나는 경우가 적지 않다. 이는 기술이나 공학의 영역에서 기술적 도구를 사용하여 인간의 신체적 한계를 넘어서는 어떤 효용과 편리를 얻는 것과 유사한 것이다.

그럼에도 불구하고, 라투르의 테크노사이언스라는 개념에서 끌어낼 수 있는 '기술화된 과학'의 모습은 DNA 이중 나선 구조 발견, 고지구환경 연구, 지구물리학의 지진파 연구, 세포 생물학에서 염색체 연구의 역사의 사례에 대한 저자의 묘사보다 훨씬 거대하고 조직적인 사회 활동의 일부일 수도 있다.[22] 저자는 기술화된 과학의 특성 중 도구 의존성과 과학의 안정성의 출현

---

21 극지 시추 활동은 부분적으로 20세기 석유 및 천연 가스 시추 기술의 괄목할 만한 성장과 발전에서 영향받은 것이라고 말할 수 있다. 고기후 연구(예를 들면, 과거 지질학적 시기의 빙하 내 산소 수준과 이산화탄소 수준 파악)는 자연의 기후 변동에 관한 지식을 얻기 위한 것이다. 이 자체는 이윤 추구 목적은 지니지 않는 순수 연구라고 할 수 있다. 유전 굴착 기술과 원유 시추 기술은 철저하게 이윤 추구를 목적으로 한다. 하지만 석유 채굴과 시추 기술은 고기후 연구 같은 순수 과학 연구에 부분적으로 중요한 물질성의 진전을 제공했던 것이다. 석유 공학 쪽의 기술적, 도구적 진전이 지구환경과학에 주요한 영향을 미친 경우라고 하겠다.

22 라투르의 테크노사이언스 개념은 과학적 실천이 도구에 매우 의존하고 있다는 데서 끝나지 않는다. 그의 테크노사이언스 개념 안에서 과학 활동의 사회, 문화, 정치, 경제적 맥락 등에 관한 논의도 동시에 다루어진다. 하지만 도구쓰기와 관련된 과학 활동의 핵심적인 인식론적 특성에 대한 강조는 라투르의 논의의 핵심이다. 이 장에서 이를 적극적으로 활용해 왔다. 라투르의 기

에 대해 좀 더 주목하여 논의해 온 것이다.

6. 결론: 기술에 대한 과학 우위 관점의 부분적 수정

　과학이 기술에 미친 영향에 관한 논의가 과학기술학에서 일부 다루어져 왔으나, 그것은 주로 '과학 우위'의 관점에서 이루어져 왔다. 과학 지식이 기술에 적용되면서, 현대적 형태의 기술이 출현했다는 것이 그 전형적인 논의다. 반면 그 역방향의 조류, 즉 과학이 기술로부터 영향을 받거나 자극을 받아 변화를 겪는 과정에 대한 연구는 상대적으로 적었다고 할 수 있다. 저자는 이 장에서 후자의 방향에서 논의를 해왔다. 즉 기술이 과학에 미치는 영향을 중심으로 토의를 이끌어왔다. 특히 도구가 과학의 안정성 확보와 방향성 수립에 어떤 식으로 기여하는지에 주목했다.

　이 장에서 저자는 과학과 기술의 융합 현상을 라투르의 '테크노사이언스'라는 개념에 기초하여 과학 중심의 관점이 아니라 기술 중심의 관점에서 해명하고자 시도했다. 이를 위해 저자는 라투르의 '기록하기'와 '시각적 표현' 개념을 비판적으로 발전시키면서, 그 과정에서 드러나는 실험실의 장치와 도구들의 특성에 유의했다. 이를 바탕으로 과학의 안정성이 실험 도구의 작동과 도구에서 나오는 실험 자료에 대한 면밀한 이론적 해석 과정을 거치면서 출현하는 측면과 그 의미에 주목했다.

　'테크노사이언스' 개념을 중심으로 몇 가지 논의를 진행했다. 실험실은 과학 텍스트를 생산하는 장소다. 실험실에서 도구는 핵심적 기능을 한다. 도구는, 라투르가 사용하는 의미에서, 기록하기 장치다. '기록하기'란 물질적 설비

록하기 활동, 즉 도구사용에 관한 인식론적 논의를 간과하고 과학 활동의 사회, 경제, 정치적 논의를 더 강조하는 것은 라투르의 논의를 본의 아니게 왜곡하는 결과가 될 수도 있다. 주 17, 18도 참조하면 좋음.

로 자연의 행동과 자취를 담아내는 것이다. 기록하기 내용은 주로 '시각적 표현'으로 구체화된다. 그리고 시각적 표현은 과학 텍스트 작성의 핵심이다. 테크노사이언스라는 개념이 제공하는 장점의 하나는 과학의 물질성에 대한 이해와 주장에 있다. 과학 실험실과 과학 실험 도구의 역할과 목적에 대한 탐색이 그것이다. 라투르의 테크노사이언스에 대한 논의는 과학의 최종 산물에서 보이는 성격과 그 생산 과정에서 나타나는 성격 차이를 '반전적으로' 드러내는 데에 목적이 있다. 과학의 최종 결과물은 합리적이고 안정되어 보이지만 과학의 산출 과정에서 나타나는 과학의 모습은 유동적인 데에 가깝다는 것이다. 하지만 기록하기 과정을 거치면서 일반적으로 유동성에서 안정성으로 향하는 절차가 등장한다. 이러한 '안정성' 확보 과정에 핵심적 역할을 하는 것이 실험실과 도구다. 근래에 라투르의 테크노사이언스에 대한 논의가 과학철학은 물론 기술철학, 나아가 넓게 과학기술학 등에서 주요 관심의 대상이 되어 왔다. 라투르의 테크노사이언스에 대한 논의는 기술이 매개되어 창출시키는 과학 활동과 더 나아가서 기술이 매개되어 구현된 현대 과학 문명의 함축을 연구하는 데 깊은 영향을 미친 것이다. 저자는 기술 구현적 과학 활동의 몇 가지 예를 들어 기술화된 과학의 물질적 측면과 속성에 대한 논의를 이끌었다. DNA 이중 나선 구조 발견, 고지구환경 연구, 지구물리학의 지진파 연구, 세포 생물학에서 염색체 연구의 역사가 그것이다.

기술화된 과학의 물질적 측면에 대한 저자의 연구는 과학 우위적 관점에서 공학의 성립을 탐구해 온 과학기술학적 연구를 보완하는 의미를 지닌다. 물론 20세기 초에 볼 수 있었던 화학공학이나 전기공학의 성립 과정에서 나타난, 과학이 공학 성립에 끼친 긍정적 영향을 부정할 수 없다. 적어도 이 경우에서는 과학 우위의 관점에서 과학-공학 관계를 무리하게 설명하려는 편향적 태도로 볼 수는 없다. 하지만 이 과학 우위의 관점을 과학과 공학의 제 영역에 일반화하여 적용하는 것은 곤란해 보인다. 저자의 이 장에서의 관심사는 과학에서 공학으로 향하는 영향이 아니었다. 오히려 기술에서 과학으로 향하는 영향과 그것의 의미, 그리고 이에 따른 과학과 기술의 유사화 국면에 대해 탐색했다.

　이와 같은 연구는 현대로 올수록 과학이 기술 의존적인 측면을 강하게 지니게 되었음을 지적하는 것이며, 그러한 과학의 기술 의존적 측면은 과학의 물질성에 대한 관심과 깊은 관련이 있다. 저자의 논의는 과학과 기술이 융합되는 양태를 과학을 중심으로 해서만 이해하는 시각에 대한 비판과 보정의 의미를 갖고 있다. 기술화된 과학의 물질성에 대한 논의가 과학과 기술의 관계에 대한 통상적 견해, 즉 과학의 응용으로서의 기술이라는 입장을 보완할 수 있는 새로운 통찰을 일부 제공한다. 그러나 이 새로운 통찰은 과학 중심적 시각의 전면적 부정일 수는 없다. 부분적 비판 또는 보정인 한에서 이 통찰은 유의미할 것이다.

5 자료 선별과 객관성

1. 선별, 객관성, 윤리

자연의 행동과 성질을 알아내기 위해 과학자는 실험을 할 수 있다. 과학자는 일정한 실험적 절차를 거쳐 실험 결과 또는 자료를 얻게 된다. 이런 경우, 얻은 실험 결과 또는 자료 모두가 항상 과학적 의미를 지니는 것은 아니다. 모든 자료가 의미가 있는 경우도 있겠지만, 일반적으로 어떤 자료는 의미 있는 것으로 받아들여야 하되, 다른 자료는 받아들일 필요가 없다. 이와 같은 상황에서 과학적으로 유의미한 것을 걸러내기 위해 자료 선별(data selection)이 존재하게 된다. 하지만 이런 긍정적 의미의 자료 선별만 존재하는 것은 아니다. 연구 윤리(research ethics)를 위배하는 방식으로 자료 선별이 이루어질 수도 있다. 과학적으로 유의미한 자료는 버리고, 오히려 과학적 유의미성과 '무관하게' 특정 과학자나 특정 과학자 집단이 '원하는' 자료를 선별해 내는 경우가 그 예가 된다.

실험의 과정에서 얻은 자료 가운데 어떤 것을 받아들이고 어떤 것을 배제하느냐의 문제는 과학 활동의 핵심적 요소에 속한다고 할 수 있다. 자료 선별의 문제는 과학의 객관성(scientific objectivity)의 문제 및 연구 윤리[1] 문제와 연결된다. 경우에 따라 자료 선별이 객관성을 확보하는 데 바람직하지 못한 영향을 미칠 수 있음은 물론이다. 과학적 주장의 정당성은 자연의 거동 또는 물질의 작동에 의해 확인되어야 한다. 실험이 보통 이런 목적을 위해 수행되는 것이다. 물론 '이유 있는' 자료 선별은 객관성을 훼손하지 않을 수 있다. 예를 들어, 도구가 적절히 작동하지 않는 상태에서 얻은 자료는 그 자료의 수효가 아무리 많다고 하더라도 객관성 확보와 무관하다. 따라서 이러한 자료를 폐기하거나 보고하지 않아도 객관성에 영향을 미친다고 보기가 어렵다. 반면 경험적으로 유의미한 자료를 '부적절한' 이유로 배제하거나 버리는 것은 과학의 객관성을 명백히 해치게 된다. 이런 식으로 자료의 선별이 있게 되면, 선별의 결과로 남은 경험적 자료를 순수한 자연 행동의 결과라고 간주하기가 어려운 상황이 발생할 것이다.

이유를 지니는, 즉 자료의 합리적인 선별은 과학의 객관성을 훼손하지 않으며, 과학 윤리의 측면에서도 문제가 되지 않을 것이다. 그러나 선별의 이유가 합리적이지 않은 경우에, 그 선별은 객관성을 훼손할 여지가 있고 연구 윤리에 위배될 수 있다. 그런데 이때 객관성과 윤리의 훼손이 항상 동시에 일어나는 것은 아님에 주목할 필요가 있을 것이다. 이 장에서는 자료 선별에 따라 과학의 객관성이 침해되지는 않으나 연구 윤리는 위배되는 상황에 초점을 두어 논의하고자 한다. 이러한 논의를 통해 부적절한 자료 선별이 일어나더라도 객관성이 필연적으로 훼손되지 않는다는 점을 우리가 인식할 수 있게 될 것이다. 그렇지만, 이는 직관과 어긋날 수 있다. 우리의 직관에 따르면, 자료

---

[1] 과학 연구 윤리의 주요 주제에 관한 교과서적 논의에 대해서는 David B. Resnik, 1998, *The Ethics of Science: An Introduction*, London: Routledge와 Adil E. Shamoo and David B. Resnik, 2002, *Responsible Conduct of Research*, New York: Oxford University Press를 참조할 것. 연구 부정행위에 관한 국내 학술계의 최근 논의로는 이상욱, 2006, 「과학연구 부정행위: 그 철학적 경계」, ≪자연과학≫(서울대학교 자연과학대학), 20호, 96-107과 최훈·신중섭, 2007, 「연구 부정행위와 연구 규범」, ≪과학철학≫, 103-126 등을 참조하면 좋다.

의 부적절한 선별이 있게 되면 그것은 곧 객관성의 마모로 직행하는 것으로 느껴진다. 부적절한 자료 선별이 일어났는데 그럼에도 불구하고 객관성의 훼손이 필연적으로 수반되지 않는 상황을 직관은 우리에게 쉽사리 말해주지 않기 때문이다. 이러한 논의에 이어서, 설사 부적절한 자료 선별이 객관성을 파괴하지는 않더라도 연구 윤리를 위배할 수 있다고 논의하고자 하는데, 이 또한 직관과 어긋날 수가 있다. 부적절한 자료 선별이 있었더라도 객관성이 파괴되지 않는다면, 그것으로 족한 과학 활동이 이루어진 것으로 보아야 하며 거기서 이야기를 멈추어야지 객관성이 침해되지 않았는데 왜 군이 연구 윤리가 위배되는 상황으로 논의를 이어가려 집착을 하는지에 대한 의문을 지니는 이가 존재할 수 있기 때문이다. 이와 같은 상황에 대한 면밀한 논의를 통해 저자는 과학 연구윤리 위배[2]의 문제와 과학의 객관성 사이의 관계가 매우 미묘함을 보여주려 한다. 이러한 미묘함에 대한 논구가 이 장의 주요 논의 사항이 될 것이다. 논의 과정에서 전통적 과학관과 연구 부정행위 간의 관계, 이론적 편향이 자료 선별에 영향을 미칠 가능성, 실험 오차 배제를 위한 여러 노력, 최종 논문과 실험 노트의 성격 차이 등의 문제를 검토하고자 한다.

2. 전통적 과학관과 과학 연구 부정행위

오늘날 과학 부정행위가 존재할 수 있다는 것 자체에 대해서 부정적인 입장을 취하기는 쉽지 않다. 과학 연구 부정행위의 사례를 찾기가 그다지 어렵지는 않기 때문이다.[3] 과학자는 공평무사한 인간이 아닐 수 있다. 하지만 전

---

2 연구 윤리에 관한 '일반적' 논의는 이 장에서 다루려는 주요 부분이 아니다. 이 장에서는 자료 선별과 관계된 연구 윤리의 일부 측면만이 취급된다. 일반적 논의의 예로 주 1)의 문헌을 참조하면 좋다.

3 과학 연구 부정행위의 여러 사례는 예를 들면 W. J. Broad and N. Wade, 1982 *Betrayers of the Truth*, Simon & Schuster[김동광 옮김, 2007, 『진실을 배반한 과학자들』, 서울: 미래M&B]에 잘

통적 과학관 안에서는 연구 윤리의 문제를 제기하는 것이 쉽지 않았다. 왜냐하면 전통적 과학관은 과학을 순수한 논리적 과정을 밟는 작업으로서 설명해내고자 했기 때문이다. 전통적 과학관을 표상하는 한 경우로서 논리 경험주의(logical empiricism)는 과학의 역사적 배경이나 상황뿐만 아니라 새로운 아이디어를 생산하는 데 영향을 줄 가능성이 있는 직관, 상상력, 감수성과 같은 심리적 요인에 강조점을 두지 않았다고 말할 수 있다. 그들은 과정으로서의 과학보다는 논리적 구조로서의 과학에 관심을 두었다. 전통적 과학철학자, 과학사학자, 과학사회학자는 과학에서 공정함, 편견의 배제, 진리에 대한 욕구, 인간의 특권·자격·지위에 무심한 연구 태도 등과 덕목을 읽어냈다. 상당수의 과학철학자는 과학이 객관적이라고 보았고 과학자는 공평무사하다고 말했다.

이와 같이 전통적 과학관에 따르면, 과학 분야 논문과 책에 대한 인정 여부는 집필자의 개인적, 사회적 속성과 관계가 없다. 즉 예를 들어 인종, 국적, 종교, 계급, 개인의 출신과 무관하다는 것이다. 사회의 다른 영역에서는 인종, 국적, 종교, 계급, 개인의 출신이 중요할 경우도 있겠으나 과학에서는 이것들이 중요한 기능을 하지 못한다는 시각이다. 과학 논문과 책의 수용은 과학의 경험적이고 논리적인 내용에 의해서만 평가받는다는 것이다. 또한 과학자는 공평무사하게 과학 연구의 규범을 따른다는 것이 전통적 과학관의 견해다.

하지만 이와 같은 전통적 과학관 속에서 나타나는 과학과 현실의 과학은 차이가 있을 수 있다. 근대 과학의 출현 이래로, 특히 20세기 이후에, 과학의 전문 직업화 및 기업화는 가속화되어 왔다. 근대 이전 과학자는 부를 바탕으로 취미 혹은 교양 활동으로 과학을 했다고 간주할 수 있지만, 근대 이후 과학자는 부를 바탕으로 과학을 하는 것이 아니라, 우선 생업으로서, 이어 부와

기술되어 있다. 하인리히 찬클, 2006, 『과학의 사기꾼』, 도복선 옮김, 서울: 시아출판사; 호레이스 F. 저드슨, 2006, 『엄청난 배신』, 이한음 옮김, 서울: 전파과학사에도 그와 같은 여러 사례가 들어 있다.

명예를 일구기 위해 과학을 한다고 보아도 지나치지 않을 것이다.

　전통적 과학관에 따르면, 논리와 경험은 과학의 토대다. 그런데 이러한 전통적 과학관이 이야기하는 바가 과학에서 항상 지켜지는 것은 아니다. 지켜지면 좋은 사항이지만 지켜지지 않을 수 있고, 실제로 일부 과학 활동의 사례에서 지켜지지 않은 것으로 나타났다. 과학적 비행(scientific misconduct) 또는 과학 연구 부정행위는 있어왔다. 그렇기 때문에 과학의 비판자들은 연구 윤리의 문제를 제기해 올 수 있었던 것이다. 사회의 다른 영역에서 부정행위가 발생하듯이, 과학 활동이라는 특수 영역에서도 부정행위가 존재한다는 것이다. 과학은 부정행위의 예외 지대가 아니라는 지적이다. 하지만 과학은 다른 지적 활동과 대체로 구별되는 방법을 갖고 있으며, 이 방법에 대한 면밀한 이해가 밑받침될 때, 과학 부정행위의 주요 국면과 미묘함을 인식할 수 있다고 본다. 그러한 방법의 전형적인 한 예가 실험의 방법이라고 할 수 있다. 자연과학, 공학, 의학 이외의 분야에서 실험이 쓰이지 않는 것은 아니다. 사회과학 분야에서도 실험의 방법이 쓰일 수 있다. 그렇지만 과학의 영역에서 실험은 가장 널리, 그리고 가장 보편적인 방법으로 사용되어 왔다. 실험에 대한 이러한 인식에 기초하여, 구체적인 실험 과학의 예를 통해 자료 선별, 객관성, 연구 윤리 위배 간의 문제를 세밀히 검토할 필요가 있다.

3. 자료의 임의적 선별과 이유 있는 취사선택

　자료 선별에 관한 이와 같은 논의는 과학의 객관성 및 과학 연구 윤리의 주요한 관심사를 충족시킬 수 있다. 자료의 이유 있는 취사선택은 과학적 객관성과 과학의 유의미한 변화의 근거가 될 것이다. 신뢰할 수 있는 자료는 과학적 주장의 진위를 판정할 수 있게 해준다. 새로운 실험 기술에 의해 누적된 자료는, 쿤(Kuhn, 1970)적인 의미에서 정상 과학(normal science)의 시기에는, 특정 과학 패러다임의 경험적 설명 영역을 확대하게 해준다. 또한 기존 과학 패러다임에 기초를 둔 과학 활동이 위기(crisis)를 맞은 상황에서는 누적된 자료가 새로운 이론을 출현시키는 근거가 됨으로써 과학의 변화를 이끌 수 있다. 누적된 자료는 이때 변칙 사례(anomalies)로 기능하는 것이다. 정상 과학 시기에는 특정 패러다임을 완전히 받아들이고 의심하지 않는 상태에서 이론적 정교화와 실험적 정교화가 전개된다. 이러한 두 가지 정교화에 기초를 둘 때 신뢰할 수 있는 자료 선별이 발생할 수 있다. 그리고 이러한 신뢰할 수 있는 자료 선별의 누적적 발생은 받아들여진 특정 패러다임이 포괄할 수 있는 경험적 설명의 확대 영역을 보여주는 것이다. 한편 위기의 도래 역시 신뢰할 수 있는 실험 자료의 존재에 의거한다. 실험적 정교화와 실험적 고도화에 기초를 두지 않은 실험 자료가 변칙 사례로 인정될 수는 없다. 합리적 실험 절차를 통해 얻은 실험 자료만이, 좀 더 줄여 말해, 적절한 선별을 통해 구한 자료만이 변칙 사례의 자격을 갖추게 된다. 이런 자료는 패러다임의 변경으로 이끌 수 있는 것이다.

반대로 임의적인 자료 선별은 객관성 확보와 거리가 먼 것이며 동시에 연구 윤리에 위배된다고 일반적으로 여겨진다. 하지만 이 상황은 우리의 직관과 다를 수 있다. 이 장에서는 사례 연구를 통해 합리적인 자료 선별과 그렇지 못한 자료 선별의 문제를 다루고자 한다. 이러한 논의를 통해 부적절한 자료 선별이 있었더라도 의외로 객관성은 유지되는 상황이 발생할 수 있음을 알게 될 것이다. 반면 자료 선별이 객관성에 영향을 못 미치더라도 과학 연구 윤리를 위배하는 상황이 동시에 일어날 수 있음도 인식하게 될 것이다. 이에 대한 면밀한 분석이 이 장의 주요 부분을 차지하며, 이에 더해 이러한 분석을 근거로, 과학자의 활동은 예외적인 경우를 제외하고는, 대체로 자료 선별에 대한 합리적 이유를 갖게 된다는 점을 논의할 것이다. 과학적 기만의 가능성이 상존함에도 불구하고, 실험 과학은 연구 윤리를 위배하지 않으면서 과학을 진전시킬 수 있는 방식을 발전시켜 왔음을 논의하고자 한다. 다음 절부터는 밀리컨(Robert A. Millikan)의 기름방울(oil-drop) 실험을 분석함으로써 자료 선별과 연구 윤리 문제에 접근할 것이다. 1910년대 초반에 있었던 밀리컨의

기름방울 실험은 전하의 양자화(量子化, quantization)를 확립한 실험으로 알려져 있다.[4]

4. 전하의 양자화: 물질이 하전될 때 전자의 전하의 정수 배로만 하전

밀리컨의 기름방울 실험은 하전되는 기름방울이 갖는 전하 값을 구할 수 있도록 설계된 독특한 실험 도구를 채용한 실험이다. 여기서 이 실험이 이루어진 맥락을 살펴보기로 한다. 고전 전자기 이론에서는 하전 물질이 갖는 전하량에 일정한 제약이 있을 필요가 없었다. 원칙적으로 어떠한 전하량을 가져도 무방했던 것이다. 그러나 1900년대 초 이후로 하전되는 물질이 갖는 전하량을 놓고 상반되는 입장이 양립한다. 하나는 하전될 경우 갖게 되는 전하량에 제약을 안 두는 입장이고, 다른 하나는 전하량이 갖는 값에 특정한 제약을 가하는 즉, 전하량을 양자화하는 입장이다. 1910년 무렵 어떤 하전된 물질이 갖는 전하는 전자의 전하량의 '정수 배'에 해당하는 값으로 나타난다는 밀리컨의 입장으로 대표되는 견해와, 전자의 전하량의 '정수 배만이 아니라' 전자의 전하보다 더 작은 여러 값을 지니는 전하를 가질 수 있다는 오스트리아 과학자 에렌하프트(Felix Ehrenhaft)의 주장으로 대표되는 견해가 대립하고 있었다. 밀리컨의 실험은 바로 전하의 양자화 가설이 이야기해 주는 주장과 관련된 실험이다. 즉 밀리컨의 실험은 기름방울이 하전될 경우 전자가 갖는 전하의 정수 배로만 하전된다는 가설을 입증하는 전하 값을 측정하려던 것이었다. 밀리컨의 이 실험은 과학철학에서 전통적으로 관심사가 되어온 '이론 정당화' 상황과 깊은 관련이 있는 실험 사례에 속한다. 물론 이 경우 정당화될 이론은 기름방울이 갖는 전하량은 특정 전하, 즉 전자가 지니는 전하의 정수

---

4 R. A. Millikan, 1913, "On the Elementary Electrical Charge and the Avogadro Constant," *Physical Review*, 2: 109-43.

배로만 하전된다는 이론이다.

반면, 에렌하프트는 전자의 전하의 1/2, 1/5, 1/10, 1/100, 1/1000 등의 여러 값을 실험으로 얻은 바 있고 이와 같은 실험 자료를 근거로 밀리컨의 견해에 반대하고 있었다. 에렌하프트의 이런 주장이 있은 '후에', 쿼크 이론(quark theory)이 나오면서, 전자가 갖는 전하의 정수 배가 아니라 특정한 유리수 배(1/3 또는 2/3)에 해당하는 전하를 갖는 쿼크라는 이론적 존재자(theoretical entities)가 자연계에 존재한다고 이야기되었다. 에렌하프트 이론을 쿼크 이론과 동일시하기는 어렵다. 하지만 에렌하프트의 주장을 쿼크 이론의 일종의 전조였다고 볼 수는 있을 것이다. 에렌하프트의 이론과 밀리컨이 주장한 이론 간의 대립에 주목하는 것은, 이하의 논의를 파악하는 데 매우 중요하다.

5. 이론 정당화를 위한 실험: 개별 전하를 분리하는 실험 기법 수립

밀리컨은 전하의 기본 단위를 측정하는 데 많은 노력을 기울였다. 밀리컨의 1913년 실험은 특정한 실험 전통, 도구 전통을 수립했다고 할 수 있다. 밀리컨의 이 실험 이전에는 '개별' 전하를 분리시키는 방법이 알려지지 않았다. 어떤 공간에 존재하는 '전체' 전하량을 특정하고 그것을 부피나 몰(mole) 수와 연결 지어 전하 값의 '평균'을 알아내는 실험만이 존재하고 있었다. 밀리컨도 개별 전하를 가지고 하는 실험 방법을 그가 개발하기 이전에는 이런 유형의 실험을 해왔다.

자신의 실험에 밀리컨이 기름방울을 쓰기 전까지 이 유형의 실험에서는 '물방울'을 써서 전하량을 측정하고 있었다. 그런데 물방울은 분무기에서 떨어져 나온 후 2초 정도의 시간이 경과하면 사라져 버린다. 물방울은 쉽게 증발되기 때문이다. 이 경우 전하를 갖게 된 물방울의 운동을 제대로 측정할 수가 없다는 문제점이 있었다. 그래서 기름방울을 실험에 채용하게 된다. 이것이 1909년의 일이다. 실험 물질, 즉 시료의 단순한 대체가 측정의 문제를 해결하는 데 큰 도움을 주었고, 결과적으로 전하의 기본량을 재는 데 결정적인 역할을 했다고 할 수 있다. 물방울이 아니라 기름방울을 쓴 이 대목은 전하를 분리시키는 도구를 만든 일 자체 못지않게 중요했다. 기름방울은 X선을 쪼임으로써 하전된다. 실험 장치 한쪽에 위치시킨 X선 발생 장치에서 나오는 X선은 기름방울을 하전시킨다. 기름방울이 움직이는 양태와 속도에 대한 관찰은 실험 장치에 달린 망원경을 통해 이루어진다. 그리고 기름방울의 속도는 전기장의 세기를 변화시켜 주기도 하고 전원을 넣어주었다 끊어주었다 하는 방식으로 조절하게 된다.

위와 같은 밀리컨의 실험적 상황에서 전하량을 계산해 내는 운동 방정식 ($m\ddot{x} = mg - K\dot{x} - e_nF$)이 있다.[5] 이 식은 하나의 기름방울의 운동을 기술하는 운동 방정식이다. 이때 mg는 중력이고 $K\dot{x}$는 점성력 혹은 부력이며 e_nF는 전기력이다. 부력의 운동 방향은 중력과 반대쪽을 향하며, 따라서 방정식에서 (-)를 갖게 된 것이다. e_nF는 전기장(F)을 걸어주었을 경우, 하전된 기름방울이 받게 되는 전기력이고 부력과 마찬가지로 방향은 중력의 반대쪽이다. 여기서 $\ddot{x}$, $\dot{x}$은 각각 변위에 대한 2계 미분량(가속도)과 1계 미분량(속도)이다.

일정한 전기장을 걸어줄 경우, 기름방울은 일정한 위치에서 정지한다. 이때 위의 운동 방정식에서 e_n을 계산하게 된다. 방울이 힘의 평형 상태에서 정지할 경우 $m\ddot{x} = 0$이 되고 이로부터 전하 값을 얻을 수가 있는 것이다. 밀리컨의 실험에서 기름방울들이 갖는 전하량은 일정 전하의 정수 배로 나타났다. 이 실험에 의해 얻은 이산적(離散的, discrete) 전하 분포는 매우 중요한 과

---

5 Allan Franklin, 1981 "Millikan's published and unpublished oil drops," *Historical Studies in the Physical Sciences*, 11: 185-201, 186. 이 방정식은 밀리컨의 실험 상황에서 기름방울의 전하를 구하는 방법의 핵심을 담고 있는 방정식이다. 이 방정식은 몇 가지 다른 방식으로 표현될 수 있으나, 프랭클린의 서술을 따랐다. 다른 방식으로 표현하더라도, 그러한 표현이 담는 실험 상황 서술과 전하량을 계산해 내는 측면에서 근본적 차이는 없다고 할 수 있다. 프랭클린은 7절에서 논의하듯이, 밀리컨의 자료 누락이 알려진 후, 밀리컨의 실험 노트에 담긴 실험값을 정밀하게 다시 계산한 학자다.

학적 사실의 획득이다. 밀리컨은 다음과 같이 말하고 있다.

이 방법의 핵심적 특징은 공기 중에 있는 이온을 포획함으로써 어떤 주어진
방울의 전하를 반복적으로 변화시키고 그리하여 각각의 방울로 일련의 전하를
얻는 데 있다. 이들 전하는 모든 상황에서 바로 그 정확한 정수 배를 보여주었고
— 이것은 전하의 원자적 구조를 아주 직접적으로 입증해 준 사실이다(Millikan,
1913, 109).

그의 실험에서 기름방울에 X선을 쬐어 하전시키는 방법, 운동하는 기름방
울의 속도를 관찰, 측정하는 방법, 기름방울이 떨어지는 속도를 재는 방법,
떨어지는 기름방울에 전기장을 걸어 속도를 지연시키고 마침내 정지시키는
방법이 믿을 수 있는 자료 산출과 선별에 핵심적이다. 1913년 논문의 상당 부
분은 이러한 요소에 대한 검토를 담고 있다.[6] 그 밖에 이러한 실험적 상황에
서 전하량을 계산해 내는 위에서 보았던 운동 방정식($m\ddot{x} = mg - K\dot{x} - e_nE$)이
중요하다.

밀리컨은 기름방울 실험 이외에도 여러 가지 실험에 종사했다. 초기에는 X
선과 기체의 자유 팽창을 연구했다. 또한 그는 지금 다루고 있는 전하의 분리,
전하의 기본 단위 측정, 전하의 양자화에 대한 실험 이외에도, 플랑크(Planck)
상수 h의 값도 실험적으로 얻어냈다. 그리고 아인슈타인의 광양자 방정식의
실험적 입증을 위한 시도도 했다. 더 나중에는 우주선(cosmic rays)과 관련된
실험 등을 행했다. 밀리컨은 전하량의 기본 단위 측정과 광전 효과(h 측정)에
대한 공로로 1923년에 미국인으로서 두 번째로 노벨상을 받은 바 있다.

그의 이러한 두드러진 기여에도 불구하고 그의 기름방울 실험이 1970년대
후반부터 과학철학과 과학사 영역에서 '부정적' 의미에서 관심을 끌게 된 맥

---

6 이런 요소 때문에, 7절에서 논의하듯이, 프랭클린은 밀리컨을 오차 배제 처리에 철저히 노력한
과학자로 치부한다.

락은 다음과 같다. 밀리컨으로 하여금 노벨상을 받게 해주었으며 그를 미국의 대표적인 과학자의 한 사람으로 인정받게 해준 밀리컨의 실험 결과에 모종의 이상이 있다는 견해가 홀튼(Gerald Holton)에 의해 1978년에 처음으로 제기되면서 심각한 문제가 발생하게 되었다.[7] 홀튼은 밀리컨이 그의 논문에서 얻은 모든 전하 값을 공개하지 않았음을 밝혀냈던 것이다.

6. 실험의 이론 편향성: 이론에 맞는 실험값만 선별?

1913년에 밀리컨은 e 값의 측정에 관한 실험 결과를 발표한다. 그는 그가 제시한 58개의 기름방울이 자신이 얻은 실험 자료의 전체이며, 이 기름방울들이 보여준 결과는 전하의 기본 단위로서 전자의 전하량을 가정하게 한다고 다음과 같이 주장하고 있다.

> 이것은 선별된 방울 집단이 아니라 연속된 60일간에 실험된 모든 방울을 나타낸다는 점 역시 언급되어야 할 것이며, 이 시간 동안에 장치는 몇 번 분해되었으며 다시 조립되었다(Millikan, 1913, 138).[8]

인용문에 나타나듯이, 밀리컨은 자신의 실험 결과가 선별된 기름방울 값이 아니라 '모든' 실험 방울임을 강조하고 있다.

그런데 1978년에 이르러 이와 같은 밀리컨의 주장에 대해서 홀튼은 밀리컨이 그가 얻은 모든 실험값을 보고하지 않았다고 주장한다. 즉 밀리컨은 실험값의 일부만 공개했다는 것이다. 홀튼은 밀리컨이 실험을 했다는 시기의

---

7 Gerald Holton, 1978, "Subelectrons, Presuppositions, and The Millikan-Ehrenhaft Dispute," *Historical Studies in the Physical Sciences,* 9: 161-224.
8 강조는 밀리컨의 것이다. 원문에는 이탤릭체로 쓰여 있다.

'실험 노트'를 조사하여 약 140회의 기름방울 실험이 있었음을 밝혀냈다. 밀리컨은 1913년 논문에서 58개의 기름방울이 '전체' 자료라고 보고했으나, 수십여 개의 기름방울 실험 결과가 배제되었던 것이다. 여기서 중요한 질문은 '이와 같은 실험 결과의 배제 혹은 자료 선별이 정당한가의 여부'다.

물론 홀튼의 견해는 밀리컨이 선별적으로 공개한 값은 그가 '지지하고자 하는 이론에 부합하는 것'이라는 주장이다. 당시에 밀리컨은 하전의 단위와 관련하여 오스트리아 빈 대학교의 에렌하프트와 논쟁을 벌이고 있었다. 에렌하프트는 전자의 전하가 전하의 기본 단위가 아니며 전자의 전하의 정수 배가 아니라 유리수 배를 포함한 여러 값에 해당하는 전하를 갖는 물질이 있을 것으로 가정했다. 이러한 가정은 에렌하프트가 개념화한 '하위전자(또는 부전자)(subelectrons)'의 존재를 함축하는 것이다.

홀튼의 이러한 견해는 밀리컨과 에렌하프트의 논전이라는 구도를 중심으로 밀리컨의 자료 선별을 해석하는 입장을 취한다. 밀리컨의 자료 선별은 이 구도에 의해 강력하게 영향받았다는 것이다. 밀리컨은 전자의 전하를 하전의 기본 단위로 보았고, 에렌하프트는 전자의 전하의 1/2, 1/5, 1/10 등등에 해당하는 전하량을 갖는 물질의 존재를 가정했다. 에렌하프트의 입장은 물론 밀리컨의 견해에 반하는 것이다. 홀튼은 전자의 전하를 하전의 기본 단위로 보는 관점이 실험 과정에 '선가정(presuppositions)'으로 작용하여 자료의 선별에 영향력을 행사했다고 주장한다. 다시 말하면, 밀리컨이 전자의 전하가 하전의 기본 단위라는 견해에 부합하는 자료가 아닌 자료는 '고의로' 누락했다는 것이다. 홀튼은 밀리컨 자신이 지지하려는 이론에 부합되는 자료만을 밀리컨이 차별적으로 선별하여 보고했다고 봤다. 이론이 실험 결과에 의해 시험되는 것이 아니라, 그 반대의 상황이 올 수도 있다는 입장이다. 이러한 입장은 패러다임(이론)의 우선성(priority)을 주장하고 모든 과학 활동이 패러다임의 강력한 영향력 아래에서 진행된다고 보는 쿤의 과학관과 유사한 점이 있다 (Kuhn, 1970). 하지만 쿤은 연구 윤리 위배와 관련된 논의는 전혀 하지 않고 있다. 그는 정상적인 과학 연구 상황만을 염두에 두고 있으며, 이와 같은 정상적인 과학 연구 상황에서조차도 패러다임이 실험의 수행과 평가에 강력한 영향을 줄 수밖에 없다고 본다.

이러한 홀튼의 인식은 과학 활동의 복잡성을 지적한 매우 유익한 시각이다. 실험 결과가 이론의 수용과 거부를 판정하는 것이 아니라, 오히려 이론이 실험 결과의 배제와 누락에 영향을 미칠 수 있다는 관점이다. 여기서 후자의 상황이 발생한다면, 즉 이론이 실험 결과의 배제와 누락에 영향력을 행사한다면, 과학의 객관성이 침식될 수 있다.

7. 여러 가지 오차 가능성 배제 시도?

밀리컨의 실험 노트에 대한 홀튼의 연구 이후에, 프랭클린(Allan Franklin)은 별도로 조사하여, 홀튼의 연구 결과와 달리, 실험을 했던 기름방울의 총 개수가 175개라고 1981년에 이야기한다(Franklin, 1981, 187). 프랭클린은 신중하게 밀리컨의 행위를 검토한다. 그는 밀리컨의 노트에 나온 실험값을 '다시 계산했다'. 이렇게 해서 프랭클린은 밀리컨이 제시하지 않았던 실험값은 제대로 얻은 실험값이 아니었으며, 실험의 안정성을 확인하는 과정에서 얻은 값이 생략되었다고 주장하고 있다. 프랭클린은 밀리컨의 기름방울 실험과 관련된 여러 가지 오차의 성립 가능성을 배제하려 노력했다고 본다. 그리고 밀리컨이 제시하지 않은 전하 값은 바로 이러한 오차 배제 노력[9]과 일맥상통한다는 것이다. 프랭클린의 견해는 실험 장치의 안정성을 확인하기 위한 사전 시험 과정 등에서 얻은 값은 생략될 수 있다고 보는 입장이다. 즉 완전한 값이 아닌 결과를 보고하지 않은 것은 문제가 되지 않을 수도 있다는 것이다. 프랭

---

[9] 오차가 배제된 실험 결과만이 과학적으로 유의미하다고 말할 수 있다. 실험 과정에서 오차 배제 문제는 실험과학의 철학에서 핵심적인 부분이다. 이와 관련된 논의로 이상원, 2009, 『현상과 도구』, 서울: 한울을 참조하면 좋다.

클린은 연구 윤리의 측면보다는 객관성의 침식 문제에 신경을 쓰고 있다. 밀리컨이 자료 선별을 행한 것은 명백한 사실이나, 이것이 실험 결과의 객관성에는 심각한 영향을 주지 않았다는 것이다. 하지만 프랭클린도 밀리컨이 생략한 행위의 모든 부분이 정당화되는 것으로는 볼 수 없다고 덧붙인다. 프랭클린은 이 상황을 다음과 같이 언급하고 있다.

> 사실상, 방울들이 선별되지 않았다는 그리고 그가 단지 한 가지 계산 방법을 사용했다는 그의 1913년 논문에 들어 있는 진술은 그러한 선별을 숨기기 위해서 고안되었던 것으로 보인다. 과학은 밀리컨의 경우에서와 같은 절차에 반대하기 위한 방호수단을 갖고 있으나, 그것은, 확실하지 못한 손놀림으로는, 불행한 결과를 쉽사리 낼 수가 있을 것이다. 복제(replication)는 이 같은 경우에 대한 안전 기제다. e 값은 중요한 물리량이다. 그것은 많은 중요한 물리 상수 — 아보가드로(Avogadro) 수, 리드베리(Rydberg) 상수 등등 — 의 계산이나 결정에 사용되었다. 밀리컨의 측정에 대한 여러 가지 반복이 있었다. 하나의 중요한 물리량이 단 한 번에 측정되는 경우는 드물다. 밀리컨의 선별이 그가 측정한 e 값에 커다란 영향을 주었다면, 나중에 있는 측정과의 불일치가 확실하게 나타났을 것이다.[10]

위 인용문에서 프랭클린은 두 가지 이야기를 하고 있다. 첫째, 밀리컨은 자료의 선별을 숨기고자 했다는 것이다. 밀리컨은 58개의 기름방울을 실험했던 기름방울 전체라고 이야기했으나 이것이 사실이 아님이 드러났다. 그는 자료 선별을 은폐했던 것이다. 이 점에서 프랭클린은 홀튼과 동일한 견해에 도달하고 있다. 즉 은폐가 있었다는 점에 대해서는 홀튼과 프랭클린 둘 다 동의한다. 다만 홀튼은, 앞서 보았듯이, 시험되는 이론에 부합되는 자료만이 공개되

---

10 Allan Franklin, 2005, *No Easy Answers: Science and the Pursuit of Knowledge*, Pittsburgh, Pa.: University of Pittsburgh Press, 192.

고 나머지는 은폐됨으로써, 그 시험되는 이론에 의해 자료 선별이 영향받을 수 있었던 상황을 지적하고 있다. 둘째, 프랭클린이 측정한 e 값은 선별에 의해서 영향받지 않았다. 프랭클린에 따르면, 밀리컨이 실험한 방울의 총 개수는 175개였다. 그렇다면 상당수가 고의로 누락된 것이다. 하지만 이와 같은 많은 자료의 누락에도 불구하고, e 값의 평균에는 영향이 없었다는 것이 프랭클린의 주장이다. 누락이 있음에도 불구하고, 객관성이 침해된 경우는 아니라는 것이다. 객관성은 훼손되지 않았다는 것이다. 프랭클린은 은폐가 일어났으며 인정하지만, 이 은폐에도 불구하고, 자료의 평균값에서는 변화가 없었으므로 밀리컨의 행위는 문제가 되지 않을 수 있다고 해석하고 있다. 그러나 이것은 잘못된 판단이다. 객관성이 침해되지 않았다고 해서 연구 윤리 위배의 문제에서 자동으로 면제되는 것이 아니기 때문이다. 이에 대해 9절에서 논의하기 앞서 홀튼과 프랭클린이 밀리컨의 자료의 성격과 누락을 실험 노트를 추적하여 논의한 작업의 의미와 성과를 음미해 보기로 한다.

8. 출간되지 않은 문서의 중요성: 실험 노트의 문제

과학 논문의 심사는 제출된 논문 원고를 검토하는 것으로 이루어진다. 실험실과 장비를 싸서 학술지 심사 위원에게 보내는 경우는 없을 것이다. 또한 실험 노트도 일반적으로 심사 위원에게 제출되지 않는다.

그런데 밀리컨의 1913년 논문에 대해서 홀튼이 문제를 삼을 수 있었던 것은 밀리컨의 1913년 논문에 실린 실험의 자료와 관련된 실험 노트가 발견되었기 때문이다. 캘리포니아 공대(California Institute of Technology)의 문서고 안에 밀리컨이 남긴 문서를 담은 파일 박스가 존재했던 것이다. 이 실험 노트에는 밀리컨이 e 값을 계산하는 데 쓰인 자료가 포함되어 있으며, 시기적으로 1911년 10월 28일에서 1912년 4월 16일까지의 기록을 담고 있었다(Holton, 1978, 205). 홀튼과 프랭클린은 이러한 자료를 보고 자료의 배제에 관한 상황을 파악할 수 있었다. 그런데 실험 노트는 항상 보관되는 것이 아니다. 실험 노트가 없다면 실험자가 행한 보고의 성실성에 대해서 의심하기가 쉬울 것인가?

과학자의 연구 성실성을 파악하기 위해서 과학철학자는 과학자의 실험 노트까지 조사할 필요가 있을까? 물론 사망한 과학자에 대해서는 이런 조사가 일부 가능할 수도 있을 것이다. 그러나 일반적으로 이러한 조사를 행하기는 간단하지 않을 것으로 예견된다. 실험 노트 제출을 요청받은 과학자가 제출을 거부해도 그에 대한 대항 조치를 취하기가 쉽지 않을 것이다. 또한 실험 노트가 항상 남겨지는 것도 아니다. 실험 노트가 있거나 새로이 발견되면 의심이 가는 사례에 대한 조사가 가능하나, 남겨지지 않은 실험 노트를 조사할 방법이란 없다.

과학 연구의 과정에서 과학자가 남기는 글은 여러 가지다. 책, 논문, 초고, 실험 노트 등등. 위에서 한 논의 과정에서 나왔던 홀튼과 프랭클린의 연구는 이런 재료들을 어떻게, 어떤 수준에서 과학철학자들이 다루어야 할지에 대해서 일정한 자극을 주고 있다. 홀튼은 이 대목에 대해 다음과 같이 이야기하고 있다.

> 메더워(Medawar)는 과학 활동에 관해 연구하기 위해서는 실험실에서 살거나 이론가의 연구실에서 살거나 해야 하며 수행되고 있는 작업을 관찰해야 한다고 제안한다. 메더워의 목표에 도달하기 위해서는 역사적인 문제를 다룰 때 역사가와 사회학자는 편지, 여타의 문서에 의해서 교차 확인된 자전적 기록, 훈련받은 역사가가 행한 구술사(口述史, oral history) 인터뷰, 과학적 회합에서 벌어지는 전투의 한복판에서 발생하는 대화의 채록물, 그리고 무엇보다도 실험 노트 ─ 관념에 관한 사적인 투쟁의 그 모든 얼룩, 무인(拇印), 핏자국을 담고 있는 과학 행위에 직접적으로 뿌리를 내리고 있는 직접 입수한 문서 ─ 처럼 남의 이목을 의식하지 않는 상태로 남겨진 증거를 정규적으로 활용해야 한다(Holton, 1978, 161).

출판된 책과 논문은 연구 윤리와 관계된 과학철학적 연구의 기본 재료라 할 수 있다. 하지만 출판된 책과 논문에 대한 분석만으로 이런 성격의 과학철학적 연구가 만족스럽지 못하게 되는 상황이 발생한다. 밀리컨의 1913년 논문의 경우에서처럼, 연구 성실성이 의심받게 되는 상황이 나타날 수 있는 것이다. 이런 경우에는 출판된 책과 논문 이외에 책과 논문의 초고, 편지, 자전적 기록, 구술사 인터뷰, 대화 채록물, 특히 실험 노트 등을 연구 성실성을 판정하기 위한 자료로 삼을 필요가 있다. 홀튼과 프랭클린이 행한 작업이 이런 경우에 속한다. 인용문에서 볼 수 있는 홀튼의 지적은 과학철학과 과학사 연구, 특히 연구 윤리와 관련된 과학기술학적 연구를 향한 매우 중요한 이정표의 하나가 되고 있다.

9. 객관성을 해치지 않았으되 연구 윤리 위배로 귀착된 자료 선별

자료의 선별은 과학의 객관성을 해칠 수도 있고 해치지 않을 수도 있다. 밀리컨의 경우는 자료의 배제가 있는 경우다. 그중 일부는 배제의 이유가 있었고, 일부는 배제의 이유가 확연하지 않았다. 실험값은 대부분 통계 처리를 거쳐 제시되고 음미된다. 가장 일반적인 통계적 모형(statistical models)의 하나가 '평균'이다. 이 평균의 관점에서 볼 때, 자료의 일부를 배제하더라도 배제의 결과로 평균값에 큰 변화를 주지 않을 수 있다. 예를 들어 다음과 같은 가상적인 수치적 자료를 얻었다고 가정하기로 한다. 70, 71, 74, 75, 75, 77, 73, 44, 76, 73. 여기서 얼핏 보아 평균은 대략 75 부근에 있게 됨을 알 수 있다. 이 상황에서 두 개의 75 가운데 하나를 빼도 평균에는 큰 영향을 주지 않을 것이다. 이런 경우 자료의 선별이 객관성을 훼손한다고 강력하게 주장하기는 어렵다. 하지만 이 값 중에 44를 빼면 평균에 좀 더 큰 영향을 줄 수 있다. 이 경우 44를 빼는 데 대한 합리적 이유가 있으면 빼도 되지만, 75라는 이론적 평균값이 미리 있고 이 미리 있던 평균값에 맞추기 위해 합리적 이유 없이 44를 빼는 것은 객관성에 문제를 야기한다. 또한 일반적으로 대규모의 자료 선별은 과학의 객관성 추구에 대한 명백한 장애가 될 것이다. 44가 아니라 75를 빼더라도 빼는 데 대한 합리적 이유가 있어야 한다. 그렇지 않은 경우, 평균에는 영향을 미치지 않을지는 몰라도 연구 윤리에는 위배되는 상황이 발생할 수 있다.

위에서 이야기했듯이 자료의 선별이 객관성에 커다란 악영향을 미치지 않을 수도 있다. 그렇다면 과학의 객관성과 윤리 위배가 항상 동시에 발생하는 것은 아님을 알게 된다. 이런 상황에서 객관성의 측면에서는 별 문제가 없을지라도, 윤리적으로 볼 때 큰 문제가 될 수 있음은 물론이다. 밀리컨은, 앞서의 인용문에서 보았듯이, 자신은 자신이 얻은 모든 실험 자료를 제시했다고 말했다. 그것도 이탤릭체를 사용하여 강조했던 것이다. 이것은 과학 윤리 측면에서 볼 때 명백한 잘못이다.

밀리컨의 행위가 객관성을 크게 훼손하지 않았더라도 그의 행위는 윤리적으로 비판받을 수 있다. 그의 실험에 대한 프랭클린의 세부적 조사는 밀리컨이 합리적으로 이해가 가능한 선별과 그렇지 못한 선별을 '함께' 저질렀음을 보여준다. 결과적으로 밀리컨의 실험 자료가 전하의 양자화를 보여주는 데서는 결정적인 파국을 맞지는 않았다. 즉 객관성의 측면에서는 심대한 타격을 받지 않았던 것이다. 그럼에도 불구하고 과학 윤리의 측면에서는 비난받아야 마땅하다. 그는 윤리적으로 기만 행위를 한 것이기 때문이다.

밀리컨은 여러 가지 오차 배제 가능성을 충분히 염두에 둔 과학자였다고 보는 쪽에 프랭클린은 서 있다. 이러한 해석 가능성은 물론 받아들일 여지가 없는 것은 아니다. 밀리컨의 1913년 논문 내용의 상당 부분은 오차 배제와 관련한 내용으로 채워져 있기 때문이다. 프랭클린은 밀리컨의 실험에서 자료의 선별이 있었으나 객관성이 침해되지 않았으므로 연구 윤리 위배의 문제는 별것이 아니라고 본다. 그러나 이것은 분명히 잘못된 판단이다. 객관성이 보존되는 상황이라고 해서 연구 윤리 위배라는 문제에서 자연스럽게 탈출하게 되는 것이 아니기 때문이다. 하지만 밀리컨의 실험 오차 배제 노력에도 불구하고, 자신이 측정한 기름방울 모두를 논문에 실었다고 밀리컨이 논문 내용에 명기한 것은 명백한 거짓이다.

홍성욱은 밀리컨의 실험 자세에 대해서 다음과 같이 평가하고 있다. "그의 취사선택은 대부분 실험 내적인 이유에서 이루어졌고, 밀리컨은 이론을 따라 데이터를 '요리'한 사람이 아니라 처음부터 끝까지 실험에 충실했던 실험물리학자였던 것이다"(홍성욱, 2004, 『과학은 얼마나』, 서울: 서울대학교출판부, 43). 이는 프랭클린의 해석과 유사한 입장으로 보인다. 하지만 이것은 공정한 평가로 보기 어렵다. 밀리컨은 자료의 배제에 대한 분명한 이유를 제시하지 않은 채, 배제를 하기도 했기 때문이다. 더구나 그는 다음과 같이 주장했다. "이것은 선별된 방울 집단이 아니라 연속된 60일간에 실험된 모든 방울을 나타낸다는 점 역시 언급되어야 할 것이며, 이 시간 동안에 장치는 몇 번 분해되었으며 다시 조립되었다"(Millikan, 1913, 138).[11] 하지만 밀리컨은 그렇게 하지 않았다. 연구 윤리를 명백히 위배한 경우다.

이 상황을 연구 윤리 위배가 아니라고 주장할 수는 없을 것이다. 연구 윤리 위배의 정도 가운데 어디에 해당하느냐, 위배의 질적 수준을 논할 여지는 있지만, 그의 은폐 행위가 연구 윤리 위배가 아니라고 주장할 수는 없는 것이다. 주지하듯, 심각한 연구 윤리 위배 행위로는 위조(fabrication), 변조(falsification), 표절(plagiarism)이 존재한다.[12] 이른바 약어로 FFP로 논의되는 것들이다. 위조는 존재하지 않는 자료를 인위로 만들어내는 경우이고, 변조는 자료를 바꾸거나 생략하는 경우이며, 표절은 다른 이의 자료를 출처를 밝히지 않은 채 가져다 쓰는 경우라고 말할 수 있다. 밀리컨의 경우는 넓게 보아 변조의 경우에 해당되는 경우인 것이다. 그는 자료를 생략하지 않았다고 그의 1913년 논문 안에서 명백히 이야기했으나 이것은 전혀 사실이 아니기 때문이다.

---

11 강조는 밀리컨의 것이다.

12 앞서 언급한 대로 이 장은 연구 부정행위의 일반적 유형을 다루는 데 목적을 두고 있지 않다. 이에 대한 기초적 구분에 대한 논의로는 최훈·신중섭(2007)을 참조하면 좋다.

10. 결론

실험 자료 선별에 관한 질문을 중심으로 과학의 객관성과 연구 윤리의 문제를 논의해 왔다. 과학은, 특히 근대 이후로, 사회와 문화의 중심적 부분이 되어왔다. 과학 활동이 사회와 문화에 많은 영향을 미치고 있으며, 많은 자금이 과학 안으로 흘러들어 가고 있다. 그리고 과학 활동은 전문 직업화된 지 오래고 과학자의 수는 급격히 팽창해 왔다. 또한 과학 활동은 단순히 자연 탐구의 장이 아니라 동시에 인간 경쟁의 장이기도 하다. 이와 같은 상황 속에서 객관성 확보를 위한 기제 마련 작업과 동시에 과학 연구 부정행위가 가끔씩 있어왔던 것이다.

앞에서 실험 자료의 선별이 있다고 해서 과학의 객관성 붕괴와 연구 윤리의 위배가 항상 동시에 일어나는 것은 아님을 보았다. 밀리컨의 1913년 기름방울 실험에서 연구 부정행위는 있었다. 밀리컨은 자신이 실험한 기름방울 모두를 보고한다고 1913년 논문에 명기했으나, 그것은 사실이 아니었다. 이는 변조에 속한다고 말할 수 있다. 하지만 프랭클린의 연구가 보여주듯이, 생략된 혹은 누락된 기름방울이 전자의 전하의 평균값에 큰 영향을 미치지는 못했음을 알 수 있었다. 즉, 프랭클린의 입장에 따르면, 밀리컨의 1913년 논문이 객관성의 측면에서 문제를 발생시켰다고 보기는 어렵다는 것을 인지할 수 있다. 그렇지만 프랭클린의 이러한 해석에도 불구하고, 밀리컨의 경우는 연구 윤리를 명백히 위반한 경우로 결론 내리지 않을 수 없다.

밀리컨은, 7절에서 보았듯이, 자신의 자료 선별 과정에서 대체로 합리적인 태도를 보여주었다고 평가할 수 있을 것이다. 그러나 그의 자료 선별이 모두 투명했던 것은 아니었다. 이와 같은 논란에서 볼 수 있듯이 일급 과학자의 과학 활동에서도 과학의 윤리가 항상 방어되는 것은 아님을 감지할 수 있다. 저명 과학자의 과학적 업적에서도 과학 연구 부정행위가 존재할 수 있는 것이다. 밀리컨의 실험 자료에 이상한 점이 있었음을 알 수 있었던 것은 홀튼과 같은 학자의 면밀한 탐구 때문이었다. 홀튼은 밀리컨의 자료 선별을 놓고 이를 이론이 실험 자료에 의해 평가되는 상황보다는, 오히려 자료가 이론에 부합되지 않은 경우 그 자료가 누락될 수도 있는 상황과 연결 지었다. 이는 실험 과정에서 발생할 수 있는 이론 편향성에 대한 주목이다. 또한 자료 누락에 대한 확인이 출간된 논문 등을 포함하는 최종 인쇄물에 대한 면밀한 검토만으로 충분히 이루어질 수 없는 경우도 존재함을 지적했다. 홀튼은 실험 자료의 누락 여부에 대한 확인 과정에서 논문 작성 과정에서 존재했던 여타의 문서를 추적할 필요가 있음을 주장했다. 자료 누락의 문제만이 아니라 나아가 과학 활동 일반에 대한 적절한 철학적 탐구는 책과 논문의 최종 출판물에 국한될 경우 성공적이지 못할 수가 있다. 홀튼이 지적하듯이, 실험 노트나 대화 채록물과 같은 주로 공개되지 않는 문서를 추적함으로써 논문과 책에 대한 탐구를 보완할 수 있고, 어떤 경우는 논문과 책을 대상으로 이루어지는 연구의 한계를 극복할 수 있다. 프랭클린은 밀리컨이 자료 누락을 한 점을 인정함에도 불구하고, 밀리컨의 누락 행위를 심각한 것으로 보지 않는 입장에 있다. 그러나 프랭클린의 이 입장은 저자에 의해 앞서 부정되었다. 밀리컨의 논문 안에 적시한 내용과 이러한 누락은 양립할 수 없는 것이다. 밀리컨은 거짓말을 했다. 즉 밀리컨은 부정행위를 저질렀다. 하지만 프랭클린의 연구는 밀리컨의 경우를 실험의 오차 배제 노력, 실험값에 대한 엄밀한 재계산의 문제와 연결 지어 실험 과학의 성격과 의미를 밝혀주는 작업을 한 데서 커다란 의미가 있다. 홀튼과 프랭클린의 연구는 과학에 대한 철학적, 역사적 분석이지만 이와 같은 연구는 학문의 여타 영역에 관해서도 시사하는 바가 있을 것이다.

위에서 살펴보았듯이 밀리컨은 기름방울이 하전될 때 특정 전하의 정수 배로만 하전된다는 혁신적인 이론적 주장을 입증한 실험을 해낸 과학자였다. 또한 기름방울의 '전체' 또는 '집단'이 아니라 '개별' 기름방울의 하전량을 측정하는 실험 도구와 실험 전통을 확립한 훌륭한 과학자였다. 이런 정상급 과학자도 과학 윤리를 위배할 수 있음을 우리는 보았다. 하지만 연구 윤리 위배를 둘러싼 이런 논란이 있다고 해서 과학의 객관성을 간단히 의심해 버리고 넘어가기는 어려운 일이다. 실험 과학자는 여러 가지 경로로 실험적 현상의 안정성을 확인하려 하고 실험과 관련된 제반 오차를 회피하고자 한다. 과학적 비행이 과학계에서 간혹 저질러짐에도 불구하고, 과학문화에 대한 신뢰를 쉽게 버려서는 안 되는 것이다. 또한 과학문화를 올바로 이해하기 위해서는 실험적 절차와 같은 구체적인 과학 내용을 이해하려는 노력을 게을리해서는 안 된다는 점을 강조하고자 한다. 홀튼과 프랭클린은 과학사 연구와 과학철학 연구를 행한 이들이다. 그리고 그 이전에 그들은 과학자다. 해당 과학 내용을 비교적 잘 이해하고 있는 상태에서 밀리컨의 실험 내용을 분석했던 것이다. 이러한 경우에는 과학의 진행과 성격을 파악하는 데에 큰 문제가 없다. 따라서 과학 윤리와 관련된 문제를 제기해도 별다른 문제를 일으키지 않을 수 있다. 하지만 과학 내용을 잘 모르는 이가 과학 내용에 대한 적절한 이해 없이 윤리의 문제를 제기할 때는 심각한 문제를 야기할 수도 있다. 과학 부정행위가 존재한다고 해서 과학의 전부를 의심할 필요는 없을 것이다. 우리는 과학에 대한 우리의 의심 영역을 제한할 필요가 있다.

6 경험적 귀결과 경험적 증거

1. 도입: 과학적 인식 속에 나타나는 함축의 기능과 그 한계

이론에 담긴 주장은 경험에 의해 확인되어야 한다. 이 문장에 담긴 견해는 과학철학자만이 아니라 과학에서 비교적 먼 곳에서 살아가는 일반 식자들조차 대체로 동의할 만한 주장이다. 그렇지만, 상황이 그렇게 단순하지만은 않다. 이론이 경험에 의해 확인되어야 한다는 이 견해는 과학철학의 영역 안에서 여전히 논란의 여지를 안고 있는 것이다. 자연에 관한 참인 이론을 과학자들이 만들어낼 수 있느냐 그렇지 않느냐의 문제는 과학철학에서 핵심 논쟁의 하나가 되어왔다. 과학과 과학철학의 전형적 인식에 따르면, 이론의 진위는 경험에 의해 입증되어야 한다. 그런데 과학철학 내부에서는 이런 전형적 인식을 부정적으로 보는 입장이 존재해 왔다. 예를 들어, 이론 미결정성 논제 (thesis of theory underdetermination)에 의하면, 동일한 경험 내용이 서로 다른 이론을 동시에 지지할 수 있다. 이것은 경험으로 이론의 진위를 확인한다는 과학의 그리고 과학철학의 기초적 주장을 위태롭게 한다.[1] 콰인(W. V. Quine)은 이러한 이론 미결정성 논제의 대표적인 주창자다.

이론 미결정성 논제의 주장에 따르면, 동일한 관찰 결과에 대해 양립 가능한 여러 가지 가설이나 이론들이 존재할 수 있다. 이때, 이들 가운데 어느 것을 참이라고 결정할 수 없는 상황이 발생한다. 이론이 미결정되는 것이다. 참된 이론은 경험적으로 잘 혹은 강고하게 시험되었다고 보는 과학 이론과 증거에 관한 전통적 견해에 대해, 미결정성 논제는 직접적인 도전이 된다. 한 이론이 일정한 경험 내용과 합치하면 그 이론은 참이 된다. 그런데 그 이론만이 아니라 다른 이론들도 그 동일한 경험 내용과 마찬가지로 동시에 합치하면 어떻게 되는 것인가? 이론 미결정의 상황이 발생한다. 이것이 상대주의자가 염두에 두는 정황이다. 세계에 대해 참인 이론이 다수라면 어느 것이 진정으로 참인 이론인가?

이 장에서는 콰인식의 이론 미결정성 논제가 지니는 함의와 맹점을 명료화하고자 한다. 과연 과학 활동이, 관찰과 실험을 통해 자연에서 얻는 경험적 내용을 설명해 주는 이론 체계를 구성하는 일을 성공적으로 이루어낼 수 있느냐에 대해서 다루려는 것이다. 이러한 논의는 이론이 미결정되는 상황에 대해서 철학자들이 좀 더 세밀하게 주의를 기울여 논의할 필요가 있음을 밝혀준다. 그럼으로써 과학 활동 속에서 이론과 경험 간의 관계를 엄밀하게 파헤치는 기여를 하게 될 것이다.

라우든(Larry Laudan)과 레플린(Jarrett Leplin)의 견해에 따르면, 경험적 동등성을 '구문론적, 의미론적으로' 환원시켜 이해하는 것은 경험적 동등성의 진면목을 놓치게 된다.[2] 두 사람은 논리 실증주의자(logical positivists), 포퍼(Karl Popper), 콰인 등이 이제까지 구문론적, 의미론적 차원에서 경험적 동등성을

---

1 이론 미결정성에 관한 국내 논의로 다음과 같은 것이 있다. 김영배, 1989, 「이론의 미결정성」, ≪철학≫, 30집, 151-162; 박영태, 2000, 「과학적 실재론과 이론 미결정」, ≪과학철학≫, 3권 2호, 1-19; 조인래, 1994, 「이론 미결정성의 도그마?」, ≪철학≫, 42집, 132-158; 황희숙, 1985, 「이론의 경험적 미결정성」, ≪철학논구≫, 13집, 217-265.

2 Larry Laudan and Jarrett Leplin, 1991, "Empirical Equivalence and Underdetermination," *The Journal of Philosophy*, vol. 88: 449-472.

논의했고 이로부터 미결정성 논제를 유도했다고 주장한다. 즉 한 이론의 '경험적 귀결(empirical consequences)'과 그 이론에 대한 '경험적 증거(empirical evidences)' 사이의 차별성을 무시하고, 경험적 귀결 안에서만 경험적 증거에 관한 논의를 해왔다는 것이다. 그리고 이로부터 미결정성 논제를 유도했다고 본다. 구문론적, 의미론적으로 경험적 동등성을 이해하는 관점의 핵심은 다음과 같다. 즉, 경험적 동등성을 둘러싼 논의 내용에는, 어떤 이론이 있을 때, 그 이론을 경험과 대조해 볼 수 있도록, 그 이론에서 '함축(entailment)' 관계를 통해 유도해 낼 수 있는 경험적 주장 내용, 즉 이론의 경험적 귀결만을 포함시키는 것이다. 이에 반해, 라우든과 레플린은 1) 어떤 이론에서 함축해 내어 경험과 대조해 볼 수 있는 경험적 주장 내용, 즉 이론의 경험적 귀결과, 2) 어떤 이론의 경험적 귀결은 아니지만 그 이론에 대한 경험적 증거가 되는 두 상황을 명백히 나누어 보면서, 이론 미결정성 논제를 검토하고 있다.

두 사람은 '인식적' 동등성은 '의미론적' 동등성과 차별성을 지니며, 의미론적 동등성 차원에서 경험적 동등성을 논의하고 이로부터 미결정을 유도하는 것은 이론 혹은 가설과 증거 사이의 인식적 관계를 제대로 파악하지 못하게 한다고 주장한다. 그들은 인식적 주제가 의미론적 주제로 환원된다고 보아온 많은 과학철학자와 인식론자를 공격하고, 인식론의 방향 전환을 제안한다.

함축 관계에만 집중하여 경험적 동등성을 주장하는 방식으로 이론 미결정성 논제를 옹호하려는 입장을 비판적으로 논의하는 장을 이 장은 마련할 것이다. 논의 과정에서 라우든과 레플린의 작업이 어느 정도로 성공적인지를 콰인식 이론 미결정성 논제 옹호 논의와 대조하면서 비판적으로 평가하고자 한다. 레플린과 라우든의 입장에 대한 쿠클라(André Kukla), 호이퍼(Carl Hoefer)와 로젠버그(Alexander Rosenberg), 오카샤(Samir Okasha) 등의 비판 및 이러한 비판의 일부에 대한 레플린과 라우든 자신의 반응[3]을 향한 저자의 평가가 포

---

3 이에 대해서는 다음의 문헌을 참조할 것. André Kukla, 1993, "Laudan, Leplin, Empirical Equivalence and Underdetermination," *Analysis,* Vol. 53: 1-7; Larry Laudan and Jarrett Leplin, 1993,

함될 것이다.

2. 상대주의, 이론 미결정성, 경험적 동등성

과학의 합리성과 객관성은 상당 시기 동안 거의 의심받지 않았다. 합리성
과 객관성의 무풍지대는 대략 1960년대 초까지 이어졌다고 볼 수 있다. 그러
나 핸슨(Norwood Russell Hanson)의 관찰의 이론 적재성 논제,[4] 콰인의 경험적
동등성 논제,[5] 쿤(Thomas S. Kuhn)의 과학혁명론[6] 등의 논의가 출현함으로써
과학철학자들은 과학의 합리성과 객관성의 기초에 대해 심각한 고민에 빠지
지 않을 수 없게 되었다. 이들 상대주의적 분위기를 지니는 철학자들은 실증
주의자와 합리주의자를 계속 공격해 왔다. 또한 쿤의 주장 가운데 사회학적
인 요소를 극단으로 몰아가서 자신의 입지를 마련한 에든버러 학파(Edinburgh
School)의 사회학적 상대주의[7]의 발호는 이러한 상황을 더욱 혼미하게 만든
바 있다. 이와 같은 흐름 속에서 상대주의적 입장은 거의 만개된 느낌이다.

"Determination Underdeterred: Reply to Kukla," *Analysis*, Vol. 53: 8-16; Carl Hoefer and
Alexander Rosenberg, 1994, "Empirical Equivalence, Underdetermination, and Systems of the
World," *Philosophy of Science*, Vol. 61: 592-607; Samir Okasha, 1997, "Laudan and Leplin on
Empirical Equivalence," *British Journal for the Philosophy of Science*, Vol. 48: 251-256.

4 Norwood Russell Hanson, 1962, *Patterns of Discovery: An Inquiry into the Conceptual
Foundations of Science*, Cambridge: Cambridge University Press.

5 W. V. Quine, 1970, "On the Reasons for Indeterminacy of Translation," *The Journal of Phil-
osophy*, vol. 67: 178-183; W. V. Quine, 1975, "On Empirically Equivalent Systems of the World,"
Erkenntnis, 9: 313-28.

6 Thomas S. Kuhn, 1970, *The Structure of Scientific Revolutions*, Chicago: University of Chicago
Press, 2nd ed.

7 예를 들면, Barry Barnes, 1974, *Scientific Theory and Social Theory*, London: Routledge &
Kegan Paul; Barry Barnes, 1982, *T. S. Kuhn and Social Science*, London: Macmillan; David
Bloor, 1976, *Knowledge and Social Imagery*, London: Routledge & Kegan Paul 등.

상대주의자들은 과학적 합리성과 객관성에 반대해 다양한 각도에서 이를 부정한다. 그들이 통일된 모습을 보여주지는 않는다. 예를 들어, 그레게르센 (Frans Gregersen)과 쾨페(Simo Køppe)는 상대주의를 크게 세 가지 유형으로 구분한다.[8] 첫째, 인식론적 상대주의다. 이 입장에 따르면, 각각의 이론이 상이한 방식으로 동일한 경험적 사실을 설명할 때, 이론들은 서로 공약적이지 않으며(incommensurable), 미결정된다. 패러다임(paradigm)은 같은 척도로 평가되지 않으며, 과학자들은 각각의 서로 다른 패러다임 속에서 연구 활동을 수행할 뿐이다. 각각의 패러다임은 이론과 경험의 일치를 평가하는 서로 다른 기준을 갖고 있다. 따라서, 한 패러다임을 가지고 과학 활동을 하는 집단에서 이론이 경험과 합치되었다고 인정할지라도, 다른 패러다임을 가지고 과학 활동을 하는 집단에서는 그렇지 않을 수 있다. 이러한 입장을 따를 때, 과학은 패러다임 상대적이다.

둘째는 사회학적 상대주의다. 이 입장에서, 과학 활동은 경험적 증거의 누적이나 논리적 정합성을 기초로 하는 것이 아니라, 사회적 제도, 집단의 심리적 과정, 정치, 경제적 이해관계 등에 의해 지배된다. 따라서 이론은 집단 상대적이다.

셋째는 역사적 상대주의다. 과학 활동은 특수 시기에 통용되는 세계관과 방법론을 쓰며, 통시적 과학 활동은 존재하지 않는다. 따라서 이론은 역사적 시기 상대적이다. 즉 이론은 역사적 시기마다 특수한 것이며, 사실들은 각 역사적 시기의 각 특수 이론에 따라 해석되므로 객관성은 확보되기 어렵다.

상대주의 경향을 띤다고 볼 수 있는 입장의 학자들이 이러한 세 가지 유형의 '하나' 안에서 정확히 자리매김되지는 않는다. 쿤 같은 경우는 세 유형 모두에 포함시킬 수 있는 요소를 갖고 있다. 콰인 같은 경우는 첫째 유형, 에든버러 학파의 사회구성주의(Social Constructivism)는 둘째 유형에 속한다고 볼

---

8 Frans Gregersen and Simo Køppe, 1988, "Against Epistemological Relativism," *Studies in History and Philosophy of Science*, vol. 19: 447-87.

수 있는 것이다.

이 가운데 특히 인식론적 상대주의는 상대주의 논제의 중심 위치에 자리한다고 할 수 있다. 왜냐하면 사회학적 상대주의나 역사적 상대주의가 과학철학적 분석 작업의 중심적 요소와는 비교적 거리가 있는 사회적, 역사적, 정치적 관심과 구도를 채용하는 입장인 데 비해, 인식론적 상대주의는 과학철학의 주요 논의 영역 안에서 준동하면서 과학철학의 전통적 관점을 공격하기 때문이다.

특히 경험적 동등성과, 상대주의자들이 보기에, 이 경험적 동등성으로부터 유도되는 미결정성 논제는 그들의 인식론적 상대주의 옹호 논의의 핵이다. 경험적 동등성은 두 가지 이상의 서로 다른 이론이 동일한 경험 내용과 합치되는 상황을 말한다. 이 경험적 동등성 논제에 따르면, 일정한 관찰 보고에 대해 이와 양립 가능한 둘 이상의 가설이나 이론이 항상 존재한다. 즉 관찰에 의해서 한 이론이 일의적으로 참으로 확정될 수 없다. 콰인과 같은 인식론적 상대주의자들은 이론이나 가설의 경험적 동등성으로부터 미결정성이 직접적으로 유도된다고 본다. 예를 들어, 콰인은 이렇게 말한다.

이론은 모든 가능한 관찰들이 확정되더라도 여전히 변할 수 있다. 물리 이론들은 가장 넓은 의미에서조차 서로 다툴 수 있고 그러면서도 모든 가능한 자료와 조화될 수 있다. 한마디로, 그들은 논리적으로 양립 불가능하면서도 경험적으로 동등할 수 있는 것이다.[9]

콰인식의 이론 미결정성 논제에서는 다음의 두 가지 요소가 핵심이다.

1. 한 이론은 다른 이론과 개념적으로 양립 불가능해야 한다. 라카토슈(Imre

---

9 W. V. Quine, 1970, "On the Reasons for Indeterminacy of Translation," *The Journal of Philosophy*, vol. 67: 178-183, 179.

Lakatos)의 용어를 빌리자면, 한 이론의 단단한 핵(hard core)은 다른 이론의 그 것과 완전히 달라야 하는 것이다.

2. 완전히 다른 이론의 핵심을 지니는 이론들이 동일한 경험적 내용과 부합해야 한다.

이 두 가지 요소가 동시에 충족되어야만 이론 미결정성 논제는 의미를 지닌다. 라카토슈식의 단단한 핵이라는 관점에서, 한 이론이 다른 이론과 동등한 것으로 판명이 나면, 즉 단단한 핵을 공유한다면 이론 미결정성의 상황은 발생할 수 없다. 그들 이론은 외견상 미결정성을 나타내지만 실질적으로는 서로 환원 관계에 놓인 이론들일 것이기 때문이다. 또한 서로 다른 이론들이 동일한 경험적 내용이 아니라 서로 다른 경험적 내용을 설명한다면 이론 미결정 상황은 원천적으로 조성될 수가 없다.

3. 함축 개념을 중심으로 하는 경험적 동등성의 맹점: 경험적 귀결과 경험적 증거의 비동일성

경험적 동등성 논제에서 주요 쟁점이 되는 사항은, 일정한 관찰 보고에 대해 양립 가능한 둘 이상의 가설이나 이론이 항상적으로 존재한다는 관념이 지니는 정확한 의미다. 서두에서 이야기했듯이, 이론 미결정성을 경험적 동등성에 기초하여 옹호하는 이들은 경험적 동등성을 흔히 함축 관계에만 국한시켜 논의한다. 만일 미결정성 논제가 함축 관계에만 제한하여 경험적 동등성을 논의할 수 있다면, 미결정성 논제는 강력한 논제가 될 수도 있을 것으로 보인다. 그러나, 뒤에서 다루게 될 것처럼, 함축 관계에 배타적으로 초점을 두어 경험적 동등성을 논의하는 방식으로는 이론 미결정성 논제를 옹호할 수가 없다.

문제의 경험적 동등성을 함축 관계에 국한해서만 논의해야 하느냐 그렇지 않느냐 사이에서의 입장 차이가 미결정성 논제의 인식론적 위상에 중요한 영향을 줄 수 있다. 경험적 동등성의 의미를 어떻게 이해할 수 있느냐에 따라 미결정성 논제가 갖는 인식적 지위가 달라질 수 있는 것이다. 만일 경험적 동등성의 의미가 함축 관계로만 파악할 수 있는 성질의 것이 아니라면, 이런 방식에 입각하여, 즉 함축 관계에만 기초를 두어 경험적 동등성을 파악하고 이로부터 미결정성 논제를 유도하는 것은 정당화된다고 볼 수 없게 된다.

라우든과 레플린은 위에서 이야기한 상대주의자의 경험적 동등성에 대한 옹호 논변을 비판한다. 즉 함축 관계에만 집착하여 경험적 동등성 개념을 옹호하는 시도를 논박하는 것이다. 그들은 경험적 동등성과 미결정성에 대해 논의하면서, 상대주의자는 미결정성을 경험적 동등성으로부터 유도하지만, 경험적 동등성에 대한 주장은 유지시키기 힘든 요소를 담고 있다고 본다. 경험적 증거는 경험적 귀결, 즉 한 이론으로부터 함축되는 경험과 관련된 주장 내용과 동일하지 않으며, 경험적 증거는 경험적 귀결을 넘어서는 개념이라고 본다. 함축 관계에서 나오는 경험적 귀결과 함축 관계를 넘어서 있는 경험적 증거 간의 결정적 차이를 논의하기 위해, 라우든과 레플린은, 앞서 이야기한 것처럼, 경험적 동등성의 의미를 검토하기 위해서 '이론, 귀결, 증거'의 사이에서 성립하는 관계를 다음의 두 가지로 나눈다. 그리고 이러한 두 가지 상황 모두를 검토하여 인식론적 상대주의자가 주장하는 경험적 동등성의 의미는 성립되지 않는다고 주장한다.

A: 이론의 경험적 귀결이 아닌 증거적 결과를 갖는 경우
B: 이론의 경험적 귀결이지만 증거가 되지 못하는 경우[10]

이 두 경우 모두에서 라우든과 레플린은 경험적 동등성의 의미는 논파되

---

10 Laudan and Leplin(1991), 461-466.

며, 따라서 이러한 의미의 경험적 동등성으로부터 미결정이 도출된다고 보는 견해는 정당화될 수 없다고 주장한다. 이 두 경우는 사례 없이 직관적으로 쉽게 와닿지 않을 수가 있다. 저자가 두 사람이 제시하고 있는 구체 사례를 재구성할 것인데, 이를 따라가면서 논의를 전개하기로 한다.

4. 경험적 귀결은 아니지만 증거적 결과를 갖는 경우

경험적 귀결과 경험적 증거라는 요소를 놓고 라우든과 레플린은 A와 B의 두 경우로 나누고 있다. 먼저 A에 관해 살펴보기로 한다. A는 이론의 경험적 귀결들의 집합과 입증 사례의 집합은 구별됨을 말해준다. 라우든과 레플린은 이를 보여주는 예들 가운데 하나로 대륙이동설(the theory of continental drift) 및 이로부터 유도되는 두 가설의 경우를 든다. 대륙이동설에 따르면, 지구 표면의 모든 영역(대륙)이 현재 점유하고 있는 위도와 경도는 과거를 통해 계속 변화되어 왔다. 즉 지구 표면은 지질학적 시간을 통해 고정되어 있었던 것이 아니라 계속 이동해 왔다는 것이다.

1915년 독일 과학자 알프레트 베게너(Alfred Wegener)는 대륙은 고정된 것이 아니라 계속 이동해 왔다는 대륙이동설을 발표했다. 하지만 베게너의 대륙이동설은 당시 지질학계에서 거부된다. 그 이유는 그의 가설은 너무나 파격적이었을 뿐만 아니라 그 가설에 대한 정량적 증거가 당시에는 부족했기 때문이었다. 하지만 그 후 30여 년이 지나, 대륙이동설은 1950년대와 1960년대 초의 고지자기(palaeomagnetism) 및 심해저 연구 결과와 함께 해양저 확장설(the theory of sea-floor spreading)과 결합되어 '판구조론(the theory of plate tectonics)'으로 부활한다. 판구조론은 현대 지질학에 혁명을 불러왔다.[11] 이

---

11 대륙이동설과 판구조론 혁명에 관한 최근의 논의로는 Ronald N. Giere, 1988, "Explaining the Revolution in Geology," in *Explaining Science: a Cognitive Approach*, Chicago: University of

이론 덕택으로 지질학자와 지구물리학자들은 지진, 화산 등의 지질학적 현상들을 '전 지구적' 규모에서 일관성 있게 설명할 수 있게 되었다.

A의 경우를 논의하기 위해, 라우든과 레플린은 대륙이동설에서 유도되는, 즉 함축되는 두 가지 가설을 제시한다.

H1: 전 지구를 통해 모든 지역의 기후는 과거 시기 그 지역의 기후와는 아주 다른 유의미한 기후 변화를 겪어왔다.

H2: 지구의 어떤 지역에 있는, 철을 함유하고 있는 암석의 지자기의 현재 방향은 과거 그 지역의 지자기극과 유의미하게 다르다.[12]

가설 H1은 대류 이동에 따라 초래되어 왔던 '고기후의 변화'와 관련된 내용을 담고 있다. 대류이 지질학적 시기를 통해 이동했다면, 대류은 기후의 변화를 겪어야 한다. 예를 들어, 적도 지방에 있던 대류이 극 쪽으로 이동한다면, 이동한 대류의 기후는 온화한 데서 한랭한 데로 옮겨가야 할 것이다. 가설 H2는 암석의 '자화(磁化) 방향의 변화'와 관련된다. 즉, 화산 활동으로 대류이 처음 만들어질 당시의 지구 자극을 향하는 용암의 자화 방향이, 대류의 분리 이동으로 인해 변화되어 왔다는 내용을 담고 있다는 것이다. 대류이 이동하

Chicago Press, 227-277 등이 있다. 기리는 모델적 관점에서 판구조론 혁명을 바라본다. 그 밖에 다음의 논의를 참조하면 좋다. Rachel Laudan, 1979, "The Recent Revolution in Geology and Kuhn's Theory of Scientific Revolution," in *PSA 1978*, vol. 2, eds. by P. D. Asquith and I. Hacking, East Lansing, Mich.: Philosophy of Science Association, 27-39; H. Frankel, 1979, "The Non-Kuhnian Nature of the Recent Revolution in the Earth Sciences," in *PSA 1978*, vol. 2, eds. by P. D. Asquith and I. Hacking, East Lansing, Mich.: Philosophy of Science Association, 227-39; H. Frankel, 1987, "The Continental Drift Debate," in *Scientific Controversies*, ed. by H. T. Engelhardt, Jr. and A. L. Caplan, Cambridge: Cambridge University Press, 203-48; U. B. Marvin, 1973, *Continental Drift: The Evolution of Concept*, Washington, D. C.: Smithsonian Institute Press; A. Hallam, 1973, *A Revolution in Earth Sciences*, Cambridge: Cambridge University Press.

12 Laudan and Leplin(1991), 462.

면, 일반적으로 자화의 방향이 변동을 겪게 된다.

H1과 H2 이 두 가설 모두가 대륙이동설에서 자연스럽게 함축된다. H1과 H2는 모두 대륙이동설에서 유도되는 가설이지만, '개념적으로 상이'하다. H1은 기후 변화와 관계된 내용을, H2는 지자기극 방향의 변화와 관계된 내용을 담고 있다. 1950년대와 1960년대를 통해 해양저에 대한 잔류 지자기 탐사 결과로 H2에 대한 인상적인 증거가 계속 누적되어 왔다. 라우든과 레플린은 이 때, H2를 지지해 주며 이의 경험적 귀결인 잔류 지자기 증거는 동시에 H1을 지지해 준다고 보았다. 이 증거를 e2라 하면, e2는 H2가 유도된 대륙이동설을 지지하는 것이다. 또한 이렇게 하여 e2가 대륙이동설을 지지할 경우, e2는 이 대륙이동설에서 유도되는 다른 가설 H1을 입증해 주는 증거가 된다. 이 경우 e2는 H1의 직접적인 '경험적 귀결은 아니지만 보다 일반적인 이론인 대륙이동설을 통해 H1을 증거하게 되는 것이다'. 즉 H1의 경험적 귀결은 아닌 증거 e2가 H1에 대해 증거적 관련을 맺는 경우다. 이 상황을 그림으로 기술하면 다음과 같다.[13]

그림 1 경험적 귀결과 경험적 증거의 비동일성

라우든과 레플린은 한 가설의 경험적 귀결은 아니나 그 가설에 대한 증거는 되는 이러한 사례와 관련하여 주목할 만한 사항으로 다음 몇 가지를 지적

---

13 이 장에 나타나는 그림 모두는 저자가 구성한 것이다.

한다. 먼저 한 이론(H1)의 경험적 귀결이 아니지만 증거가 되는 경험적 사실을 그 이론에 어떤 보조 가설을 더해 유도해 내는 상황이 발생할 수 있지 않으냐에 대해서 이야기한다. 이처럼 그 이론에 보조 가설을 더해 원래 다른 이론(H2)의 경험적 귀결인 경험적 사실(e2)을 유도할 수 있다면, 이것은 실질적으로 처음에는 경험적 귀결이 아니었던 것을 경험적 귀결로 만드는 것이 아닌가? 이렇게 되면, 라우든과 레플린이 바로 위에서 논의한 대륙이동설 사례가 지니는 함의를 비판하게 해주는 상황이 발생할 여지를 갖게 된다.

하지만 라우든과 레플린은 사정이 그렇지 않다고 본다. 위 경우처럼 증거에 의해 간접적으로 지지되는 어떤 가설(H1)에 부가하여 그 가설로부터 증거를 직접적으로 유도해 낼 수 있는, 일반적 이론(대륙이동설과 같은)이 아닌, 보조 가설들을 제시할 수 있다고 해서, 위 경우가 파기되는 것은 아니라는 것이다. 이는 한 가설 자체로부터는 귀결로서 함축되지는 않으나, 그 가설에 보조 가설을 더해 귀결로 유도되는 형태가 존재할 수 있는 것이 아니냐는 입장에 대한 반론이다. 만일 가설 자체로부터는 귀결로서 함축되는 것은 아닌, 그러한 잠정적 증거가 그 가설에 보조 가설을 더해 귀결로 유도되는 형태가 된다면, A는 유지 불가능하게 되리라고 의혹할 수 있다. 그러나 라우든과 레플린은 이에 대해 걱정할 필요가 없다고 본다. 라우든과 레플린은, 설사 보조 가설을 찾아내서, 그 보조 가설을 원래의 가설이나 이론에 부가하여 어떤 증거를 그 이론이나 가설의 귀결로 만들 수 있게 된다고 할지라도, 이렇게 귀결로 유도하게 해준 몫은 '보조 가설' 쪽에 있는 것이지 원래의 이론이나 가설 쪽에 있다고 보기가 어렵다고 말한다. 따라서 이러한 대목이 중요한 문제가 되지는 않는다고 보는 것이다.[14]

두 사람은 위와 같은 주목 사항을 이야기하면서, 자신의 주장이 갖는 함의를 보다 일반화하여 다시 강조한다. 가설 1과 가설 2가 증거에 의해 미결정되

---

14 Laudan and Leplin(1991), 462-63.

는 것으로 보이는 상황이 발생한다. 즉, 가설 1과 가설 2가 존재하고, 이들은 '경험적으로 동등'하지만 '개념적으로 구별'된다. 그런데 이때 더 일반적인 이론인 T에서 가설 2는 유도되지 않으나 가설 1이 유도되고 T에서 또한 다른 가설 3이 유도된다. 이때 가설 3의 경험적 귀결인 증거 3은 가설 3을 지지하고, 그럼으로써 T를 지지하게 된다. T에서는 가설 1과 가설 3에 유도되므로, 따라서 증거 3은 가설 2를 지지하지 않지만 가설 1에는 간접적으로 증거적 담보를 제공하게 된다. 이렇게 하여, 두 개의 경험적으로 동등한 가설 혹은 이론 가운데 하나(가설 1)는 다른 가설(가설 2)을 지지하지 않는 어떤 독립적으로 지지된, 더 일반적인 이론(T)과 병합됨으로써 다른 경쟁 이론을 배제한 채 증거적으로 더 지지받게 된다.[15] 가설 2가 가설 1의 모든 경험적 귀결들을 예측함에도 불구하고 말이다. 이것은 두 가설이나 이론이 동일한 경험적 귀결을 가져도 증거적으로 상이하게 지지받는 경우가 명백히 존재한다는 주장이다. 따라서 이렇게 볼 때, 경험적 귀결만 같다는 점만 가지고 미결정성 논제를 유도하려는 상대주의자의 시도는 논파된다는 것이다. 이 상황을 그림으로 기술하면 아래와 같다.

그림 2 미결정성의 해소 상황

---

15 Laudan and Leplin(1991), 464.

여기서 위의 그림 1과 그림 2의 차이를 살펴보기로 한다. 그림 1에서는 아직 미결정 상태에 있는 이론이 존재하지 않는다. 다만 대륙이동설에서 두 가지의 개념적으로 서로 다른 가설이 유도되고 있는 상황이다. 반면 그림 2에서는 가설 1과 가설 2가 미결정되고 있는 상황이다. 그림 1은 경험적 동등성이 함축의 상황에서 파괴되는 것만을 보이고 있다. 그림 2는 미결정 상황을 보이고 있지만, T에서 유도되는 다른 가설 3을 지지하는 증거에 의해서 가설 1이 지지됨으로써 가설 1과 가설 2의 미결정 상황이 해소될 수 있음을 나타내고 있는 것이다. 그림 1은 그림 2의 오른쪽 상황만이 펼쳐져 있는 경우로 볼 수 있다.

라우든과 레플린은 또한 매개하는 이론이나 일반화를 끌어들이지 않는 '비귀결적인' 경험적 지지 양식이 과학에서 존재한다고 본다. 예를 들면 '정치한 유비(sophisticated analogies)' 양식이 존재한다는 것이다.[16] 맥스웰(James Clerk Maxwell)은 용기에 담긴 기체를 닫힌 탄성 입자계로 유비했는데, 이 유비에 의해 충돌의 수학 이론은 기체의 관찰된 성질들과 함께, 기체의 분자 구조를 지지해 준다. 중요한, 알려진 기체의 속성들을 산출해 내기 위한 유비의 힘은, 맥스웰이 생각했던 것처럼, 기체의 '미세 부분들'이 빠른 속도로 움직이고 있다고 합리적으로 추론하게 해준다. 기체의 분자 구조에 대한 가설은 기체를 닫힌 탄성 입자계로 유비하지 않으면 증거적 지지를 받지 못한다.

아인슈타인은 이상 기체의 엔트로피를 단색광 복사의 엔트로피에 유비함으로써, 일반화나 이론을 거치지 않고도 그의 복사의 양자적 구조 가설을 지지했다. 그들은 고정된 에너지를 갖는 기체의 복사에서 부피 축소에 대응하는 엔트로피의 감소는 이상 기체에서 부피 축소와 연합된 엔트로피 감소와 똑같은 기능적 형태를 갖는다고 보았다. 기체를 통계적으로 취급하도록 담보해 주는 증거는, 그 증거에 의해 기체에 대한 양자적 구조를 지지해 준다. 하

---

16 Laudan and Leplin(1991), 464-65.

지만, 그러한 증거는 아인슈타인의 가설과 아무런 논리적 연관을 유지하지 않으며, 아인슈타인 가설을 함축하는 어떤 이론을 지지하지도 않는다고 라우든과 레플린은 논변한다. 가설의 경험적 귀결이라는 것만 가지고 그 가설의 경험적 지지 내용에 대해 정확히 말할 수 없다는 것이다. 가설들이 동일한 경험적 귀결을 낸다고 해서, 그들이 늘 똑같은 정도로 경험적 지지를 받는 것은 아니라는 견해다. 맥스웰의 '탄성 입자계' 유비, 아인슈타인의 '단색광 복사 엔트로피' 유비가 특정 이론이나 일반화와 무관한 유비가 경험적 지지에 영향을 미칠 수 있는 상황으로서 제시되고 있는 것이다.

라우든과 레플린은 많은 예들이 앞서 논의한 A와 부합한다고 주장한다. 이어 지난 50년간 인식론자들은 이러한 사실을 무시했다고 주장하고 있다. 콰인 같은 이의 논의는 물론이고, 이론 미결정성을 주장하지는 않는 그 밖의 철학자들의 논의는, 예를 들어, 칼 포퍼의 논의는 '한 가설의 평가와 유관한 증거는 잠재적으로 이론의 경험의 귀결 집합에서 나와야 한다'고 가정했다고 지적한다. 경험적 귀결이란 이론에서 함축되는 바를 물론 의미한다. 그리고 이러한 노선에서, 경쟁 이론들의 경험적 동등성은 불가피하게 인식적 동등성과 같게 된다고 가정한 콰인을 추종하는 인식론자들은, 경쟁 이론들 사이의 선택을 순수하게 의미론적 차원으로 환원시켜 버렸다고 라우든과 레플린은 본다. 두 사람이 주장하기로, 이들의 파악은 논파되며, 이론들이 똑같은 경험적 귀결을 가져도, 그것들은 상이한 정도의 증거적 지지를 받게 될 수 있다. 똑같은 경험적 귀결을 가진다고 해서 반드시 미결정 상황이 발생해야 하는 것은 아니라는 주장이다.

5. 경험적 귀결이나 증거가 되지 않는 경우

지금까지는 A의 경우, 즉 한 이론이나 가설의 경험적 귀결은 아니면서도 증거가 존재하는 경우에 대해 논의했다. 라우든과 레플린의 주된 논의 초점은 A였다. 하지만, 두 사람은 B에 대해서도 다루고 있다. B도 경험적 동등성과 함축의 관계에서 A와 함께 주목할 만한 부분이기 때문이다. 이제 B의 경우, 즉 한 가설이나 이론의 증거가 되지는 못하면서도 경험적 귀결인 경우를 검토하기로 한다. 라우든과 레플린은 경우 B, 즉 한 가설의 증거가 되지는 못하면서도 경험적 귀결인 경우가 존재한다고 논변하고 있다.[17] 그러한 예로 초년의 남성이 규칙적으로 성경을 읽으면 사춘기를 맞게 된다는 가설을 들었다. 어떤 이가 한 도시에서 1000명의 남성을 조사하여 7세부터 9세까지 성서를 읽어서 효과를 본 증거를 얻었다. 이 결과는 가설의 경험적 귀결이다. 한편 이로부터 9년 후의 의학적 조사는 16세에 이르면 성경을 읽었든 읽지 않았든 모든 초년 남성들은 사춘기가 되었음을 보여주었다. 이때 앞서 나온 증거는 제시된 가설에 대한 긍정 사례다. 하지만 그 도시 사람 누구도 그 결과를 증거가 된다고 믿으려 하지 않을 것이다. 이는 한 가설의 경험적 귀결이지만 '증거'가 안 되는 경우다. 또 다른 예가 커피 음용과 감기 치료 사이의 관계에 대한 가설이다. 며칠간 커피를 마신 후 감기가 나았다. 이는 커피 음용과 감기 치료 가설에 대한 긍정 사례다. 그러나 이는 긍정 사례이지만 증거는 되지 않는다. 한 가설이나 이론의 귀결이더라도 필연적으로 증거가 되어야만 하는 것은 아니라는 주장이다.

6. 의미론적 관계와 인식론적 관계 사이의 비환원성

4절과 5절에서 A, B에 대한 논의를 통해, 라우든과 레플린은 한 가설의 경험적 귀결과 경험적 증거는 동일시될 수 없음을 보이려 시도했다. 그들은 경험적 동등성의 의미를 두 가지로 나누었다. 하나는 한 가설의 경험적 귀결,

17 Laudan and Leplin(1991), 465-66.

즉 한 이론에서 함축해 낼 수 있는 경험적 주장 내용은 아니나 그 가설에 대한 증거가 되는 경우다. 다른 하나는 한 가설의 경험적 귀결이나 증거가 안 되는 경우다. 그가 보기에, 경험적 귀결과 경험적 증거는 차이를 갖는다. 즉 경험적 동등성과 인식적 동등성은 다르다는 견해다. 따라서 경험적 귀결과 경험적 증거 사이의 차이를 무시한 경험적 동등성의 의미에 기초한 미결정성 논제는 결함이 있다는 것이다.

그들은 어떤 과학철학자도 단지 어떤 결과 e가 어떤 가설 H의 귀결이라는 이유 때문에, 그 결과 e를 그 가설 H에 증거적 지위를 부여하는 것으로 인정하려 하지는 않으리라고 본다. 이는 e의 독립성, H가 도입된 목적, H의 부가적 쓰임, H와 다른 이론들과의 관계 등등과 같은 문제들과 관련되어 있다는 것이다. 라우든과 레플린은 경험적 동등성을 구문론적, 의미론적으로 환원시켜 이해하는 것은 경험적 동등성의 진면목을 놓치게 된다고 주장한다.

의미론적 관계는 한 이론과 그 이론에서 유도되는 경험적 귀결 간의 '논리적' 관계를 고려하는 접근이다. 특히 이 접근은 이론 용어와 관찰 용어 더 나아가 이론 용어와 관찰 용어를 포함하는 문장 간의 논리적 연결의 탐구에 집중해 왔다. 카르납(Rudolf Carnap)은 물론, 콰인 등이 이 접근의 전형적 옹호자라고 할 수 있다. 반면 인식적 접근은 의미론적 관계만이 아니라, 한 이론과 다른 이론의 관계, 다른 이론에서 유도되는 경험적 귀결 등도 고려하는 접근을 말한다.

라우든과 레플린이 제시한 비판의 관점은 이제까지 논리 실증주의자, 포퍼, 콰인 등은 구문론적, 의미론적 차원에서 경험적 동등성을 논의했고 이로부터 미결정성 논제를 유도했다는 것이다. 즉 그들은 한 가설의 경험적 귀결과 그 가설에 대한 경험적 증거 사이의 차별성을 무시하고, 경험적 귀결 안에서만 경험적 증거에 관한 논의를 해왔다고 이야기한다. 그리고 이로부터 미결정성 논제를 유도했다고 본다. 그들은, 그렇지만, 인식적 동등성은 의미론적 동등성과 차별성을 지니며, 의미론적 동등성 차원에서 경험적 동등성을 논의하고 이로부터 미결정을 유도하는 것은 이론 혹은 가설과 증거 사이의 관계를 제대로 파악하지 못하게 한다고 말한다. 그들은 인식적 주제가 의미론적 주제로 환원된다고 보아온 많은 과학철학자와 인식론자를 공격한다. 그리고 나아가서 인식론의 방향 전환을 제안하고 있는 것이다.[18]

두 사람은 인식적 관계를 의미론적 관계로 환원시켜 논의해 온 과학철학자들의 논의가 그릇된 것이며, 이러한 그릇된 논의에서 이론 미결정성에 대한 잘못된 논의가 유도되고 논의되어 온 것이라고 주장한다. 그들은 이러한 의미론적 접근에 기초한 이론 미결정성에 대한 주장은 이론과 증거 사이의 풍부한 인식적 관계를 고려하는 방식으로 방향을 바꾸어야 한다고 역설하고 있다.

라우든과 레플린 두 사람은 똑같은 경험적 귀결을 갖는 가설들이 있을 때, 이들이 증거적으로 차별적인 지지를 받게 되는 경우가 있음을 몇 가지 경우를 통해 보여주었다. 한편 동시에 자신의 논의가 동일한 경험적 귀결을 갖는 가설들이 증거적으로 차별적으로 지지됨을 보이는 데 '충분한' 것은 아니라는 점도 지적했다. 미결정되는 것으로 보이는 경쟁 이론들이 '항상' 그들이 제시한 A의 상황에 놓이는 것은 아닐 것이기 때문이다.

이와 같은 맥락에서, 지금까지 살펴본 라우든과 레플린의 논의에 대해 그간 있었던 반응을 살펴보기로 한다. 우선 쿠클라의 논의[19]에 대해 검토한다. 경험적 동등성을 비판하면서 미결정성의 성립 가능성을 의심하는 라우든과 레플린의 논의의 가치를 쿠클라는 일부 인정한다. 즉 경험적 동등성만으로는 미결정성을 성립시키기 곤란한 경우가 있음을 받아들인다. 하지만 쿠클라는 그렇다고 하여 미결정성의 문제가 사라지는 것은 아니라고 논의한다. 경험적 동등성과 연계되지 않는 방식으로 여전히 미결정성은 성립된다는 것이다. 쿠클라의 이러한 입장은 미결정성과 관련된 넓은 논의 영역에 포함될 수 있는 입장이다. 그럼에도 불구하고 쿠클라의 입장은 라우든과 레플린이 논의하고

18 Laudan and Leplin(1991), 466-72.

19 Kukla(1993).

있는 사항에서 벗어나 있다고 할 수 있다. 라우든과 레플린은 경험적 동등성을 콰인식의 미결정성 논제의 핵심으로 본다. 이어 두 사람은 경험적 동등성을 지님에도 불구하고, 증거적 지지의 측면에서 차별성을 갖게 되는 경우가 있음을 대륙 이동설의 경우를 통해서 논의한다. 라우든과 레플린의 논의는 경험적 동등성과 관련된 미결정성의 성립 여부에 초점을 두고 있다. 다시 말해, 두 사람은 경험적 동등성에 입각한 미결정성을 옹호하는 철학적 논의가 지탱 불가능하다고 말하고 있는 것이다. 그렇다면, 쿠클라의 논의는 라우든과 레플린의 핵심 관심사에서는 벗어난 주장을 담고 있다. 하지만, 저자가 보기에, 경험적 동등성과 무관하게 미결정성이 성립할 수 있음을 옹호하는 쿠클라의 논의를 라우든과 레플린이 전적으로 부정하기는 어려울 것으로 본다. 왜냐하면 라우든과 레플린의 논의는 경험적 동등성이라는 관념을 중심으로 미결정성의 성립 여부를 의심하는 것이지, 경험적 동등성 이외의 여러 방향에서도 미결정성이 성립되지 않는다는 것을 논의한 것은 아니기 때문이다.[20]

호이퍼와 로젠버그의 논의[21]는 전적으로 라우든과 레플린의 경험적 동등성과 미결정성 사이의 관계에 대한 논의를 주제로 삼고 있지는 않다. 하지만 호이퍼와 로젠버그는 그들의 논문의 주요 부분에서 라우든과 레플린의 경험적 동등성에 대한 입장을 살펴보고 평가한다. 호이퍼와 로젠버그도 위에서 본 쿠클라처럼 경험적 동등성에도 불구하고 이론의 미결정성이 성립하지 않

---

20 라우든과 레플린이 경험적 동등성과 관련 없는 방식으로 미결정성이 성립할 가능성을 전적으로 부정하는 것으로 보이지 않음에도 불구하고, 라우든과 레플린은 쿠클라가 주장하는 방식의 미결정성 성립 가능성은 부정한다. 쿠클라는 주관적 베이스주의(subjective Bayesianism)의 입장에서 적절한 사전 확률(prior probabilities)을 부여하는 노선을 따름으로써 미결정성이 성립할 수 있다고 보고 있다(이에 대해서는 Kukla(1993), 5-7을 볼 것]. 하지만 라우든과 레플린은 주관적 베이스주의가 부적절한 입증 이론이라고 보며, 이것은 미결정성 성립에 중요한 관건으로 기능할 수 없다고 일축한다(이에 대해서는 Laudan and Leplin(1993), 15-16을 볼 것]. 이러한 응답이 흥미롭지만, 주관적 베이스주의와 사전 확률로 미결정성이 성립되느냐의 여부는 이 장의 주요 관심사와 거리가 멀다. 라우든과 레플린의 논의 초점은 경험적 동등성과 미결정성의 관계이기 때문이다.

21 Hoefer and Rosenberg(1994).

는 상황이 있음을 받아들인다. 하지만 호이퍼와 로젠버그는 경험적 동등성과 관련된 상황은 미결정성의 성립을 완전히 막아버리는 것이 아니라고 주장한다. 이런 맥락에서, 쿠클라와 유사한 노선을 걷고 있는 것으로 볼 수가 있다. 호이퍼와 로젠버그가 보기에, 미결정성 성립 여부와 관계된 핵심 사항은 다음과 같다. 두 사람의 사고 안에서는, 대륙 이동설과 같은 이론은 국소적(local) 이론이다. 제한된 탐구 영역에서, 제한된 경험을 가지고 하는 과학 이론이다. 이런 경우에서는 경험적 동등성이 성립함에도 증거적 동등성이 확보되지 않을 수 있다는 점을 호이퍼와 로젠버그는 인정한다. 하지만 콰인식의 미결정성의 본령은 이런 국소적 이론과 관련되는 것이 아니라 '전역적(global)' 이론과 관련된다고 호이퍼와 로젠버그는 주장하고 있다. 즉 두 사람이 관심을 갖는 미결정성이 발생하는 상황은 대륙 이동설과 같은 국소적 이론이 아니라 전역적 이론과 관련해서다. 그런데 도대체 이 전역적 이론이란 무엇인가?

호이퍼와 로젠버그에 따르면, 콰인식의 미결정성은 국소적 이론과 국소적 경험 사이에서 성립하지 않는다. 오히려 콰인식의 미결정성은 과거, 현재, 미래의 모든 관찰(all observations)을 포괄적으로 설명해 내는 이론들 사이에서, 즉 전역적 이론들 사이에서 성립한다.[22] 이런 의미에서 보자면, 라우든과 레플린의 경험적 동등성을 둘러싼 논의는 콰인식의 미결정성의 핵심에서 벗어난 작은 이야기로 들릴 수 있을 것이다. 그런데, 호이퍼와 로젠버그의 논의는 흥미로울 수 있으나 공허한 논의로 보인다. 두 사람은 모든 관찰과 양립 가능한 이론 구성의 가능성을 주장한다. 그러나 이러한 견해는 그 자체로 관심을 끌 수 있겠으나 실제 과학의 구조와 성격을 파헤치는 데에는 한계가 있으며 그러한 노력에 별로 기여할 수 없는 논의라고 본다. 과거, 현재, 미래의 모든 관찰을 포괄적으로 설명해 내는 이론들이라? 그것들은 과연 무엇일까? 저자의 눈에는, 지금까지 존재해 온 그리고 존재하고 있는 모든 과학 이론들은 국

---

22 Hoefer and Rosenberg(1994), 594.

소적 이론이다. 모든 영역과 모든 경험을 포괄하는 이론은 상상 속에서는 존재할 수 있을지라도 현실의 과학 활동에서는 존재하지 않는다. 이런 의미에서, 호이퍼와 로젠버그의 논의는 라우든과 레플린의 논의에 대한 직접적인 반대 논의는 아니다. 또한 현실의 과학을 이해하는 데 기여하기가 어려운 요소를 담고 있다. 그들이 말하는 의미에서의 전역적 이론이 무엇인지 알 수 없기 때문이다. 이들의 논의는 쿠클라의 접근보다도 더 환상적인 세계에서 놀고 있는 것으로 보인다.

라우든과 레플린은 대륙 이동설의 경우에서 함축 관계에 국한시키는 방식의 경험적 동등성이 파괴된다고 이야기한다. 오카샤[23]는 라우든과 레플린의 예가 입증의 순수 논리를 위배한다고 보고 있다. 그의 입장은 대체로 경험적 동등성의 문제는, 대륙 이동설의 사례에서, H와 H1의 양자가 도출 관계를 보이는 추론 계열 '내부'에서만 따져야 하며, H와 H2의 추론 관계에서 생기는 결과와 상황을 H와 H1 추론 계열에 끌어들이지 않아야 한다는 입장이다. 하지만, 이는 라우든과 레플린의 입장에 대한 적절한 비판이 아니라고 저자는 본다. H, H1, H2 사이의 상호 연관이 뚜렷한 경우가 존재할 수 있기 때문이다. 대륙 이동설의 경우에서 이 상호 연관은 분명하다. 따라서 이들 사이의 추론 관계를 '함께' 고려하는 것은 철학적으로 문제를 불러일으키지 않는 것으로 보인다. 오카샤가 제시하고 있는 논의는 라우든과 레플린의 논문에서 논파된 입장인데, 이 입장을 다시 개진하고 있다. 그의 논의는 쿠클라의 입장 그리고 호이퍼와 로젠버그의 입장에 비교할 때, 가장 소극적인 비판이라고 할 수 있다.

두 사람, 라우든과 레플린의 경험적 동등성에 대한 논의가 이론의 경험적 미결정성 논제를 완전히 궤멸시킨 것으로 보기는 어렵다. 쿠클라의 논의와 호이퍼와 로젠버그의 논의는 그와 같은 가능성을 포기하지 않고 있음을 위에

---

23 Okasha(1997).

서 본 바 있다. 라우든과 레플린 두 사람이 지적한 대로, 한 이론이나 가설의 경험적 귀결은 아니나 그 이론이나 가설에 대한 증거가 될 수 있음을 원래의 이론이나 가설보다 더 일반적인 이론을 거치거나 유비를 통해 보이는 것이, 동일한 경험적 귀결을 내는 둘 이상의 이론 혹은 가설이 늘 차별적인 방식에 의해 증거적으로 지지될 수 있음을 보이는 데 충분하지는 않기 때문이다. 그럼에도 불구하고, 라우든과 레플린은 미결정성 논제가 갖는 중요한 문제점을 부각시켰다. 그들은 이론과 경험적 증거 사이의 인식적 관계는 미결정성 논제를 주장하는 이들이 쉽게 가정하는 의미론적 관계와는 차이가 있다고 본다. 라우든과 레플린의 견해는 상대주의자들의 미결정성 논제의 맹점을 적절히 찌른 논변의 하나라고 볼 수 있다. 그들의 논의가 미결정성 논제의 불완전성을 지적한 필요하고도 충분한 논의는 아니다. 하지만, 적어도 상대주의자들이 생각하는 것만큼 미결정성과 경험적 동등성의 의미가 단순하지는 않다는 점을 보여주었다는 데에서, 라우든과 레플린은 일단 소기의 성과를 거둔 것으로 보인다. 상대주의자와 비상대주의자가 경험적 동등성과 미결정을 놓고 맞붙어 싸우는 전선은 단조롭지 않다. 오히려 전선은 복잡하고 양쪽 모두 승리를 장담하기 어려운 상황이라고 볼 수 있다. 상대주의자들과 비상대주의자들의 논전은 여전히 혼미하다고 하겠다.

7. 결론

지금까지 이론 미결정성 논제와 경험적 동등성의 관계에 대해 논의해 왔다. 이론 미결정성 논제는 경험적 동등성에 기초해 있다. 그리고 경험적 동등성은 의미론적 관점에 입각해 있다. 의미론적 관점의 중앙에는 경험적 귀결이라는 관념, 즉 한 이론으로부터 함축 가능한 경험적 주장 내용이라는 관념이 놓여 있다. 위의 논의를 통해, 라우든과 레플린은 이런 식의 이론 미결정성 논제, 즉 함축과 경험적 귀결을 배타적으로 옹호하는 논제는 지탱 불가능하다고 지적하고 있음을 살펴보았다. 경험적 동등성은 의미론적 관점에 입각해 있고, 의미론적 관점은 경험 내용을 한 이론에서 유도되는 경험 내용, 즉 경험적 귀결에 국한시키는데, 이러한 인식 방식은 이론 미결정성 논제를 옹호해 낼 수 없다는 것이 두 사람의 입장이다. 두 사람은 지질학 분야의 대륙이동설에서 유도되는 두 이론을 사례로 의미론적 관점에 선 경험적 동등성 개념을 논파하고 있다.

라우든과 레플린은 상대주의자의 미결정성 논제를 공격해 왔다. 그들은 경험적 동등성의 의미는 상대주의자들이 제기하는 방식으로 성립되지 않는 것임을, 따라서 경험적 동등성의 의미는 견고하다고만 볼 수 없음을 지적했다. 이어서 이 경험적 동등성이라는 개념을 근저로 해서는 이론 미결정성 논제가 성립되는 것은 아니라는 점을 보여주었다. 그들의 이와 같은 논의의 바탕을 이루고 있는 것은 인식적 차원의 경험적 동등성과 구문론적, 의미론적 차원의 경험적 동등성이 동일하지 않음을 강조하는 입장이다. 인식론적 차원의 경험적 동등성과 구문론적, 의미론적 차원의 경험적 동등성은 차별성을 띤다. 앞서 논의한 것처럼, 라우든과 레플린은 이를 뚜렷이 보여주었다. 라우든과 레플린은 이러한 노선에서 경험적 동등성 및 이로부터 미결정을 유도하는 것 모두를 공격했다. 라우든과 레플린은 의미론적 차원에서 논의되어 온 경험적 동등성 및 이로부터 유도하는 이론 미결정성 논제를 옹호하는 상대주의자들의 주장의 문제점을 날카롭게 지적했다.

인식론적 차원의 경험적 동등성에 대한 논의(라우든과 레플린이 옹호하는 입장)와 구문론적, 의미론적 경험적 동등성에 대한 논의(라우든과 레플린이 공격하는 입장)는 과학철학의 역사를 형성시켜 온 두 접근법의 특수한 경우다. 저자는 그 두 접근법을 '논리적' 접근과 '경험적' 접근으로 부른다. 논리적 접근은 이론, 논리, 형식을 강조한다. 경험적 접근은 실험, 실천, 구체에 초점을 둔다. 전자에 포함된다고 보는 입장은 카르납을 포함한 다수의 논리 실증주의자들, 콰인 등이다. 후자에 포함되는 입장은 쿤, 파이어아벤트, 라카토슈, 해킹(Ian Hacking) 등이다. 포퍼는 라우든과 레플린이 분류하듯이 전자에 포함시킬 여지가 매우 많으나, 저자에게는 오히려 전자와 후자의 입장 사이에서의 전이를 보여주는 철학자로 보인다. 이 두 접근, 즉 논리적 접근과 경험적 접근 사이에서 라우든과 레플린의 경험적 동등성에 대한 논의는 지금까지 살펴보았듯이 경험적 접근에 속해 있다. 두 사람은 이 경험적 접근 속에서 인식론적 차원의 논의를 옹호, 발전시키고 있다.

인식론적 차원의 접근과 구문론적, 의미론적 접근의 대조와 관련하여, 이 대목에서 흥미로운 점은, 라우든과 레플린 두 사람이 상대주의자의 미결정성 논제를 공격하는 과정에서, 인식적 차원의 경험적 동등성을 의미론적 차원의 경험적 동등성으로 환원시킨 이들의 목록에, 미결정성을 주장하는 상대주의자는 물론 논리 실증주의자와 포퍼까지 포함시켰다는 사실이다. 라우든과 레플린의 말에 따를 때, 상대주의자, 논리 실증주의자, 실재론자, 포퍼 모두가 인식적 동등성을 의미론적 동등성으로 국한했음에도 불구하고, 그들 모두가 이론 미결정성 논제라는 동일한 결론에 도달하지는 않았음을 라우든과 레플린과 같은 이는 어떻게 이해하거나 설명해야 할까?

논리 실증주의나 포퍼의 반증주의에서 이론 미결정성 논제는 나타나지 않았다. 이에 대해 라우든과 레플린의 아무런 언급이 없음은, 의미론적 차원의 경험적 동등성 영역 안에서 증거의 문제를 논의하는 일은 그러한 논의로부터 상이한, 다양한 결론이 나오게 할 수도 있음을 인정하는 것으로 보아야 할 것인가? 아니면 라우든과 레플린은 그것은 또 다른 차원의 논의거리라고 본 것일까? 이 부분에 대한 답을 라우든과 레플린과 같은 이들이 제대로 제시하지 못한다면, 의미론적 동등성에 갇혀 있다고 그들이 본, 포퍼의 과학관이나 논리 실증주의적 과학관을 옹호하는 이들의 역공에 직면해야 할 위험스러운 부담을 떠맡게 될 가능성도 완전히 배제되지는 않을 것으로 보인다.

카르납과 포퍼 등은, 라우든과 레플린의 표현에서, 의미론적 동등성에 갇혀 있었을지라도, 미결정성을 인정하지는 않는다. 구문론적, 의미론적 관점, 즉 논리적, 형식적 관점에서 과학철학의 문제에 접근하더라도, 이론 미결정성 논제에 반드시 도달하는 것은 아니다. 의미론적 관점에서 이론과 증거의 관계를 논하는 것이 라우든과 레플린이 제기한 맹점을 갖는 것은 사실이다. 하지만 의미론적 접근이 과학철학에서 아무런 소용이 없음을 두 사람이 논변한 것은 아니다. 논리적 함축을 과학철학적 논의에 활용한다고 하더라도, 그것이 반드시 부정적인 결과만을 낳는 것은 아닐 것이기 때문이다. 경험적 동등성과 이론 미결정성 논제 사이의 관계에서는 함축이 둘 사이의 관계가 필연적임을 보이는 데 결정적인 역할을 하지 못했다. 그렇다고 해도, 함축 관계로 과학철학적 논의를 이끌어가는 모든 경우, 혹은 상당수의 경우에서 그러한 논의가 성공적일 수 없음을 두 사람이 입증하고 있는 것은 아니라는 것이다. 그렇다면, 결국 인식적 차원에서 경험적 동등성의 의미에 대한 접근을 강조하는 입장도 의미론적인 경험적 동등성의 의미에 대한 접근에 비해 장점만을 갖는다고 보기가 어려울 수도 있을 것이다. 의미론적 관점에서 경험적 동등성과 이론 미결정성 논제를 토의하는 것은 한계가 있더라도 필요한 논의로 본다. 물론, 의미론적 논의에 그치지 않고, 더 나아가 인식론적 논의로 확장될 때, 이론 미결정성 논제에 대한 논의가 더 심화되고 풍부해진다고 말할 수 있다. 그렇지만, 이 이야기가 의미론적 논의는 제쳐둔 채 바로 인식론적 이야기로 나아갈 수 있음을 말해주지는 못한다. 의미론적 논의 이후에 오는 것이 인식론적 논의일 것이기 때문이다. 따라서 라우든과 레플린은 콰인식의 이론 미결정성 논제의 맹점을 부분적으로 지적하는 데는 성공했지만, 그 성공은 부분적인 성공에 그치는 것으로 보인다. 이론 미결정성 논제에 대한 논의는 계속될 수 있고, 계속되어야 한다. 하지만, 그러한 논의는, 앞서 살펴본, 특히 호이퍼와 로젠버그의 경우에서처럼, 매우 추상적인 방식으로 모든 경험을 이야기하거나 모든 경험을 포괄적으로 설명하는 전역적 이론을 이야기하는 토의 방식을 회피할 필요가 있어 보인다. 이러한 회피를 통해, 철학은 과학을 적절히 이해하는 데 일조할 수 있을 것이기 때문이다.

7 비실재론의 의미

우리의 감각 기관으로 직접 볼 수 없는 이론적 존재자(theoretical entities)는 실재하거나 실재하지 않는가? 전자(electron)는 실재할까? 많은 사람들은 그 렇다고 답할 가능성이 크다. 그런데 전자는 우리의 감각 기관으로 직접 볼 수 있는 존재자는 아니다. 전자가 실재한다고 할 때는 일반적으로 도구 의존적 으로 그렇게 말할 것이다. 전자를 가지고 무언가를 행할 수 있는 실험 도구 없이는 전자가 실재한다고 말할 수 없을 것이기 때문이다. 이처럼 미시적인 이론적 존재자는 도구에의 의존함 없이 그것의 실재성에 대해 쉽게 말하거나 쉽게 접근할 수 없다.

도구 의존적으로 실재한다고 이야기되는 '미시적' 존재자는 '도구' 없이도 존재한다고 단언할 수 있는 것인가? 이 장에서는 바로 이러한 대목을 논의 의 초점으로 삼을 것이다. 자연 세계에 존재할 것으로 추정되는 미시적 존 재자에 대해서는 도구 없이 접근할 길이 없는 경우가 있다. 이런 경우에 도 구 의존적으로 실재성을 인정받게 될 존재자와 우리의 감각 기관으로 직접 그 존재를 확인할 길이 있는 존재자의 존재론적 위상에 대해서 살펴보고자 한다.

전형적인 실재론(realism)은 유전자, 전자와 같은 이론적 존재자가 인간 독립적으로 실재한다고 주장한다. 과학 이론은 세계에 대해 참이며 과학 이론 안에 나타나는 이론적 존재자는 실제로 존재한다는 것이다. 의자와 책상이 존재하듯이 유전자와 전자도 자연 속에 존재한다고 이야기한다. 전형적인 반실재론(antirealism)은 유전자, 전자와 같은 이론적 존재자는 자연에 실재하지 않는다고 주장한다. 예를 들면, 반 프라센과 같은 이는 유전자, 전자와 같은 이론적 존재자는 경험적으로 적절한 이론을 만들기 위해 도구적으로 사용하는 것일 뿐이며 그와 같은 이론적 존재자는 자연 안에 실제로 존재하는 것으로 볼 필요가 없다고 주장한다.[1]

이런 전형적인 실재론과 반실재론의 대립은 철학적으로 유익한 논쟁으로 이끌지 못한다고 주장하는 입장이 있다. 그것이 '비실재론(irrealism)'[2]이다. 용어 자체에서 나타나듯이 실재론, 반실재론이 아닌 '비'실재론인 것이다. 비실재론은 세계가 인간 독립적으로 존재한다는 입장을 비판한다. 또한 세계가

---

1 그의 견해에 대해서는 다음 문헌을 참조하면 좋다. Bas C. van Fraassen, 1980, *The Scientific Image*, Oxford: Oxford University Press.

2 비실재론을 주장하는 대표적인 철학자는 굿먼(Nelson Goodman)이다. 비실재론에 관한 굿먼의 논의는 예를 들면 다음의 책에 잘 나타나 있다. Nelson Goodman, 1978, *Ways of Worldmaking*, Indianapolis, Indiana: Hackett; Nelson Goodman, 1984, *Of Mind and Other Matters*, Cambridge, Massachusetts: Harvard University Press.

굿먼의 비실재론에 대한 평가는 예를 들면 다음과 같은 논의를 참조하면 좋다. 우선 국내 논의로는 황유경, 1987, 「굿맨의 세계 제작과 진리 이론 소고」, ≪미학≫, 제12집, 163-184; 황유경, 1988, 「굿맨의 상대주의 연구」, ≪미학≫, 제12집, 93-112; 노양진, 1998, 「굿맨의 세계 만들기」, ≪철학연구≫, 대한철학회, 제12집, 147-163; 이채리, 2003, 「굿먼의 별만들기」, ≪철학연구≫, 철학연구회, 제62집, 173-191 등이 있다. 국외 논의로는 Hilary Putnam, 1985, "Reflection's on Goodman's Ways of Worldmaking," *Realism and Reason: Philosophical Papers Volume 3*, Cambridge: Cambridge University Press, 155-169; W. V. Quine, 1986, "Goodman's Ways of Worldmaking," *Theories and Things*, Cambridge, Mass.: Belknap Press of Harvard University Press, 96-99 등을 참조하면 좋다. 다음의 책 전체에서 굿먼의 비실재론이 심도 있게 논의되고 있다. Peter J. McCormick(ed.), 1996, *Starmaking: Realism, Anti-Realism, and Irrealism*, Cambridge, Massachusetts: The MIT Press. 굿먼이 퍼트넘(Hilary Putnam), 셰플러(Israel Scheffler), 헴펠(Carl G. Hempel)과 토론한다.

존재하지 않으며 세계가 단순히 관념에 그친다는 견해도 비판한다. 세계는 존재하되 인간 의존적으로 존재한다는 주장이다. 인간 의존적으로 존재한다는 주장은 전형적인 반실재론과 다르다. 이론적 존재자는 단지 관념에 그치는 것이며 자연에 실제로 존재하는 것이 아니라는 견해에 대해서도 비실재론은 공격하는 입장에 서 있으므로, 이는 전형적인 반실재론과도 일치하지 않는다.

이 장에서는 굿먼의 비실재론에 대해 검토하고자 한다. 굿먼은 주로 '예술'과 관련하여 그의 주장을 전개해 왔다. 저자는 '과학'의 예를 통해 이 비실재론이 과학에서 다루는 세계, 특히 실재 문제를 파악하는 데 도움을 줄 수 있는 유익한 관점임을 주장할 것이다. 그의 논의는 예술 활동에 적용되는 것으로 주로 이야기가 되어왔으나, 과학 활동에도 적용 가능하며 과학 활동을 이해하는 데 기여할 수 있다는 점을 보이려 한다. 그리고 비실재론이 전형적인 실재론 그리고 전형적인 반실재론과 어떤 차이를 갖는지를 논의할 것이다. 굿먼의 비실재론은 흔히 반실재론과 상대주의에 속하는 것으로 평가되어 왔다. 하지만 저자는 그의 입장이 현대 과학 활동에 비추어볼 때 반실재론이 아니라 일종의 확장된 실재론에 속하는 것으로 보고자 한다.

굿먼은 "세계의 복수성(multiplicity of the worlds)"(Goodman, 1978, 1)과 버전(version) 의존성을 이야기하면서 그는 옳은 버전과 그렇지 못한 버전을 구별한다. 하지만 그의 논의에서는 '옳은' 버전에 대한 논의가 사실상 희미하다. 저자는 사례 연구를 통해 '언어'와 같은 '관념'만이 아니라 실험 '도구'와 같은 '물질'에 의한 옳은 버전의 성립 가능성에 주목해야 한다고 논의할 것이다. 이와 같은 논의는 굿먼의 비실재론의 의의를 새로이 평가하려는 것이며 옳은 버전이 지니는 함의를 밝히는 데 기여할 수 있다.

1. 세계의 복수성과 굿먼의 비실재론

굿먼의 관심사는 세계의 복수성과 세계 만들기의 버전 의존성에 있다. 세계는 '버전 의존적'으로 존재한다고 굿먼은 말한다.

> 지구 중심 체계에 따르면, 지구는 정지해 있고, 한편 태양 중심 체계에 따르면, 그것은 움직인다(Goodman, 1984, 40).

이 인용문에 따르면, 세계는 고정되어 있고, 어느 시점에 그 고정된 세계를 인간이 발견해 내는 것이 아니다. 세계는 복수적으로 파악될 수 있다. 버전에 따라, 세계에 대한 이해와 규정은 달라질 수 있으므로, 우리는 원리적으로 복수의 세계를 가정할 수 있는 것이다. 굿먼에 따르면 지구는 버전과 무관하게 고정된 세계가 아니다. 우리는 버전을 통해 세계를 다르게 이해할 수 있다. 이것이 굿먼이 말하는 세계 만들기다. 지구 중심 우주론은 하나의 버전이다. 이 버전에서 지구는 우주의 중심에서 전혀 움직이지 않는 대상이다. 태양은 고정되어 있는 지구 둘레를 돈다. 근대 이전의 프톨레마이오스(Ptolemy) 우주론은 지구 중심 우주론 버전을 받아들이고 있었다. 반면 태양 중심 우주론은 또 다른 우주 버전이다. 태양 중심 우주론 버전에 따르면, 지구 중심 우주론 버전과 달리 지구는 우주의 중심에 고정되어 있지 않다. 그리고 태양 둘레를 돈다. 근대 이후의 코페르니쿠스(Copernicus) 우주론은 이 태양 중심 우주론 버전을 취했다.

다른 예를 들어 버전 의존적 세계 만들기에 대해 살펴보기로 한다. 빛은 두 가지 방식으로 이해되어 왔다. 하나는 입자적 관점에 서 있다. 뉴튼(Isaac Newton)이 그 대표자다. 다른 하나는 파동적 관점에 서 있다. 호이헨스(Christiaan Huygens)가 그 대표자다. 빛의 입자적 버전이 있고, 빛의 파동적 버전이 있는 것이다. 이처럼 빛은 버전에 따라 상이하게 이해될 수 있다.

또 다른 예를 들어보기로 한다. 다윈(Charles Darwin) 이전의 생명관은 생명체를 고정된 것으로 보았다. 종이 어떻게 생겨났든지 간에 종은 처음에 나타난 이후에 변화를 겪지 않았다는 것이다. 이것은 고정적 버전의 생명관이다. 다윈에 따르면, 모든 생명체는 변화를 겪어왔다. 현생의 모든 종들은 결국 공통의 조상에서 가지 쳐 나왔다는 것이다. 이것은 변동적 버전의 생명관이다.

이와 같은 굿먼의 비실재론적 입장은 전형적인 실재론 및 전형적인 반실재론과 대비된다. 퍼트넘은 실재론을 다음과 같은 두 가지로 표현한다.

1. 어떠한 성숙된 과학 내의 용어들은 전형적으로 지시한다.
2. 어떠한 성숙된 과학에 속하는 이론의 법칙들은 전형적으로 근사적으로 참이다.[3]

1은 이론적 존재자가 자연에 실재한다는 것이다. 2는 이론이 근사적으로 참이라는 견해다. 여기서 우리는 퍼트남이 실재론을 묘사하는 경우에서 그가 지시(reference)와 참에 강조를 두고 있음을 알 수 있다. 이론적 용어들은 지시하며, 이론의 법칙들은 근사적으로 참이라는 것이다. 이와 같은 실재론에 대한 묘사는 굿먼의 비실재론과 다르다. 굿먼의 비실재론은 세계가 '인간과 무관하게' 지시된다고 보지 않는다. 세계의 실재는 버전 의존적으로 구성되는 그러한 세계이기 때문이다. 또한 굿먼은 버전으로서의 이론의 참과 거짓을 주장하지 않는다. 그는 참과 거짓 대신에 버전의 옳음과 그렇지 않음을 주장한다.[4]

반실재론 입장을 옹호하는 반프라센은 실증주의적 입장에 선 반실재론자다. 그는 과학 활동은 현미경과 같은 실험 도구를 쓰지 않고 우리의 '직접적' 감각 기관만을 사용하는 지각 내용에 국한되어야 한다고 주장한다. 예를 들

---

3 Hilary Putnam, 1979, *Meaning and the Moral Sciences*, London: Routledge and Kegan Paul, 20.
4 이렇게 옳은 버전과 그렇지 않은 버전을 구분하지만 그는 옳은 버전에 대한 엄격한 구분의 '기준'을 제시하는 데는 성공하지 못한 것으로 보인다.

면, 맨눈이나 맨손에 의한 감각 지각만이 과학을 위한 유의미한 경험적 기초를 이루어야 한다는 것이다. 그런 의미에서, 현미경적 대상은 실증주의적 관찰 내용이 아니므로, 현미경적 대상은 실재하지 않는다. 망원경을 통해 보이는 목성의 위성과 같은 대상은 그나마 원리적으로 인간이 직접 가서 볼 수 있기 때문에 실재성을 인정할 여지가 있으나, 고배율의 현미경을 통해 보이는 대상을 육안으로 관찰하는 것은 원리적으로 불가능하므로 그 대상의 실재성을 믿어주기 어렵다고 주장한다. 목성의 위성은 거기까지 갈 수 있는 우주비행선이 개발되면, 그 위성에 직접 가서 육안으로 볼 수가 있지만, 현미경으로 보이는 대상은 현미경이라는 매체를 통할 때만 보이는 것이고 육안으로는 영원히 볼 수가 없다는 것이다. 따라서 육안으로 보이지 않는 것의 실재성을 인정하기 어렵다는 입장이다.[5]

반 프라센의 반실재론은 인간의 자연에의 개입과 도구사용 능력을 외면하거나 무시하는 입장을 옹호한다. 하지만 이것은 과학 활동의 실상황과 배치된다. 과학자의 적극적 개입과 도구의 사용을 통해 인간은 새로운 실재를 계속 확보해 왔다. 현미경이 그 전형적인 사례의 하나에 속한다고 말할 수 있을 것이다. 이런 의미에서, 굿먼의 비실재론적 입장에서 보자면, 현미경으로 보이는 세계는 현미경이라는 도구가 열어준 버전[6]의 세계다. 현미경으로 보는 세계는 존재하지 않는 것이 아니다. 우리의 감각 기관만을 인정하는 실증주의적 경험관에서는 존재하지 않는다고 말하겠지만, 오늘날의 과학자들 가운데 현미경적 대상이 존재하지 않는다고 보는 과학자는 없을 것이다. 그들은 현미경적 대상의 실재성을 믿는다. 하지만 그 실재는 현미경을 통해서만 보이는 것이다. 이것은 굿먼의 비실재론과 양립 가능하다. 도구는 인간이 만드는 것이며, 자연에 속하는 것은 아니다. 도구사용을 인정하는 근대의 과학 활

---

5 van Fraassen(1980), 13-19를 참조할 것.

6 이에 대해서는 뒤에서 해킹(Ian Hacking)의 실험적 실재론과 연관해 상론할 것이다.

동은 하나의 버전이라고 할 수 있다.[7] 따라서 굿먼의 비실재론은 반 프라센의 반실재론과는 양립 불가능하고 전형적인 반실재론의 입장과 분명히 대비되며 차이를 갖는다.

비실재론에 입각하여, 버전과 세계의 관계를 굿먼은 다음과 같이 묘사하고 있다.

> 비실재론은 모든 것이 또는 심지어 어떤 것이 실재적이지 않다고 주장하는 것이 아니라, 세계는 버전들 속으로 녹아들어 가며 버전들이 세계를 만드는 것이라고 보는 것이고, 그리고 존재론이 사라진다고 알아채는 것이며 무엇이 어떤 버전이 옳게 해주며 어떤 세계를 잘 세워지도록 해주는지를 탐구하는 것이다 (Goodman, 1984, 29).

현미경으로 보이는 대상들은 과학자들이 현미경 없이 알아낼 수 없었다. 이것이 바로 과학과 관련하여 굿먼의 주장이 지니는 의미를 밝혀주는 한 좋은 예다. 우리는 현미경과 같은 도구를 사용하는 과학 버전에 의해서만 현미경적 대상, 예를 들면 박테리아와 같은 대상의 실재를 주장하고, 확인할 수 있는 것이다. 그러나 박테리아는 '망원경'을 사용하는 과학 버전으로는 그 실재에 관해 주장할 수도 확인할 수도 없다. 현미경도 망원경도 사용해서는 안 된다는 '맨눈' 버전의 과학 활동으로도 박테리아의 실재에 관해 말할 수 없고 그렇게 말한 내용의 진위를 검토할 수 없게 된다. 맨눈 버전은 반 프라센의 반실재론과 맥을 같이한다. 현미경 버전의 과학 활동만이 박테리아와 같은 미시적 대상을 실재의 후보로 내세울 수 있게 해준 것이다.

---

7 과학 활동과 관련하여, 쿤이 말하는 패러다임이 흔히 굿먼의 버전과 일맥상통하는 것으로 이야기된다. 여기서 주목해야 할 점은 패러다임은 단순히 이론(일종의 세계관)인 것이 아니라, 이론에 더해 도구와 실험을 포함한다는 점이다. 이 장에서는 도구와 실험에 의존한 세계 구성과 파악에 초점을 두어 논의하고자 한다.

세계들은 단어들, 수들, 그림들, 소리들 또는 여타의 어떠한 매체 속의 어떠한 상징들을 지닌 버전들을 만듦으로써 만들어진다(Goodman, 1978, 94).

과학자들이 어떤 버전의 과학을 채택하느냐에 따라 세계는 다른 방식으로 파악되는 것이다. 이어서 버전과 세계의 관계에 대해서 논의를 좀 더 상세히 진행하기로 한다.

2. 버전들과 세계들의 차이

버전들은 '세계 만들기의 방식들(ways of worldmaking)'을 의미한다. 이것은 굿먼의 1978년 책의 제목이기도 하다.[8] 하지만 세계들이 곧 버전들인 것은 분명히 아니다. 버전에 의해 세계가 만들어지지만 버전 자체가 세계는 아닌 것이다. 굿먼은 이렇게 말하고 있다.

세계가 버전 그 자체는 아니다. 버전은 그것의 세계가 가지지 못하는 특징들 — 영어로 되어 있거나 단어들로 이루어져 있다는 것과 같은 — 을 가질 수 있다. 그러나 세계는 버전에 의존한다(Goodman, 1984, 34).

세계는 말하지 않는다. 빛은 스스로 자신이 입자라거나 파동이라고 말하지 않는다. 세계는 개념을 갖고 있지 않다. 빛은 파동이나 입자라는 개념을 모른다. 세계는 모국어를 갖고 있지 않다. 또한 세계는 영어를 모른다. 버전이 언어나 개념을 갖는다. 버전은 사람, 예를 들면, 과학자가 만들 수 있는 것이다. 버전은 인간 쪽에 속하는 것이다. 이것이 바로 굿먼이 냉철하게 바라보고 있

---

8 Goodman(1978).

는 인간에 의한 세계 구성의 방식이다. 세계는 버전을 포함하지 않는다. 하지만 세계는 버전에 의해 서술되고, 버전에 의해 이해되며, 버전에 의해 규정되는 것이다. 따라서 버전과 세계를 혼동할 이유는 별로 없어 보인다.

다음의 굿먼의 이야기도 비슷한 맥락을 명료화해 주고 있다.

> 한 별이 저 위에 있다고 말하고 있는 버전은 그 자체로 밝거나 멀리 떨어져 있지 않으며, 그 별은 문자로 만들어져 있지 않다(Goodman, 1984, 41).

밤하늘에 별이 있다고 말하는 버전은 인간이 만들어낸 것이며, 지시의 대상이 되고 있는 천체라는 세계에 속해 있지 않다. 버전은 문자로 이루어져 있으나, 우주라는 세계는 그렇지 않다. 버전은 세계를 이야기하고 세계를 규정하지만, 버전이 곧 세계는 아니다.

양자역학의 슈뢰딩어 방정식은 전자의 행동을 설명하고 예측할 수 있지만, 슈뢰딩어 방정식이 곧 전자는 아닌 것이다. 현대 분자 생물학은 DNA가 염기를 지니고 있다고 말하지만 분자 생물학이 DNA 자체인 것은 분명히 아니다.

3. 옳은 버전과 그렇지 않은 버전

굿먼의 관심은 세계의 복수성과 세계의 버전 의존성에 있다. 세계는 복수적으로 파악될 수 있다. 세계는 버전에 의존하는 방식으로 존재할 것이다. 그런데 그 복수적 파악 '모두'가 유의미한가? 굿먼은 그렇지 않다고 못 박는다. 세계의 복수성과 버전 의존성이 굿먼의 논의의 주된 초점이지만 복수의 세계들이, 서로 다른 버전에 의존하는 세계들이 모두 대등한 것은 아니다. 여기서 굿먼의 비실재론이 상대주의적 냄새를 덜 풍기는 주장임을 어렴풋이 감지할 수 있어야 한다. '옳은 버전만이 세계를 구성할 수 있다는 것'이 그의 견해다.

셀 수 없는 대안적인 참 또는 거짓인 세계-버전들을 기꺼이 받아들인다는 것이, 모든 것이 좋다는 것을, 거창한 이야기가 짧은 이야기만큼 좋다는 것을, 진리는 더 이상 허위와 구별되지 않는다는 것을 의미하지 않으며, 진리는 이미 만들어진(ready-made) 세계와의 대응으로서가 아닌 그 밖의 다른 방식으로 개념화되어야 한다는 점만을 의미할 뿐이다(Goodman, 1978, 94).

이것은 '고정된' 세계와 대안적인 버전들의 대응을 진리의 기준으로 삼기 곤란하다는 지적이다. 이른바 진리 대응설(correspondence theory of truth)은 버전들의 인식적 유의미성을 결정하는 기준이 되기 곤란하다고 보고 있는 것이다.

버전으로서 또는 세계 만들기의 방식의 하나로서 프톨레마이오스의 천문학이 위기에 처했을 때, 그것은 코페르니쿠스의 천문학과 경쟁했다. 그 무렵에 두 천문학은 각기 서로 달라 '공약 불가능한(incommensurable)' 패러다임들이었다. 쿤식으로 말하자면, 두 이론은 세계를 서로 다른 방식으로 규정했고, '이론과 경험의 일치를 평가하는 기준'이 서로 다르다.[9] 그렇기 때문에 진리대응설이 문제가 되는 것이다. 한 패러다임이 이론과 경험의 일치를 보였다고 해도 그것은 그 특정 패러다임 내의 기준에 따른 것일 뿐이며, 다른 패러다임은 이론과 경험의 일치에 관한 '상이한' 기준을 가지고 있기에 앞의 패러다임이 인정한 이론과 경험의 일치를 받아들이지 못한다. 그리고 그 역이다.[10] 이것이 굿먼이 보고 있는 진리 대응설의 난점을 과학의 상황에서 보여주는 한 예가 될 것이다.

하지만 굿먼은 옳은 버전을 정확히 규정하지 못하고 있다. 진리 대응설이 버전의 옳고 그름을 구별하는 결정적 기준이 될 수 없다고 주장하고 있을 뿐

---

9 Thomas S. Kuhn, 1970, *The Structure of Scientific Revolutions*, Chicago: The University of Chicago Press, 2nd ed.

10 정상 과학(normal science)의 위기(crisis)가 해소된 이후에 과학자들은 코페르니쿠스의 우주론을 받아들였다. 하지만 위기가 '항상' 해소되어 새로운 버전의 등장을 가능케 하는 것은 아니라고 쿤은 본다. 버전들의 대립이 장기화될 수 있는 것이다.

이다. 즉 옳은 버전과 그른 버전의 구별에서 굿먼은 소극적 입장에 머무르고 있다고 볼 수 있을 것이다. 모든 버전이 동일한 것은 아니라고 말하면서도, 버전들이 동일하지 않음을 판정할 수 있는 기준을 제시하는 일에서는 실패하고 있다. 이것은 굿먼식 비실재론의 주요 약점 중 하나라고 할 수 있다.

저자는 뒤에서 나올 과학의 사례를 통해 옳은 버전과 그렇지 않은 버전의 구별 기준을 제시하고자 한다. 이러한 기준의 제시는 굿먼의 입장을 발전시켜 비실재론의 논의를 확장하는 의미를 지니게 될 것이다. 저자가 제시하고자 하는 옳은 버전과 그렇지 못한 버전의 구별은 '버전 내적인' 어떤 절차에 의존하여 발생할 수 있다. 그것은 실험을 가능하게 해주는 절차를 도구를 통해 기술적으로 실현하는 능력에서 찾을 수 있다. 아래 4절의 예에서, 현상 발생[전자의 극화(極化, polarization)]의 기술적 실천을 가능케 함으로써 전자의 거동을 확인하도록 해주는 실험 능력을 지닌 실험 도구의 개발은, 옳은 버전을 가능케 하는 한 예가 될 수 있다. 이것은 옳은 버전과 그렇지 않은 버전을 구별해 주는 기준을 일정한 수준에서 확보할 수 있음을 보여주는 한 경우다. 그럼 이것이 어떻게 가능하게 되는지를 과학의 사례를 통해 논의하기로 한다.

4. 전자에 관한 조작을 가능케 하는 실험적 버전

비실재론과 세계 만들기에 관한 굿먼의 주장을 과학과 관련지어 보다 깊이 있게 다루기 위해 한 실험의 사례를 중심으로 논의하기로 한다. 해킹은 존재자 실재론(entity realism)을 옹호하는 데 핵심을 차지하는 조작 가능성(manipulability)을 이야기하면서 전자에 관한 자세한 실험 사례를 제시한다. 존재자 실재론에 따르면, 어떤 이론적 존재자의 실재성은 그 존재자를 자연의 '다른 과정'을 위해 실험적으로 조작해 내는 데 성공하면 확보된다. 예를 들어, 전자를 자연의 다른 것을 탐구하는 과정에 도구적으로 쓸 수 있다면 실재한다는 것이다. 이것은 논문과 책 속에 이론적 존재자인 전자가 등장하고 언급되고 있기에 전자는 실제로 자연에 있는 어떤 것을 지시한다는 식의 실재론을 거부하고 대안을 제시하고 있는 것이다. 해킹은 PEGGY II라고 불리는 극화 전자총(polarizing electron gun)을 이용하는 실험을 예로 들었다.[11]

4.1. 약한 '중성' 상호작용에서 극화 전자의 서로 다른 행동

PEGGY II 실험은 중수소(重水素, deuterium)로부터 나오는 극화된 전자들이 흩뿌려질 때 패리티(parity)가 위반된다는 것, 보다 일반적으로 말하자면 약한 중성류 상호작용(weak neutral-current interactions)에서 패리티가 위배된다는 결과를 산출했다. 패리티 보존의 위배는 최근의 고에너지 물리학에서 가장 유명한 발견이다. 지금까지 패리티의 위배는 오직 약한 상호작용에서만 나타났다. 패리티의 위반을 보여주는 최초의 발견은 약한 '하전된' 상호작용에서 있었다. 그것은 입자 붕괴의 산물인 뮤온 뉴트리노(muon neutrino)가 우선성(右旋性, right-handed) 극화에서는 결코 생겨날 수 없고 오직 좌선성(左旋性, left-handed) 극화에서만 발생한다는 내용을 담고 있었다. 우선성 극화, 좌선성 극화 모두에서 동일한 효과가 나타나지 않았기에 패리티의 위배를 보여주었던 것이다.

이러한 발견이 있은 후 약한 상호작용에서 패리티가 위배될 경우 약한 하전된 상호작용뿐만 아니라 약한 '중성(neutral)' 상호작용에서도 같은 현상이 일어나지 않을까 하는 문제가 제기되었다. 자연계에 존재한다는 네 가지의 힘들에 대한 유명한 와인버그–살람(Weinberg-Salam) 모형이 1967년에 와인버그(Stephen Weinberg) 그리고 1968년 살람(Abdus Salam)에 의해 제안되었다. 이 이론은 약한 중성의 상호작용들에서도 미세한 패리티의 위배가 있을 것이라는 점을 함축했다.

---

11 이 사례는 Ian Hacking, 1983, *Representing and Intervening: Introductory Topics in the Philosophy of Natural Science*, Cambridge: Cambridge University Press, 262-275에서 취한 것이다.

4.2. 새로운 도구 PEGGY II: 전자가 쏟아져 나오게 하다

그 함축은 어떤 타깃을 때릴 극화된 전자가 방출될 때 우선성 극화 전자보다 좌선성 극화 전자가 약간 더 많이 흩뿌려진다는 것이다. 이러한 두 가지 전자의 흩뿌려짐의 상대적 빈도 차는 1만 개에 하나 정도인데, 이는 0.50005와 0.49995 사이의 확률에 비유된다. 해킹에 의하면, 1970년대 초반에 SLAC (Stanford Linear Accelerator Center)에서 쓰이던 장치는 초당 120번의 펄스를 내며 각 펄스마다 하나의 전자 사건이 일어나는데, 이 기계를 쓸 경우 앞서 본 아주 낮은 빈도 차를 감지하는 데 27년이 걸린다. 그런데 이 27년이라는 기간도 한 사람이 가속기를 계속 쓸 경우를 가정한 것인데, 실제로 이런 경우는 있을 수 없으며 여러 사람이 같은 기계를 써서 서로 다른 실험을 하므로 실제 시간은 이보다 엄청나게 더 커지게 될 것이다. 따라서 27년은 고사하고 이 가속기로는 패리티 보존이 파괴됨을 보일 수 있는 실험을 하는 것이 불가능하게 된다.

그러므로 이러한 실험을 하기 위해서는 펄스당 더 많은 전자를 내는 기계가 필요하게 되는데 이때 펄스당 1000개에서 1만 개 사이의 전자가 나올 수 있어야 한다는 것이다. SLAC의 장치는 PEGGY I으로 불리던 장치였는데, 이는 본질적으로 톰슨(Joseph John Thomson, 1856-1940)의 열 음극선을 수준 높게 개선한 것이었다. 이것은 약간의 리튬이 가열되고 전자가 방출되는 것이다. 이러한 PEGGY I으로는 패리티 위배 실험이 불가능하므로 따라서 다른 장치가 개발되었는데 그것이 바로 PEGGY II이다. 이때 주목해야 할 것은 해킹이 PEGGY II는 PEGGY I과는 아주 다른 원리들을 사용한다고 강조한 점이다. 해킹은 바로 PEGGY II의 제작과 사용에서 조작 가능성에 관한 힌트를 얻어냈다.

이 PEGGY II의 기본 원리는 프레스콧(C. Y. Prescott)이라는 이가 한 광학 잡지에서 갈륨아세나이드(GaAs)라고 불리는 결정질 물질에 관한 기사를 읽고 ('우연히'!) 알아낸 것이다. GaAs는 진기한 성질을 갖고 있는데, 적절한 진동수들을 갖는 원형으로 극화된 빛(circularly polarized light)을 받으면 선형으로 극화된(linearly polarized) 전자들을 많이 낸다. 이러한 현상이 왜 일어나는가에 대해서는 그리고 방출되는 전자가 왜 극화되고 극화된 전자 가운데 3/4이 한 방향으로 극화되고 1/4이 다른 방향으로 극화되는가에 대해서는 대략적인 양자적 이해가 주어져 있다. PEGGY II에는 이러한 사실과 GaAs가 그것의 결정 구조가 갖는 특징으로 인해 많은 전자를 방출한다는 사실이 덧붙여 이용되었다. 해킹은 이러한 성질에 부가하여 그 다음으로 약간의 교묘한 처리가 요구된다고 했다. 그것은 바로 표면으로부터 전자를 자유롭게 만드는 작업이다. 이때 세슘과 산소로 이루어진 얇은 막이 GaAs 결정 주위에 입혀지고 거기에 더해 결정 주위의 공기 압력을 낮추어 주면 주어지는 일에 비해 더 많은 전자들이 쏟아져 나온다. 그리하여 기온이 액체 질소의 온도(절대 온도 4도 부근)를 갖는 진공에서는 전자가 폭발적으로 쏟아져 나온다.

또한 PEGGY II에는 적절한 광원이 필요하다. 이때 적색광의 레이저가 결정에 조준된다. 이 빛은 먼저 아주 구식의 방해석(calcite) 프리즘 또는 아이슬란드 스파(Iceland spar)라는 편광기를 통하게 되며, 통과 후에 빛은 선형으로 극화된다. 그런데 최종적으로 결정에 쪼이게 될 빛은 원형으로 극화된 빛이므로 선형으로 극화된 빛은 퍼클의 전지(Pockel's cell)라는 교묘한 장치를 거쳐야 한다. 이 장치는 전기적으로 선형으로 극화된 광자를 원형으로 극화된 광자로 바꾸어준다. 퍼클의 전지는 전기적인 방식이기 때문에 마치 매우 빠른 스위치처럼 기능한다. 원형으로 극화되는 방향은 전지의 전류 방향에 의존하며 따라서 극화의 방향은 임의로 변화시킬 수가 있다. 이는 좌선성 극화와 우선성 극화의 아주 미세한 비대칭을 감지하는 데 중요하다. 무작위화(randomization)는 장치에 의해 생길 수 있는 '경향적 요소(drift)'를 제거하는 데 도움을 준다. 무작위화는 방사성 붕괴 장치에 의해 이루어지며 각 펄스에 대한 극화의 방향은 컴퓨터가 기록한다. 이런 경로를 거쳐 얻어진 원형으로 극화된 빛의 펄스는 GaAs 결정을 때리고, 선형으로 극화된 전자의 펄스를 만들어내게 된다. 이러한 펄스로 이루어진 빔은 실험의 다음 부분에 쓸 수 있도록 자석에 의해 교묘하게 조작되어 가속기로 가게 된다. 이 빔은 이어서 극화된 비율을 점검하는 장치를 통과한다. 해킹은 실험의 나머지 부분에도 정교한 장치와 감지기가 요구된다고 했다.

해킹은 실험 가운데 나타나는 많은 결함(bugs)은 그들의 많은 수가 결코 이해될 수 없는 것이어서 시행착오를 통해서만 제거될 수 있을 뿐이라고 했다. 실험 결과가 이러한 결함에 속하는 체계적이고 통계적인 오류를 잡아내기 위해서는 10^{11}개의 사건이 필요하다. 그런데 이러한 극미 세계에 대한 실험에서 실험 과정에 개입되는 오류를 극복해 내고 전체 물리학자 사회에 확신을 줄 수 있었던 것은 충분한 사건 수를 만들어내었던 PEGGY II 덕택이었다. 실험 결과는 좌선성 극화 전자들이 우선성 극화 전자들보다 약간 더 많이 흩뿌려진다는 것을 보여주었다. 이것은 약한 중성류 상호작용에서 패리티의 위반을 보여준 최초의 예였다.

4.3. 이론적 버전이 아닌 도구적 버전의 성립 가능성: '고수준' 이론으로부터 자율성을 지닐 수 있는 도구 개선의 과정

이러한 실험 예로부터 해킹은 다음과 같은 교훈을 이끌어냈다. 그는 PEGGY II를 만드는 작업은 명백히 비이론적이었다고 주장했다. 결정에 관한 초보적 양자 이론이 극화 효과의 기본 원리를 설명할 수 있음에도 불구하고 실제로 사용되는 결정의 성질을 설명해 내지는 못한다고 했다. 이론적으로는 50% 이상 극화되어야 하지만 실제로는 37% 이상으로 극화된 전자를 만들어내는 일은 없다는 것이다. 마찬가지로 GaAs 결정을 덮는 세슘과 산소로 이루어진 막이 왜 전자의 탈출을 돕는지에 대해서도 일반적인 것은 알아도 무슨 이유로 이것이 탈출 효과를 37%까지 높이는가는 정량적으로 이해되고 있지 않다고 했다. 방출되는 전자의 수를 증가시키는 것은 PEGGY II의 가장 중요한 역할인데, 여기서 세슘-산소 화합물의 성질은 이론에 의해 주어진 것이 아니고 이론에 의해 설명될 수도 없는 것이며 순전히 '비이론적인 기술'에 의존했다는 주장이다.[12] 해킹은 이와 유사한 교훈을 주는 또 하나의 이야기를 제시했다. 해킹은

PEGGY II의 실험 결과를 실은 기사가 《뉴욕타임스》에 실렸을 때 벨연구소 (Bell Laboratory)의 한 연구 그룹은 그 기사를 읽고 PEGGY II와는 전적으로 다른 목적으로 쓰일 어떤 결정 격자를 만들어냈다고 했다. 이 결정 격자는 GaAs 및 그와 관련되는 알루미늄 화합물을 사용한 것이었는데, 이 격자의 결정 구조 때문에 사람들은 방출되는 전자가 실제로 모두 극화될 것이고 따라서 PEGGY II에 비해 효율이 두 배가 될 것이라고 믿게 되었다. 이 격자 또한 일을 줄이는 페인트를 입혀야 했는데, 이때도 세슘-산소 화합물이 고온에서 쓰였다. 그런데 고온에서 알루미늄은 이웃하는 GaAs층으로 녹아 스며드는 경향을 띠는데, 이 때문에 이 인공 격자는 약간 질이 고르지 않게 되어 이 격자가 미세하게 극화된 전자들을 방출하는 것을 제한하게 만들었다. 따라서 해킹은 이 결정 격자는 아마도 결국은 제대로 작동하지 못하게 될 것이라고 했다. 여기에 이르러 그의 주장은 이론이 PEGGY II가 열이온을 이용한 PEGGY I을 물리칠 것이라는 점을 말해줄 수 없다는 것이다. 이론은 앞으로 열이온을 이용하는 PEGGY III라는 장치가 개발되어 PEGGY II를 제압할 것이라고도 말해줄 수 없을 것이라고 보았다. 그리고 벨연구소 사람들이 새로운 격자를 만드는 데에도 약한 중성류에 대한 많은 이론을 알 필요가 없었고 그들은 다만 《뉴욕타임스》를 읽었을 뿐이라고 했다.

패리티의 위배를 보여주려면 굉장히 많은 양의 전자를 내는 장치가 필요했으며, PEGGY II가 그러한 역할을 해냈는데 이 장치의 제작 과정에 이론은 별로 해준 것이 없다는 것이다. GaAs에 세슘-산소 화합물을 이용한 것은 이론

---

12 여기서 주의해야 할 점은 해킹이 '모든' 이론이 실험에 대해 아무런 역할도 하지 못한다고 주장하고 있는 것이 아니라는 점이다. PEGGY II 실험에서 볼 수 있는 것은 양자역학과 같은 '고수준'이 실험을 좌우한다기보다는 '저수준의 혹은 낮은 수준'의 경험적 이론이 더 중요한 역할을 한다는 점을 역설하고 있는 것이다. 이하의 논의에서 나타나듯이, 우리는 해킹이 이론을 여러 수준으로 나누고 있으며, 이들이 과학 활동에서 행하는 상대적으로 자율적인 기능을 강조하고 있음을 알 수 있다. 해킹은 도구와 기술을 개발하고 활용하는 과정에서 여러 가지의 다양한 수준의 이론들이 개입하며, 이들은 한 가지의 고수준 이론으로 환원되거나 수렴되지 않는다고 주장하고 있는 것이다.

과 무관했다. 벨연구소 사람들의 경우도 마찬가지였다. 이론이 아니라 실험적인 작업이 핵심적인 역할을 했다는 견해다.

PEGGY II에서 빛을 받으면 전자를 내는 GaAs의 성질 그리고 세슘–산소 화합물이 전자들의 방출 정도를 높이는 것은 고수준 이론(와인버그–살람 이론)과 관련이 없음을 보았다. 이 과정은 탈이론화되어 있었다. 해킹은 이 점을 중요하게 보았던 것이다. 따라서 실험 장치의 제작을 가능하게 해준 어떠한 기술이 강조되어야 한다는 것이다. PEGGY II에서 요구되어진 것과 같은 기술은 이론에 의존하는 것이 아니므로 필요한 장치를 만들기 위해서는 부단히 정보 수집을 위해 노력해야 하며 시행착오를 거치는 수밖에 없다는 입장이다.

4.4. 옳은 버전의 구현: 도구에 의한 조작 가능성의 실현

위의 PEGGY II 실험은 일종의 옳은 버전이 성립되는 한 경우를 보여준다. 이 실험에서 관건은 실험 도구에서 초당 전자의 방출 속도가 매우 높아야 한다는 점이었다. 그런데 전자의 방출 속도를 높이는 방법은 양자 이론이 말해줄 수 있는 것이 아니었다. PEGGY II의 개선은 고수준 이론에 의한 것이 아니라 비이론적 기술에 의해서 가능했다. 수많은 전자가 방출됨으로써 통계적으로 유의미한 사건을 일으켰으며 이것이 좌선성 극화에서 전자가 더 많이 쏟아져 나와야 한다는 약한 하전된 상호작용의 주장을 확인하게 해주었던 것이다.

옳은 버전은 버전들과 독립해 있는 "이미 만들어진" 세계와의 대응 여부에 의해서 가능하게 되는 것이 아니라고 굿먼은 말했다. 하지만, 앞서 보았듯이, 그는 옳은 버전과 그렇지 못한 버전의 구별 가능성이 진리 대응설에 기초할 수 없다고 말하는 데 그쳤다. 저자는 PEGGY II 실험이 옳은 버전의 한 예가 될 수 있다고 본다. 그것은 바로 실험적 현상의 기술적 실현이다. 고수준 이론이 말해주지 못한 실험적 절차를 비이론적인 기술적 개선에 의해 구현함으로써 실험을 가능하게 해주었던 것이고, 이를 통해 이론에 대한 확인 작업을

가능하게 해주는 실제적 효과를 가져왔던 것이다.[13]

　이 실험의 경우에서 유의할 바는 이 실험이 '이 실험과 독립해 있는' 전자라는 실재와 이론적 주장을 대비시킨 것이 아니라는 점이다. PEGGY II라는 실험 도구를 채용한 '국소적인' 실험적 버전을 사용하여 얻은 실험 결과를 이론적 주장과 대비시킨 것에 주목할 필요가 있다. 이러한 국소적 상황에서도, 즉 특정 버전 안에서도 옳은 버전을 찾을 수 있는 것이다.

　하지만 만일 전자의 방출 정도가 매우 약했더라면 이 실험을 옳은 버전으로 보기 어려웠을 것이다. 이처럼 옳은 버전과 그렇지 못한 버전의 구별은 기술적 개선이라는 매우 어려운, 예측하기 곤란한, 운에 따를 수 있는 과정에 의존할 수가 있는 것이다.

5. 실험 사례의 비실재론적 함의: 버전을 구성하는 도구

　해킹은 과학자들이 전자라는 단어를 사용하기에 그것이 자동적으로 자연에 실재하는 어떤 대상을 가리킨다고 생각하기는 어려운 것이라고 본다. 그가 주장하는 바는 이렇게 가정된 전자를 실험 도구를 사용하여 '실제로 조작해 낼 수 있을 때에야 비로소 전자의 실재성을 믿을 수 있다는 것이다'. PEGGY II 실험에서 좌선성 극화 전자들이 우선성 극화 전자들보다 약간 더 많이 흩뿌려진다는 것을 보여주었다. 이처럼 전자를 자연의 다른 과정을 탐구하는 실험의 예에서 해킹의 존재자 실재론의 의미가 잘 드러난다.

　좌선성 극화 전자를 방출하는 PEGGY II라는 실험 도구 없이 전자를 조작할 수 없으며, 전자의 실재성을 조작 가능성이라는 의미에서 주장할 수 없다. PEGGY II라는 도구를 사용하는 실험, 이것은 바로 하나의 버전이다. 즉 도구

13　고수준 이론과 실험 결과를 신뢰성 있게 대조하는 절차에 대한 상세한 철학적 논의로 이상원, 2009, 『현상과 도구』, 서울: 한울을 참조하면 좋다.

적 버전, 조작적 버전, 또는 실험적 버전인 것이다. 이 도구적 버전, 조작적 버전, 혹은 실험적 버전에 의해서만 전자는 실재한다고 말할 수 있다.

실험적 조작과 무관하게 전자의 존재를 강력하게 주장할 수 없을 것이다. 이러한 실험적 조작에 입각한 과학 버전에 의해서 우리는 전자의 실재를 보다 의미심장하게 믿을 수 있게 된다. PEGGY II라는 도구 없이 우리는 전자라는 실재, 또는 전자라는 세계를 주장하거나 확인하기가 곤란한 것이다.

굿먼의 세계 만들기의 한 버전이 바로 PEGGY II라는 실험의 사례에서 잘 드러난다. 비실재론은 PEGGY II만이 전자의 실재성을 보여준다는 것이 아니라, PEGGY II라는 '도구에 의존하는 방식으로' 전자를 탐구할 수 있음을 말해준다. 이 경우에서, 실험 도구와 무관하게 전자가 우리의 바깥 어딘가에 있다고 주장하는 것은 사실상 불가능하다고 할 수 있다. 우리는 PEGGY II와 같은 도구를 쓰는 과학 버전 안에서 전자의 실재성을 옹호할 수 있는 것이다.

세계 만들기의 버전 의존성을 논의하면서, 굿먼이 강조하는 것은 언어라고 보통 말한다. 하지만 버전은 언어에 의해서만 이루어지는 것은 아닐 것이다. 버전의 구성 요소로 도구를 포함시킬 수 있다. 과학 활동에서는 버전의 구성에 관념인 언어만이 아니라 물질인 도구를 포함시킬 이유가 존재한다. 예를 들어, PEGGY II라는 도구 없이는 우리가 전자를 조작해 낼 수 없는 것이다. 버전 구성에 도구를 넣어야 된다는 이야기는 도구가 언어를 대체해야 하며 언어를 버전 밖으로 축출해야 한다는 주장이 아니다. 언어만으로 버전 구성이 충분히 이루어질 수 없는 상황이 존재한다는 것을 강조하고자 할 뿐이다. 언어와 도구가 결합되어 옳은 버전을 구성할 수 있다는 것이다. 도구가 버전 구성에서 고려되거나 포함될 수 있다는 대목에 대한 논의는 굿먼 자신의 주장에서는 찾기 힘들다. 따라서 저자는 이러한 상황을 극복하기 위해 실험 사례를 수색하여 버전 구성 과정에서 도구의 기여를 논했던 것이다.

6. 결론

굿먼은 주로 언어적 구성, 좀 더 넓게 관념적 구성에 의해 성립되는 버전에 대해 말한다. 저자는 관념적 구성만이 아니라 도구적 구성에 대해 말하고자 했다. 그 과정에서 도구적 구성이 관념적 구성과 절대적으로 구별된다는 의미에서 도구적 구성에 대해 논의하기보다는, 관념적 구성으로 충분히 성립되기 곤란한 버전 수립의 상황이 과학 활동 속에 존재한다는 점을 보이려 했다. PEGGY II 실험은 도구적 구성이 옳은 버전으로 나타나는 경우다. 굿먼은 예술을 중심으로 언어적, 관념적 구성의 경우를 강조했으며 버전의 적용 가능성을 예술 쪽에 주로 두었으나 과학 활동에서도 구성과 버전의 역할이 중요할 수 있다. 또한 우리가 살펴본 예에서는 관념적 구성만이 아니라 나아가 도구적 구성이 매우 중요했다. 전자를 쏟아져 나오게 하여 전자를 일정한 방식으로 행동하게 해준 것은 '고수준' 이론이기보다는 낮은 수준의 이론에 의존하는 기술적 돌파였음을 우리는 살펴보았다. 고수준 이론이 이야기해 주지 못한 것을 도구의 개선을 통해서 실현시킴으로써 새로운 버전을 열었던 것이다.

여기서 유의해야 할 점이 있다. 도구의 개선이 낮은 수준 혹은 저수준의 이론에 의존한다는 의미에서, 실험적 버전은 굿먼이 주로 강조한 이론적 버전과 절대적으로 구분되는 범주는 아니라는 것이다. 실험적 버전을 이론-관념-언어적 버전과 엄격히 구분하는 것이 저자의 논의의 핵심은 아니다. 관념적 구성에 더해 도구적 구성까지 포함시키는 형태의 버전에 주목할 필요가 있으며, 이것이 굿먼식 버전 개념의 틀 안에서 과학 활동에 기민하게 의미를 부여한다는 점을 말하고 있다. 그런 의미에서 굿먼의 버전 개념을 저자가 넓히고 있다고 말하고 있는 것이다. 저자의 논의는 비실재론이 비상대주의적으로 해석될 수 있음을 보여준다. 비실재론은 확장된 의미의 실재론의 한 형태로 해석할 수 있을 것이다. 그것은 실험적 실재론, 도구적 실재론이다. 여기서 도구적 실재론이란 도구를 써서 실재론적 상황을 강제하는 실험적 현상을 일으키는 경우를 의미한다. 따라서 도구적이란 표현이 이 대목에서는 전혀 상대주의적 의미를 갖지 않는다. 이러한 저자의 논의는 굿먼의 구성 개념, 버전 개념, 세계 만들기 개념을 확장하여 개선, 발전시키는 의의를 지닌다. 비실재론은 전형적 상대주의가 아니고, 전형적 반실재론도 아니며, 오히려 확장된 실재론을 옹호한다.

8 내재적 실재론과 비실재론

1. 들어가는 말

내재적 실재론(internal realism)[1]을 주장하는 대표적인 학자는 퍼트넘이다. 그리고 비실재론[2]을 옹호하는 대표적인 학자는 굿먼이라고 할 수 있다. 퍼트넘의 내재적 실재론과 굿먼의 비실재론 간의 유사성과 차이를 드러내는 것이 이 장의 목적이다. 인간 바깥에는 무언가가 존재하는가? 존재한다고 할 때, 그 존재는 인간과 무관하게 존재한다고 보아야 할 것인가? 아니면, 인간 의존적으로 존재한다고 말해야 할 것인가? 퍼트넘과 굿먼의 견해는 이러한 질문

---

[1] 내재적 실재론을 주장하는 전형적인 글로 Hilary Putnam, 1981, *Reason, Truth and History*, London: Routledge and Kegan Paul을 들 수 있다. Hilary Putnam, *Realism and Reason: Philosophical Papers Volume 3*, Cambridge: Cambridge University Press, 1983a도 함께 참조하면 좋다.

[2] 비실재론을 주장하는 전형적인 글로 Nelson Goodman, 1978, *Ways of Worldmaking*, Indianapolis, Indiana: Hackett을 들 수 있다. Nelson Goodman, 1984, *Of Mind and Other Matters*, Cambridge, Massachusetts: Harvard University Press도 함께 참조하면 좋다.

에 답하는 입장들에 속한다. 두 사람 각각이 옹호하는 내재적 실재론의 입장과 비실재론의 입장을 살펴볼 것이다. 이어 두 입장이 어떠한 유사성과 차이를 지니는지 상세히 비교하고자 한다. 우선 퍼트넘은 과학 활동에 좀 더 신경을 쓰면서 내재적 실재론의 입장을 옹호한다. 굿먼은 예술 활동에 좀 더 신경을 쓰면서 비실재론을 주장한다. 이와 같은 두 입장의 세부적 지향과 특성을 파악한 후에, 두 입장을 면밀히 대조하는 방식으로 논의를 전개할 것이다.

내재적 실재론은 인간 정신과 무관한 실재는 없으며, 인간 독립적인 실재에 관한 주장은 결함을 지닌다고 주장한다. 퍼트넘의 내재적 실재론은 정신 독립적 실재를 비판한다. 그리고 정신 독립적 실재의 바탕을 이루는 '형이상학적 실재론(metaphysical realism)'과 '신의 눈(God's eye view)' 관점을 공격하고 있다. 또한 퍼트넘은 '진리 대응설'을 부정하고 그 대신에 '합리적 수용 가능성(rational acceptability)'을 제시하는 입장을 취한다. 이 합리적 수용 가능성은 내재적 실재론의 입장에서 제기되는 견해다.

비실재론은 실재의 인간 의존성을 주장하되, 보다 구체적으로 '버전(versions)' 의존성을 이야기한다. 버전 의존적으로 실재는 존재해야 한다는 것이다. 굿먼은 '버전'에 의한 세계 만들기 혹은 세계 구성을 옹호한다. 그는 따라서 세계의 '복수성(multiplicity)'을 강조하는 입장이다. 굿먼은 '이미 만들어진 세계(ready-made world)'라는 관점을 공격하고 있다. 그는 진리 대응설을 비판하고 이것을 대신하여 '옳음(rightness)'에 근거한 버전의 선별을 주장한다.

그간 퍼트넘과 굿먼의 각각의 입장에 대한 검토는 있어왔다.[3] 하지만 두

---

3 퍼트넘의 내재적 실재론에 대한 국내 논의로는 예를 들어 다음과 같은 것이 있다. 김영건, 2007, 「칸트의 선험철학과 퍼트남의 내재적 실재론」, 《칸트연구》, 제19집, 153-182; 노양진, 1993, 「퍼트남의 내재적 실재론과 상대주의의 문제」, 《철학》, 제39집, 359-383; 서정선, 1990, 「퍼트남의 실재론적 진리 개념」, 《철학》, 제35집, 203-227; 이영철, 1986, 「H. 퍼트남에 있어서 이해와 진리」, 《철학》, 제26집, 157-183; 이중원, 2002, 「내재적 실재론의 비판적 옹호: 양자이론의 인식과정 분석을 통한 고찰」, 《철학연구》, 제58집, 철학연구회, 279-203; 노양진, 1998, 「굿맨의 세계 만들기」, 《철학연구》, 대한철학회, 제12집, 147-163 등.
    굿먼의 국내 비실재론에 대한 논의로는 예를 들어 다음과 같은 것이 있다. 이채리, 2003, 「굿먼

사람의 입장을 비교, 대조하는 논의는 많지 않았다. 저자는 퍼트넘과 굿먼 각각의 입장의 의의와 한계를 추적하기보다는 두 사람의 입장이 어떤 점에서 유사하며, 어떤 점에서 차이를 지니는지를 검토하여 밝혀내고자 한다. 즉, 이 장에서는 내재적 실재론과 비실재론의 유사성과 차이에 대해서 심도 있게 토의할 것이다. 이와 같은 연구는 실재론과 반실재론 사이에서 있어온 철학적 논쟁을 심화시키는 것이며 내재적 실재론과 비실재론의 접점과 그 접점이 지니는 철학적 함의를 고찰하려는 것이다.

먼저 2절에서는 퍼트넘의 내재적 실재론에 대해서 논의하고자 한다. 퍼트넘이 비판하는 형이상학적 실재론이 무엇인지 살펴볼 것이다. 형이상학적 실재론을 신의 눈 관점이라는 개념을 중심으로 토의할 것이다. 그리고 내재적 실재론의 견해, 즉 정신 의존적 세계 파악이 왜 불가피한 것인지에 대한 퍼트넘의 논의를 검토할 것이다. 이어 퍼트넘이 진리 대응설을 어떻게 이해하고 있고 이를 왜 부정하는지에 대해 논의할 것이다. 그리고 나서 진리 대응설에 대한 대안으로 퍼트넘이 내세우는 합리적 수용 가능성에 관해 검토하게 된다.

3절에서는 굿먼의 비실재론에 대해서 다루고자 한다. 세계의 복수성과 버전에 의한 세계 구성에 관해 논의할 것이다. 퍼트넘의 신의 눈 관점과 대비되는, 이미 만들어진 세계라는 관점이 왜 부적절하다고 굿먼이 보는지에 대해 살펴본다. 이어서 굿먼의 경우에서도 진리 대응설이 그에 의해 어떻게 부정되는지를, 그리고 옳음을 중심으로 하는 버전의 수용과 거부를 진리 대응설

의 별만들기」, ≪철학연구≫, 제62집, 철학연구회, 173-191; 황유경 1987, 「굿맨의 세계 제작과 진리 이론 소고」, ≪미학≫, 제12집, 163-184; 황유경, 1988, 「굿맨의 상대주의 연구」, ≪미학≫, 제13집, 93-112; 황유경, 2011, 「굿맨의 세계제작 옹호—굿맨과 쉐플러의 논쟁을 중심으로—」, ≪인문논총≫, 제66집, 179-208 등.
　　그간 퍼트넘의 내재적 실재론에 대한 논의가 굿먼의 비실재론에 대한 논의보다 더 많았다. 관련된 모든 논문을 여기에 인용하지는 않았으나, 대략적으로 보아 퍼트넘의 내재적 실재론에 대한 논문이 굿먼의 비실재론에 대한 논문보다 2배가량 될 듯하다. 그런데 2000년대에 들어선 이후에는 비실재론에 대한 논의가 상대적으로 약간 더 많아 보인다. 내재적 실재론에 관한 논문은 뜸해졌고, 비실재론에 관한 논문은 간간이 이어지고 있다.

의 부정에 대한 대안으로서 주장하는 그의 견해를 토의하고자 한다. 결론에서는 논의 전체를 요약, 종합하면서 내재적 실재론과 비실재론의 수렴적 측면과 미묘한 차이를 보이는 측면을 지적할 것이다.

2. 형이상학적 실재론과 내재적 실재론

먼저 퍼트넘의 견해부터 검토하기로 한다. 퍼트넘이 비판하는 것은 형이상학적 실재론이고, 퍼트넘이 옹호하는 것은 내재적 실재론이다. 형이상학적 실재론은 실재론의 한 전형적인 형태다. 퍼트넘이 묘사하는 형이상학적 실재론은 세계가 인간의 정신 활동과 무관하게 존재한다는 입장을 취한다. 형이상학적 실재론을 묘사하면서, 퍼트넘은 신의 눈 관점이라는 개념을 비유적으로 사용하고 있다.[4] 세계에 일정한 질서를 부여한 존재로서의 신을 가정하고, 그 신이 만들어낸 세계를 염두에 두기로 한다.[5] 그러면 이러한 신이 만들어낸 세계가 바로 형이상학적 실재론에서 말하는 세계와 같은 것이다. 즉 인간과 무관하게 세계는 이미 만들어져 있고 질서를 부여받았다는 것이다. 인간 중 누군가가 세계에 관해 무언가를 알아냈다면 이것은 신이 이미 만들어놓았던 그 세계를 신의 피조 행위 이후 어느 시점에 알아낸 것일 뿐이다. 그 누군가가 알아낸 것은 바로 신이 세계에 질서를 부여한 내용이 될 것이다. 이러한 입장이 바로 신의 눈 관점이다. 세계의 질서를 알아낸 이는 신의 눈과 같은 관점을 지니는 것이라고 퍼트넘은 형이상학적 실재론의 성격을 기술하고 있다. 퍼트넘이 신의 눈 관점을 사용하여 형이상학적 실재론의 성격을 드러낼

---

4 예를 들어, Putnam(1981), 49-50 등에서 이 표현을 찾을 수 있다.
5 신이 실제로 세계를 만들었다는 의미에서가 아니라 비유적 의미에서 퍼트넘은 신 관념을 사용하고 있는 것이다. 신의 눈 관점에서 초점은 신의 존재가 아니라 세계가 이미 고정된 방식으로 만들어져 있다는 사고다.

때 핵심이 되는 사항은, 인간과 독립적으로 세계는 이미 만들어져서 고정되어 있었다는 것이다. 퍼트넘은 이것을 부정한다. 그는 신의 눈 관점을 취하는 형이상학적 실재론은 받아들일 수 없는 것이라고 규정하고 있다.

형이상학적 실재론에 따르면, 한 예로, 유전자라는 존재는 '유전자'라는 개념과 관계없이 존재한다. 정말 그런 것일까? 형이상학적 실재론에 반대해, 퍼트넘은 내재적 실재론을 주장하고 있다. 여기서 '내재적'의 의미는 인간 내부에 속하는 상황과 관련되어 있다. 인간의 내부, 특히 뇌 속에서 이루어지는 정신 작용에, 보다 구체적으로는 개념 작용에 의존해서, 그리고 그런 식으로만 바깥 세계가 존재한다는 것이 퍼트넘의 내재적 실재론의 요지다. 내재적 실재론에 따르면, '유전자'라는 개념과 이 개념에 얽힌 여러 가지 관념적 요소와 독립하여 유전자가 실재한다고 볼 수는 없다. 이것이 왜 그러하다고 주장하는지에 대해서 더 논의하기로 한다.

2.1. 정신 독립적 실재에 대한 의혹: 관념과 구성

퍼트넘이 형이상학적 실재론을 어떻게, 그리고 왜 비판하는지 좀 자세히 살펴볼 필요가 있다. 형이상학적 실재론은, 퍼트넘이 보기에, 다음과 같은 성격을 지닌다.

> 이들 관점 중 하나는 형이상학적 실재론이다. 이 관점에서는, 세계가 인간의 정신으로부터 독립되어 있는 몇몇 고정된 총체로 구성되어 있다. '세계가 존재하는 방식'에 대한 정확하게 하나의 참되고 완벽한 기술이 존재한다. 진리는 말 또는 사고-기호(thought-signs)와 외적 사물 및 사물의 집합 간의 몇몇 종류의 대응(correspondence) 관계에서 찾아진다. 나는 이 관점을 외재적 관점(*externalist* perspective)이라고 부르게 될 텐데, 왜냐하면 그것이 선호하는 관점이 신의 눈 관점이기 때문이다(Putnam, 1981, 49).[6]

이 인용문에는 형이상학적 실재론, 즉 퍼트넘이 비판하는 유의 실재론이 지니고 있는 특성이 전형적으로 나타나 있다. 형이상학적 실재론이 말하는 바는 인간의 정신으로부터 독립하여 고정된 질서를 지니는 방식으로 세계가 존재한다는 것이다. 그리고 이러한 세계에 대한 참되고 완벽한 기술은 하나밖에 없다고 본다. 또한 진리란 정신에서 독립해 있는 이 세계와 이론 또는 기술의 대응 관계에서 성립한다. 이것이 말해주는 바가 이른바 진리 대응설의 내용이다. 세계와 이론 사이의 대응 관계의 성립이라는 표현이 나왔는데, 정확히 말하자면, 퍼트넘은 인용문에서 이론이라는 표현 대신, "말 또는 사고-기호"라는 좀 더 포괄적인 표현을 사용하고 있다. 퍼트넘은 이러한 형이상학적 실재론의 관점을 "외재적" 관점이라고 부른다. 정신 독립적 세계가, 즉 정신의 외부에 있는 세계가 인식 성립의 핵심이 되기 때문에 그렇게 부르고 있는 것이다. 인간 정신의 외부에 있는 이러한 세계는 바로 신의 눈을 지닌 인식자에 의해서는 파악될 것이다. 형이상학적 실재론이 말하는 세계는 인간 정신과 독립해 있으며, 이 세계는 비유하자면 신에 의해 이미 만들어져 있었다는 것이다. 그렇기에, 형이상학적 실재론에서 말하는 진리의 수립은 신의 눈과 같은 눈을 가진 어떤 인식자에 의해서만 파악될 것이라고 퍼트넘은 말하고 있는 것이다. 이 신의 눈 관점은 퍼트넘이 파기하고자 하는 관점이다. 형이상학적 실재론, 진리 대응설, 신의 눈 관점은 모두 퍼트넘의 공격 대상인 것이다. 그렇다면 자신이 주장하는 내재적 실재론에 대해서 퍼트넘은 어떻게 말하고 있을까?

내가 옹호하게 될 관점은 이름 짓기가 애매하지 않은 것은 아니다. 이 관점은 철학사에서 최근에 도달한 것이며, 오늘날에도 그것은 그것과는 꽤 다른 종류의 관점들과 계속 혼동되고 있다. 나는 이 관점을 내재적(*internalist*) 관점이라고 부

---

6 강조는 퍼트넘의 것이다.

르게 될 텐데, 그 이유는 어떤 대상들로 세계가 구성되어 있는가는 어떤 이론 또는 기술 내에서만 의미 있는 물음이 될 수 있다는 주장이 이 관점의 특징이기 때문이다(Putnam, 1981, 49).[7]

퍼트넘이 말하는 '내재적' 관점은 어떤 이론 또는 기술 내에서만 세계가 파악된다는 사항을 강조한다. 세계는 인간 정신의 작용, 특히 이론 구성 능력과 무관하게 존재하지 않는다는 것이다. 정신의 이론 구성 능력과 무관하게 존재하는 세계란 바로 형이상학적 실재론이 말하는 세계다. 인간 독립적인, 그와 같은 세계란 신에 의해 사전에 만들어져 고정되어 있는 세계라 할 수 있다. 내재적 관점은 이를 철저히 의심한다. 세계가 무엇이고, 어떻게 구성되어 있느냐는 어떤 이론 또는 기술 내에서만 파악될 수 있고, 의미를 지니게 된다는 주장이다.

전자는 하전된 물질이고 원자 이하의 세계에 존재하는, 좀 더 정확히 말하면 원자를 구성하는 물질의 일부다. 그런데 전자가 무엇인지 알려면 '전자'라는 어휘와 '하전된' '원자 이하의' 등과 같은 개념을 이해해야 한다. 이러한 개념 없이 전자를 알 수가 없다. 더구나 전자는 육안으로 볼 수 있는 대상이 아니다. 전자에 관한 이론적 주장의 수용 여부를 정하려면, 우리 몸의 감각 기관만을 사용하는 것으로는 충분치 않다. 실험 도구를 써야만 한다. 또한 실험 도구에서 나오는 경험적 자료를 의미 있게 만들려면 개념을 통한 해석이 필요하다. 이처럼 자연적 대상에 대한 인식은 대부분 정신의 개입에 의해 가능해지는 것이다. 따라서 이렇게 볼 때 퍼트넘의 내재적 실재론은 과학 활동의 여러 측면과 부합하는 것으로 보인다.

그는 이와 같은 상황을 다음과 같이 말하고 있다.

---

7 강조는 퍼트넘의 것이다.

은유적 언어를 사용해야 한다면, 그 은유를 이렇게 하기로 한다. 정신과 세계가 공동으로 정신과 세계를 구성한다(Putnam, 1981, xi).

퍼트넘은 자신의 내재적 실재론, 혹은 내재론이 굿먼의 저술 『세계 만들기의 방식들(Ways of Worldmaking)』(1978)의 내용과 상당한 친화성을 갖는다고 다음과 같이 쓰고 있다.

『세계 만들기의 방식들』이라는 책에서 넬슨 굿먼은 이와 밀접히 관련된 점을 지적한다. 지각 사실들 자체가 '정말 무엇인지'를, 어떻게 지각 사실들을 개념화하게 되며 또 어떻게 그 사실들을 기술하느냐와 무관하게, 우리가 알아보려는 일은 쓸데없다는 것이다(Putnam, 1981, 68).

2.2. 진리 대응설이 아니라 합리적 수용 가능성

퍼트넘은 진리 대응설을 비판한다. 이러한 비판은 그의 내재적 실재론의 한 핵심 사항이다. 먼저 퍼트넘이 진리 대응설을 어떻게 묘사하고 있는지 살펴보기로 한다. 이어서 진리 대응설에 대한 그의 비판과 그의 대안이 무엇인지 검토하게 될 것이다. 퍼트넘은 진리 대응설을 다음과 같이 묘사하고 있다.

형이상학적 실재론자가 주장하는 바는, 우리의 정신과 독립적으로, 우리가 있는 그대로의 사물에 관해서 사고하고 이야기할 수 있으며, 우리 언어 속의 용어들과 몇몇 종류의 정신 독립적 존재자들 사이의 '대응' 관계 덕분에 우리는 이를 해낼 수 있다는 것이다(Putnam, 1983c, 205).

이것이 바로 진리 대응설이 주장하는 대응의 의미다. "우리 언어 속의 용어들"이 "몇몇 종류의 정신 독립적 존재자들"과 "대응 관계"를 이루어낼 수 있다는 것이 진리 대응설을 옹호하는 이들이 주장하는 내용이다.

진리 대응설에 대한 퍼트넘의 부정은 신의 눈 관점에 대한 그의 비판과 직결되어 있다. 퍼트넘은 신의 눈 관점을 의심한다. 또한 신의 눈 관점에서 서 있는 진리 대응설도 의심한다. 그는 이렇게 말한다.

> 전부는 아니지만 '내재적' 관점을 취하는 많은 철학자들은 세계에 대한 한 개 이상의 '참된' 이론 또는 기술이 있다고 더 나아가 주장한다. 내재적 관점에서, '진리'라는 것은 몇몇 종류의 (이상화된) 합리적 수용 가능성[(idealized) rational acceptability] — 우리의 믿음 상호 간에 또는 우리의 믿음과 우리의 믿음 체계 속에서 표상된 경험 자체로서의 경험 간에 성립되는 몇몇 종류의 이상적 정합 — 이며 정신 독립적 사태(states of affairs) 또는 담론(discourse) 독립적 '사태'와의 대응이 아니다. 우리가 알 수 있고 유용하게 상상할 수 있는 신의 눈 관점은 없다. 그들의 기술과 이론이 도와주는 다양한 관심과 목적을 반영해 내는 실제 인간들의 다양한 관점이 있을 뿐이다(Putnam, 1981, 49-50).[8]

인용문이 보여주듯이, 퍼트넘은 진리 대응설을 받아들이지 않는 입장을 취하고 있다. 그의 견해에 따르면, 진리란 신의 눈 관점으로는 성립시킬 수 없는 것이다. 퍼트넘의 진리는 "우리의 믿음 상호 간에 성립되는 정합" 또는 "우리의 믿음과 우리의 믿음 체계 속에서 구현된 경험 간의 정합"이다. 그가 주장하는 진리는 철저하게 정신 의존적인 것이다. 정신과 무관하게 성립하는 진리란 있을 수 없다는 견해다.

이와 같은 퍼트넘의 견해는 일리가 있는 것으로 보인다. 사례를 통해 퍼트넘이 말하는 상황의 의미를 파악해 볼 수 있을 것이다. '데본기(Devonian)' 지층에 대해서 우리가 어떤 믿음을 제시했다고 하자. 그러면 그 믿음을 수용하기 위해서는 실제 데본기 지층을 찾아서 그 믿음이 말하는 바와 대조해야 한

---

8 강조는 퍼트넘의 것이다.

다. 그런데 데본기 지층은 '데본기' '지층'과 같은 정신적 구조물과 무관하게 존재하는 것이 아니다. 세계에는 많은 지층이 존재한다. '데본기'라는 개념이 지층을 '한정하지' 않는다면 우리는 데본기에 대한 주장으로서의 우리의 믿음과 대조시킬 데본기 지층을 찾을 수 없을 것이다. 그런 경우 믿음을 합리적으로 수용할 여지가 없게 된다. 지질학적 개념을 지니지 않은 지질학적 까막눈에게 사실상 모든 지층은 구별이 전혀 안 될 것이다. 그들 지층은 모두 같게 보일 가능성이 매우 높다. 그럴 경우 우리의 믿음과 대조시킬 지층을 구별해 낼 수 없게 된다고 보아야 한다. 데본기는 고생대(paleozoic)의 한 시기다. 데본기를 알려면 '고생대'라는 개념을 알아야 한다. 고생대의 일부를 구성하는 지질학적 시간의 일부가 데본기인 것이다. 이처럼 '고생대'니 '데본기'니 하는 개념 없이는 우리는 경험을 이루어낼 수가 없고 경험을 이루어내지 못하면 우리의 믿음과 대조할 수가 없는 것이다. 이처럼 정신적 구성물로서의 '데본기' 개념에 의존해서만 데본기 지층에 관한 경험을 성립시킬 수 있는 것이다.

그는 『이성, 진리, 역사』의 서문에서 이러한 대목과 관련하여 다음과 같이 말하고 있다. "이 책의 처음 세 개의 장에서 나는 객관적 성분과 주관적 성분을 통일하는 진리 개념을 설명하고자 하게 될 것이다"(Putnam, 1981, x). 여기서 객관적 성분은 정신 독립적 실재는 아니되 이론과 같은 인간의 주장 내용과 대조될 수 있는 어떤 것으로 볼 수 있고, 주관적 성분은 이론과 같은 정신 작용과 관련된 요소로 볼 수 있을 것이다.

퍼트넘은 신의 눈 관점을 계속 비판한다. 신의 눈 관점에서 성립되는 유일한 진리, 즉 이론과 정신 독립적 실재와의 대응에서 성립되는 유일한 진리란 없다고 그는 말한다. 실제 인간들이 "다양한 관심과 목적에서 세계를 기술하고 이론을 창출해 내는" 여러 관점이 존재하며, 이런 관점 가운데서 진리 대응설적 의미의 진리는 아닌, 합리적 수용 가능성을 보여주는 믿음이 수립된다고 퍼트넘은 주장하고 있는 것이다. 다시 말해서, 그에게 진리란 진리 대응설의 의미에서 성립 가능하지 않으며, 이러한 다양한 관점 속에서 다양하게 수립되는 합리적 수용 가능성이 출현하는 것이다.

한 진술, 또는 진술들의 체계 — 이론이나 개념적 구도 — 를 합리적으로 수용할 수 있게 만드는 것은, 대체로 그것의 정합성 또는 맞음(fit)인데, 즉 '이론적인' 또는 덜 경험적인 믿음 상호 간의 정합성, 그리고 그것의 더 경험적 믿음과의 정합성, 또한 경험적 믿음의 이론적 믿음과의 정합성인 것이다. 내가 발전시키게 될 입장에서는, 정합성의 개념과 합리적 수용 가능성의 개념이 우리의 심리와 깊이 엮여 있다. 그것들은 우리의 생물학적 특성과 우리의 문화에 의존한다. 그것들은 결코 '가치 중립적'이지 않다. 그것들은 우리의 개념이며 실재하는 어떤 것에 관한 개념이다. 그것들은 객관성의 한 종류, 즉 우리를 위한 객관성을 정의하는데, 그럼에도 불구하고 이것은 신의 눈 관점의 객관성은 아니다. 객관성과 합리성이란 인간적으로 말해, 우리가 갖고 있는 것이다. 그것들은 없는 것보다는 낫다(Putnam, 1981, 54-55).[9]

진리와 합리적 수용 가능성의 차이에 대해서 퍼트넘은 다음과 같이 말하고 있다.

진리란 한 가지 근본적 이유 때문에 단순히 합리적 수용 가능성이 될 수가 없는 것이다. 즉 진리는 진술의 상실될 수 없는 속성으로 가정되나, 정당화는 상실될 수도 있다. '지구가 평평하다'는 진술은 아마도 3000년 전에는 합리적으로 수용되었을 가망성이 매우 높다. 그러나 그것이 오늘날에도 합리적으로 수용될 수 있는 것은 아니다. 그래서 '지구가 평평하다'가 3000년 전에는 참이었다고 말하는 것은 잘못일 것이다. 왜냐하면 그것은 지구가 그 형태를 바꾸었음을 의미할 것이기 때문이다. 사실상, 합리적 수용 가능성은 시간에 달려 있으며 사람에 상대적인 개념이다. 게다가, 합리적 수용 가능성은 정도의 문제다. 진리도 때로는 정도(예, 우리는 때로 '지구는 둥글다'는 진술은 근사적으로 참이라고 말한다)의 문

---

9 강조는 퍼트넘의 것이다.

제라고 말해지기도 하지만, 그러나 여기서 '정도'는 진술의 정확성을 말하는 것이지 그 수용 가능성의 정도나 정당화의 정도를 말하는 것이 아니다(Putnam, 1981, 55).[10]

어떤 이론과 인간 독립적 실재 사이에 대응 관계가 있어 진리가 성립되었다면, 그 이론의 진리는 영원불변이어야 한다. 하지만 실제로 그런 식의 진리는 성립하지 않는다. 이론은 폐기되어 왔고, 아직 폐기되지 않았더라도 미래의 어느 시점에 폐기될 가능성을 지니고 있다. '지구는 평평하다'는 진술은, 퍼트넘이 보기에, 과거에도 진리가 아니었다. 그 당시에 합리적으로 수용되었던 것이지 고정된 실재와의 대응 관계를 보여주었던 이론은 아니었다는 것이다. 퍼트넘은 과학 활동을 이해하는 데 도움을 주는 중요한 지적을 하고 있다. "합리적 수용 가능성은 시간에 달려 있으며 사람에 상대적인 개념이다." 이론과 경험을 대조하는 일은 시기에 따라, 과학자 집단에 따라 다를 수 있다는 것이다. 고중세 자연철학에서, 즉 아리스토텔레스주의 자연철학에서 망원경은 합리적 경험 산출의 수단이 아니었다. 하지만 근대 자연철학에서 망원경은 자연의 사실을 알려주는 핵심적 수단의 하나가 되었다. 갈릴레오는 망원경 관찰 내용을 근거로 아리스토텔레스주의 자연철학의 핵심 내용을 비판할 수 있었던 것이다. 이런 사례에서 알 수 있듯이, "합리적 수용 가능성은 시간에 달려 있으며 사람에 상대적인 개념이다"라는 퍼트넘의 견해는 상당히 유의미한 입장이라고 할 수 있다.

퍼트넘에 따르면, 합리적 수용 가능성은 "우리의" 개념이며, 신의 개념이 아니다. 합리적 수용 가능성은 인간이 이룩해 내는 것이며, 신의 눈 관점과는 거리가 멀다. 우리와 무관하게, 우리의 정신과 무관하게 이미 존재하는 세계 ― 신의 눈 관점 안에 존재하는 세계 ― 는 없으며, 우리가 우리 정신에 의존하는

---

10 강조는 퍼트넘의 것이다.

방식으로 우리는 세계에 관해 말하고 세계에 관해 파악한다는 것이 퍼트넘의 주장이다.

  나의 견해로는, 이것이 보여주는 바는 외재적 관점이 결국 옳다는 것이 아니라, 진리란 합리적 수용 가능성의 이상화라는 것이다. 우리는 마치 인식적으로 이상적인 조건 같은 것이 있는 것처럼 말하고, 그러한 조건에서 어떤 진술이 정당화되면 우리는 그 진술을 '참'이라고 부른다. 그러나 '인식적으로 이상적인 조건'이란 '마찰 없는 면'과 같은 그런 것이다. 우리가 그러한 이상적 조건을 실제로 얻을 수 없으며, 그러한 조건에 충분히 가까이 가봤는지조차도 절대적으로 확신할 수 없다. 그러나 마찰 없는 면을 만드는 것이 실제로는 불가능하겠지만, 마찰 없는 면에 관한 이야기는 '현금 가치'가 있는데 왜냐하면 매우 높은 정도의 근사로 우리는 그것에 접근할 수 있기 때문이다.

  아마도, 진리를 이상적 조건 아래서의 정당화로 설명하는 일은 마치 명확한 개념을 모호한 개념에 의거하여 설명하는 일로 보일 것이다. 그러나 '눈은 희다'와 같은 그러한 진부한 예로부터 벗어나면 '참'이라는 개념은 그다지 명백한 개념이 아니다. 그리고 여하튼, 나는 진리의 형식적 정의를 제시하려는 것이 아니라 그 개념의 비형식적 해명을 제시하려는 것이다.

  마찰 없는 면에의 직유(直喩)는 제쳐두고, 진리 이상화설(idealization theory of truth)의 두 가지 핵심적 관념은 (1) 진리가 당장 여기에서 지금 이루어지는 정당화와는 독립적이지만, 그렇다고 해서 모든 정당화와 독립적인 것은 아니다. 어떤 진술이 참이라고 주장하는 것은 그것이 정당화될 수 있다고 주장하는 것이다. (2) 진리는 안정적이거나 '수렴적'이어야 한다고 기대된다. 만약 어떤 진술과 그 진술의 부정이 동시에 '정당화'될 수 있다면, 이뤄낼 수 있다고 희망할 수 있는 만큼의 이상적 조건이 갖추어졌다 하더라도 그 진술이 진리치를 갖는다고 생각하는 것은 의미가 없다(Putnam, 1981, 55-56).[11]

퍼트넘이 보기에, 우리가 어떤 이론을 받아들이는 것은 다양한 수준의 합리적 수용 가능성에 의존한다. 진리 대응설적 의미의 진리란 바로 이렇게 다양한 합리적 수용 가능성을 이상화시킨 귀결이라는 것이다. "인식적으로 이상적인 조건"을 충족시킨 어떤 진술을 참이라고 부르고, 이때 진리가 성립된 것이라고 진리 대응설의 옹호자는 말하겠지만, 그런 인식적으로 이상적인 조건은 이상화 작용에 의해 만들어진 것이지 실제 인식 과정에서 나타나는 어떤 특성이 아니라는 것이다. 퍼트넘은 "인식적으로 이상적인 조건"을 "마찰 없는 면"에 비유한다. 과학에서 흔히 단서를 달아 '마찰 없는' 면과 같은 개념으로 사용함으로써 자연 현상을 이해하게 된다. 그러나 이것은 이론화 과정에서 흔히 발생하는 일이기는 하지만, 이상화로서 '마찰 없는 면'은 '실제로는' 존재하지 않는다. 이와 마찬가지로, "인식적으로 이상적인 조건"이란 실제 인식 과정이 이루어지는 상황과는 거리가 있다고 퍼트넘은 주장하고 있는 것이다. 따라서 "인식적으로 이상적인 조건"을 충족시켜 발생하는 '진리'란 있을 수 없다고 그는 주장한다. 한 번 더 말해서, 진리 대응설적 의미는 합리적 수용 가능성을 이상화시켰을 때 나타나는 것이라고 퍼트넘은 보고 있는 것이다.

3. 유일한 세계와 복수의 세계

위에서 퍼트넘의 내재적 실재론의 특징에 대해 살펴보았다. 이제 굿먼의 비실재론에 대해 논의하기로 한다. 세계는, 굿먼에게, 인간과 무관하게 독립되어 있는 그런 세계가 아니다. 인간과 독립된 세계는 유일하며 고정된 세계일 것이다. 하지만, 세계는, 굿먼이 보기에, '구성된' 것이다. 구성된 세계는 유일할 필요가 없다. 세계는 오히려, 굿먼에 따르면, 여러 방식으로 구성될 수 있는 '복수'의 세계다. 세계의 구성은 "버전"에 의거한다.[12] 서로 다른 버전

---

11 강조는 퍼트넘의 것이다.

은 서로 다른 복수의 세계를 구성해 낸다. 버전에 의한 세계 구성에 관한 이와 같은 굿먼의 이야기가, 그의 비실재론의 요지다. 고중세의 우주론은 지구 중심 우주론이었다. 지구 중심 우주론은 세계 버전의 한 예가 된다. 지구가 우주의 중심에 있고, 나머지 천체는 지구 둘레를 돈다는 것이 이 버전의 핵심 기초를 이룬다. 그런데 하나의 버전으로서 고중세의 지구 중심 우주론은 또 다른 버전으로 대체된다. 근대 우주론은 태양 중심 우주론이다. 이 태양 중심 우주론이 지구 중심 우주론을 대체했던 것이다. 태양 중심 우주론은 세계 버전의 또 다른 예다. 이 버전에서는, 태양이 우주의 중심에 있고, 지구를 포함한 나머지 천체는 태양 둘레를 돈다. 굿먼에 따르면, 이처럼 세계는 버전 의존적으로 구성된다. 세계는, 굿먼에게, 원리적으로 다양하게 구성될 수 있다. 서로 다른 세계 버전은 세계를 서로 다른 방식으로 구성하는 것이다.

세계가 버전 의존적으로 다양하게 구성될 수 있다면, 세계는 유일한 세계라기보다는 복수의 세계다. 이 복수의 세계는 인간 독립적으로, 버전 독립적으로 존재하는 유일한 세계를 폐기하는 것처럼 보인다. 퍼트넘이 기술한 형이상학적 실재론에서 세계는 정신 독립적인 유일한 세계다. 굿먼이 말하는 복수의 세계는 형이상학적 실재론이 말해주는 유일한 세계의 대립물인 것이다. 이런 의미에서 굿먼의 복수의 세계는, 퍼트넘이 부정하는 신의 눈 관점에서 있는 유일한 세계와 충돌하는 시각이라고 할 수 있다.

3.1. '이미 만들어진 세계'에 대한 의혹: 버전과 구성

굿먼에게 버전과 무관한 세계나 실재는 없다. 그가 보기에, 세계는 버전과 독립되어 있지 않다. 그리고 세계는 인간과 독립적인, 유일한 세계가 아니다. 왜냐하면 버전은 인간이 만드는 것이기에 그러하다. 세계는 "이미 만들어진

---

12 버전에 의한 세계 구성에 관한 굿먼의 논의는 대표적으로 Goodman(1978)을 들 수 있다.

세계"[13]가 아니라는 것이다. 세계는 이미 만들어져 있다가 세계가 만들어진 이후 어느 시점에 어떤 인간이 그 세계를 발견해 내는 것이라는 관념을 굿먼은 비판한다. 세계는 우리가 버전으로 알아낸 것이다. 그러므로, 굿먼에 따르면, 세계는 유일하지 않으며 서로 다른 버전에 따라 서로 다르게 구성되는 그와 같은 성격을 지닌다. 앞서 보았듯이, 고중세에는 태양이 움직이며 지구 둘레를 도는 천문학 이론을 받아들였다. 이것은 굿먼이 말하는 하나의 세계 버전이 될 것이다. 근대 이후에, 태양은 움직이지 않으며 오히려 지구가 태양 둘레를 도는 것으로 보는 우주론이 제기되어 받아들여졌다. 이것은 또 하나의 버전이 될 것이다. 이처럼, 세계는 이미 만들어져 있고 이렇게 이미 만들어진 세계의 질서를 인간이 유일하게 참인 이론을 통해 알아내게 되는 그러한 세계가 아니라는 것을 굿먼의 비실재론은 말해준다. 세계에 관해 유일하게 참인 이론은 진리 대응설에서 따라 나오는 관념이다. 버전에 의한 세계 구성을 주장하는 굿먼이므로, 당연히 굿먼은 진리 대응설을 받아들이지 않는다. 굿먼의 비실재론에 따르면, 세계는 이미 만들어져 있는 것이 아니며, 유일한 것이 아니다. 버전에 의존하여 인간에 의해 구성되는 것이 세계다. 굿먼은 이렇게 말한다.

> 바로 이것을 나는 생각하는 것이다. 즉 많은 상이한 세계-버전들(world-versions)은, 단일한 기초에의 요구나 환원 가능성의 요구 또는 가정 없이도, 독립적인 관심과 중요성을 지닌다는 것이다. 다원론자는, 반과학적이기는커녕, 과학의 전면적 가치를 받아들인다. 그가 전형적으로 적대시하는 바는, 하나의 체계, 즉 물리학이 상위의 것이며 모두를 포괄하는 것이라고, 그래서 모든 여타 버전이 궁극적으로 그것에 환원되어야 하거나 의미 없다고 거부되어야 한다고 주장하는 일원론적 유물론자 또는 물리주의자다(Goodman, 1978, 4).

---

13 이 표현은 Goodman(1978), 132, 주 20에서 볼 수 있다.

여기서 '단일한 기초'란 바로 유일한 세계 또는 이미 만들어진 세계가 될 것이다. 앞서 논의했듯이, 굿먼은 이러한 단일한 기초를 부정적으로 본다. 버전들은 각기 독립적인 관심과 중요성을 지닌 채로 세계를 상이하게 구성한다는 것이다. 굿먼이 보기에, 상이한 버전에 따른 상이한 세계 만들기 혹은 세계 구성을 받아들이는 다원론자는 모든 여타 버전이 하나의 버전으로서의 물리학으로 환원되어야 한다는 견해를 부정한다. 인용문에 나타나듯이, 굿먼은 자신이 반과학적 태도를 취하는 것이 아니라 과학의 가치를 전면적으로 인정한다고 말한다. 지금은 폐기된 버전인 지구 중심 우주론이라는 한 세계 버전은 상당 기간 동안 독립적인 관심과 중요성과 가치를 지녔다고 할 수 있다. 우리가 받아들인 태양 중심 우주론은 또 다른 세계 버전이다. 이 버전 역시 훌륭한 버전으로 지구 중심 우주론과 마찬가지로 독립적인 관심, 중요성, 가치를 지닌다. 지구 중심 우주론이라는 세계 버전은 태양 중심 우주론이라는 버전에 의해 대체되었다. 하지만 그 버전은 폐기되기 이전 수천 년 동안 유의미한 세계 버전이 되어왔다. 태양 중심 우주론이라는 버전은 옛 지구 중심 우주 버전을 대체한 탁월한 세계 버전이다. 그러나 이 세계 버전은 그 존속 기간에서 이제 수백 년을 넘겼을 뿐이다. 지구 중심 우주론이라는 세계 버전이 대체된 것처럼, 언젠가 태양 중심 우주론이라는 버전도 또 다른 세계 버전에 의해 대체되거나 비판될 여지가 있는 것이다. 그러므로 물리학이라는 세계 버전은 항구적인 유일한 버전이 될 수 없으며, 이것에의 환원 가능성을 논하는 것은 버전 의존적 세계 구성에 대한 반론이 되기 어렵다. 굿먼은 물리학에 의한 버전이 의미 없다고 말하는 것이 전혀 아니다. 그가 비판하는 것은 모든 버전이 물리학의 버전으로 환원되어야 한다고 보는 일원론적 입장이다.[14]

굿먼의 이런 관점에 대해, 퍼트넘은 다음과 같이 자신의 입장과의 유사성

---

[14] 그리고 이러한 의미에서 예술 활동의 가치와 자율성을 강조한다. 『세계 만들기의 방식들』은 과학보다는 예술을 좀 더 강하게 염두에 두면서 쓰인 책이다. 굿먼의 과학의 버전들보다는 예술의 버전들이 세계를 구성하고 세계에 관해 드러내주는 바에 보다 많이 신경을 쓴다.

을 밝히고 있다.

> 근년에 굿먼과 나는 서로의 의견에서 수렴이 있다는 점을 탐지했고, 이 책의
> 초고는 내가 굿먼의 『세계 만들기의 방식들』을 읽어볼 기회를 갖기 이전에 쓰
> 였는데, 그 책을 읽고 여러 가지 문제를 그와 토론한 일은 나에게 여러 단계에서
> 큰 가치가 있었다(Putnam, 1981, xii).

퍼트넘의 내재적 실재론이 굿먼의 비실재론에 담긴 어떤 요소를 발전시키
는 일에서 출발한 견해는 아니다. 내재적 실재론은 적어도 출간 연도를 염두
에 둘 때 1976년부터 퍼트넘이 제기한 것이기 때문이다.[15] 굿먼의 비실재론
이 담긴 주요 저작인 『세계 만들기의 방식들』은 1978년에 나왔다. 굿먼이 비
실재론과 관련하여 퍼트넘을 인용하는 경우보다는 퍼트넘이 내재적 실재론
과 관련하여 굿먼을 인용하는 경우가 많다. 여하튼 퍼트넘은 자신의 견해와
굿먼의 견해 간에 수렴이 존재한다는 점을 분명히 하고 있음을 알 수 있다.
버전에 의한 세계 구성을 주장하는 굿먼의 입장에 퍼트넘은 다음과 같이
동조하고 있다.

> 그의 글에서 굿먼은 어떠한 버전을 '개념화되지 않은 실재(unconceptualized
> reality)'와 비교하는 일과 같은 그런 것은 존재하지 않는다고 우리에게 일관되게
> 상기시켰다. 우리는 과학 이론들을 경험적 자료와 대비하여 확인한다. 그러나
> 경험적 자료는, 굿먼이 외견상의 운동에 관한 그의 토의에서 지적하듯이, 그것
> 들 자체가 구성과 해석의 이중적 결과다. 즉 뇌 자체에 의한 구성, 그리고 그가
> '보는' 바를 보고하고 심지어는 파악하기 위해서 언어와 대중적 개념들을 사용
> 하려는 주체의 필요를 통한 해석. 이론과 경험과의 비교는 개념화되지 않은 실

---

15 이러한 정황을 알 수 있게 해주는 한 정보로 다음을 참조하면 좋다. Putnam(1983a), viii.

재와 비교가 아닌데, 몇몇 실증주의자가 그러하다고 한때 생각했을지라도, 아닌 것이다. 그것은 한 버전이나 또 다른 버전의, 주어진 맥락에서 우리가 '경험'이라고 여기는 버전과의 비교인 것이다(Putnam, 1983b, 162).[16]

굿먼의 입장과 관련하여, 퍼트넘이 말하는 "개념화되지 않은 실재"는 굿먼이 말하는 "이미 만들어진 세계"와 같은 것이다. 그리고 "개념화되지 않은 실재"는 퍼트넘이 사용하는 또 다른 용어로 "정신 독립적 실재"와 동일한 것으로 볼 수 있다. 버전은 "개념화되지 않은 실재"와 비교되는 것이 아니라 '구성과 해석을 거친 것으로서의 경험적 자료'와 비교된다. 굿먼이 말하는 경험적 자료는 한 예를 들면 과학자들이 많이 이야기하는 표현으로는 실험 결과와 같은 것이다. 실험 결과는 도구를 써서 얻은 값에 일반적으로 통계적 해석을 부여해야 비로소 획득할 수 있는 것이다. 이때 경험적 자료란 주어진 맥락에서 구성과 해석에 의해 만들어진 하나의 버전인 것이다. 따라서 버전은 다른 버전과 비교된다고 퍼트넘은 보고 있다.

자신의 입장을 명료화하면서, 굿먼은 자신의 입장이 퍼트넘의 내재적 실재론과 수렴되는 측면을 서술하고 있다. 다양한 버전이 원칙적으로 존재할 수 있음에도 불구하고, 물리학자는 보통 한때에 하나의 버전 안에서 사고한다고 말한다. 이것이 바로 퍼트넘의 내재적 실재론이 주는 주요 함축에 속한다고 굿먼은 보고 있다. 보통 한때에 한 버전을 가지고 사고하고 작업하지만 종종 다른 버전 속으로 들어갔다가 나왔다가 한다는 것이다.

　물리학자는 그의 목적에 부합하는 것으로서의 파동의 세계와 입자의 세계 사이에서 왔다 갔다 한다. 우리는 보통 한때에 하나의 세계 버전 내에서 사고하고 작업하지만 ― 그래서 퍼트넘의 용어 '내재적 실재론'이 있는 것이다 ― 우리는

---

16 강조는 퍼트넘의 것이다.

종종 하나의 버전에서 다른 버전으로 옮겨간다(Goodman, 1984, 32).

세계 버전이 기본적으로 여러 가지 방식으로 존재할 수 있다고 굿먼은 말한다. 하지만 한때에 과학자들은 하나의 버전 안에서 보통 사고하고 작업한다고 주장하고 있다. 이처럼 하나의 버전에서 사고할 수 있고 작업하게 되는 세계, 그러한 세계는 '이미 만들어진 세계'가 분명히 아닌 것이다. 버전 의존적으로 구성된 세계는, 굿먼이 쓰고 있듯이, 퍼트넘식으로 말하자면 내재적 실재론이 말하는 세계다. 내재적 실재론이 함축하는 세계는 이미 만들어진 세계가 아니라 정신 의존적으로 구성된 세계라고 할 수 있다. 퍼트넘은, 앞서 보아왔듯이, 굿먼의 비실재론이 자신의 내재적 실재론과 유사하다고 비교적 빈번히 이야기한다. 굿먼이 퍼트넘의 내재적 실재론을 자신의 비실재론과 유사한 것으로 이야기하는 빈도는 퍼트넘이 굿먼의 입장을 언급하는 빈도에 비해 상대적으로 덜하지만, 위 인용문에서처럼 퍼트넘의 내재적 실재론이 자신의 비실재론과 기본적 특징에서 매우 유사하다고 분명히 지적하고 있음을 인지할 수 있다.

퍼트넘은 굿먼의 비실재론이 형이상학적 실재론과 이미 만들어진 세계라는 신화를 파괴한다고 평가하고 있다.

굿먼의 논변은, 내가 이미 주장했듯이, 한 전통적 버전의 "실재론," 즉 내가 형이상학적 실재론으로 부르고자 하는 버전을 파괴시킨다. 그 버전에 따르면, 대상 개념과 속성 개념 각각이 단 하나의 확정적으로 심각한 "의미"를 지니며, 세계는 확정적으로 독특한 하나의 방식으로 대상들과 속성들로 나뉜다. 이것이 '이미 만들어진 세계'라는 신화인 것이다(Putnam, 1996, 190).

이처럼 퍼트넘은 굿먼의 비실재론에 우호적인 태도를 분명히 하면서 그의 내재적 실재론의 정당성을 굿먼의 비실재론과의 대조에서 구하고 있는 것이다.

3.2. 진리에서 '옳음'으로

세계는 버전 의존적으로 구성된다고 굿먼은 말한다. 그런데 굿먼은 모든 가능한 버전을 인정하고 받아들이는가? 그렇지 않다. 굿먼은 '옳은' 버전과 그렇지 않은 버전을 구분한다. 그는 옳은 버전이 세계를 구성한다고 말한다. 아무 버전이나 세계를 구성하는 것이 아니라 옳은 버전이 세계를 구성한다는 것이다. 굿먼이 말하는 이 "옳음"[17]은 버전의 세계 구성 능력의 관건이다. 그가 상대주의가 아닌 비실재론을 주장하는 주요 근거는 이 옳음에 대한 견해에 있다. 굿먼은 진리 대응설을 부정하며 옳음에 의거한 세계 버전의 성립을 강조한다. 이 옳음이 무엇인지 살펴보기로 한다.

굿먼은 옳음에 대한 한 예시로 귀납적 옳음에 대해 이야기한다.[18] 그는 귀납적 추론에 관한, 그의 잘 알려진 술어 선택의 문제를 논의 중 사례로서 제시한다. 그린(green), 블루(blue), 그루(grue), 블린(bleen)이 그것이다.[19] 어느 시점 t 이전까지 에메랄드의 색에 관한 모든 관찰은 그린이었다. 이 관찰에 대해, 두 가설이 제기되는 상황을 염두에 두기로 한다. 한 가설은 '모든 에메랄드는 그린이다'라는 가설이다. 즉 t 이후에도 에메랄드를 관찰하면, 에메랄드의 색은 계속 그린일 것이라는 가설인 것이다. 또 다른 가설은 t 이전까지의 관찰은 그린이었지만 t 이후에는 블루가 되리라는 가설이다. 이 가설에서 말하는 에메랄드의 색에 관한 술어가 바로 그루다. 이 가설은 '모든 에메랄드는 그루다'라고 말한다. 마찬가지로 블루와 블린에 대해서도, 유사한 관찰 상황에서 두 가설이 제기될 수 있다. t 이전까지 관찰이 모두 블루였고 t 이후에도 관찰은 블루가 되리라고 보는 가설은 '모든 에메랄드는 블루다'라고 주장

---

17 "옳음"에 대한 굿먼의 논의에 대해서는 Goodman(1978), 109-140을 참조하면 좋다.

18 이에 대해서는 Goodman(1978), 126-27을 참조하면 좋다.

19 그린, 블루, 그루, 블린 각각을 초록색, 파란색, 초파색, 파초색으로, 또는 유사 번역어로 나타낼 수 있겠으나, 원문의 술어를 그대로 살리면서 논의하기로 한다.

할 것이다. 반면 t 이전까지 관찰이 모두 블루였지만, t부터는 관찰이 그린이 되다고 보는 가설은 '모든 에메랄드는 블린이다'라고 말할 것이다. '모든 에메랄드는 그린이다', '모든 에메랄드는 그루다', '모든 에메랄드는 블루다', '모든 에메랄드는 블린이다'라고 주장하는 가설 모두가 굿먼이 말하는 버전들이다. 에메랄드의 색과 관련된 주장을 서로 달리하는 버전들인 것이다. 그런데 굿먼은 이 버전들 모두가 성립 가능하며 옳다고 보는 것인가? 아니다. 굿먼은 귀납적 옳음 측면에서 그린과 블루는 수용 가능한 술어이며, 반면 그루와 블린은 수용 불가능한 술어라고 본다. t 이전까지의 관찰 내용에 의존하여, 수용 가능한 술어를 포함하는 가설 '모든 에메랄드는 그린이다'와 '모든 에메랄드는 블루다'는 옳은 버전이 될 것이다. 반면 수용 불가능한 술어를 포함하는 '모든 에메랄드는 그루다'와 '모든 에메랄드는 블린이다'는 옳지 않은 버전을 구성한다. 굿먼은 이렇게 말한다.

> 귀납적 옳음은 '진정한' 종 또는 '자연'종에 관한 — 또는 나의 용어법으로는, "그루"와 "블린"과 같은 투사 불가능한(nonprojectible) 술어보다는 "그린"과 "블루"와 같은 투사 가능한(projectible) 술어에 관한 — 증거 진술들과 가설이 존재해야 한다고 요구한다. 그러한 제한(restriction)이 없으면, 옳은 귀납 논증은 셀 수 없이 충돌하는 결론들, 즉 모든 에메랄드는 그린이다, 그루다, 그레드(gred)다 등등을 항상 산출하는 것으로 알려질 수도 있다(Goodman, 1978, 126-27).

굿먼의 위 인용문에서 중요한 것은 옳은 버전과 그렇지 않은 버전을 구분하는 데는 '제한'이 따른다는 것이다. 이것은 굿먼의 비실재론의 핵심적 특징이다. 사람들은 귀납적 추론과 관련하여 그린과 블루 같은 술어를 채용하는 것은 수용하지만, 그루와 블린 같은 술어를 채용하는 것은 수용하지 않음으로써 제한을 가한다는 것이다. t 이전까지 에메랄드의 색이 계속 그린이었다면, 혹은 계속 블루였다면, 사람들은 t 이후에도 계속하여 그린이거나 블루가 되는 것을 받아들이겠지만, t 이전까지 색이 그린이었다가 t 이후에는 블루로 변화되어 관찰되는 상황, 또는 t 이전에는 블루였다가 t 이후에는 그린으로 관찰되는 상황을 주장하는 귀납 추론은 받아들이지 않는다는 것이다. 이것이 바로 투사 가능한 술어와 투사 불가능한 술어의 차이가 빚어내는 바다. 즉 그린 버전과 블루 버전은 옳은 버전이지만 그루 버전과 블린 버전은 옳은 버전이 아니라고 굿먼은 이야기하고 있는 것이다. 이것은 모든 버전이 성립 가능하고 대등하다는 데 대한 굿먼의 반론이다. 굿먼에 따르면, 옳은 버전은 세계를 구성한다. 그러나 옳지 않은 버전은 세계를 구성하지 못한다. 이렇게 볼 때, 굿먼의 비실재론이 전형적인 상대주의와는 상당한 거리를 두고 있음을 감지할 수 있다.

4. 결론

내재적 실재론과 비실재론의 주요 특징을 비교하는 방식으로 지금까지 논의해 왔다. 논의의 초점은 두 가지였다. 하나는 실재 개념을 둘러싼 논의였고, 다른 하나는 진리 대응설을 둘러싼 논의였다. 실재와 관련하여 먼저 살펴보면, 퍼트넘은 내재적 실재론으로 정신 독립적 실재를 부정한다. 굿먼은 비실재론으로 이미 만들어진 세계를 거부한다. 정신으로 세계를 인식해 낸다는 것에 초점을 두는 입장이 내재적 실재론이다. 퍼트넘의 경우, 이처럼 관념의 세계 파악 능력을 강조하여 신의 눈 관점을 비판하고 있다. 물론 굿먼도 버전을 강조하고, 버전에 의한 세계 만들기 혹은 세계 구성을 이야기한다. 이를 통해 굿먼은 이미 만들어진 세계, 즉 인간과 상관없이 이미 만들어져 있고, 질서 잡혀 있는 세계를 의혹한다. 세계는 고정되어 있고, 이 고정된 세계를 인간이 어느 시점에 알아낸다는 관점, 바로 이 관점을 굿먼은 비판하는 것이다. 이러한 굿먼의 비판은 신의 눈 관점에 대한 퍼트넘의 비판과 거의 같아 보인다. 즉, 퍼트넘은 정신에 의한 세계 파악을 주장하고 굿먼은 버전에 의한 세계 구성이 지니는 복수성을 강조한다. 퍼트넘과 굿먼 둘 다 유사한 입장을 취한다고 할 수 있는데, 논조 면에서 퍼트넘이 정신 의존적 세계 인식 능력을 강조하는 데 비해, 굿먼은 세계의 복수성을 강조하는 미묘한 차이를 보여준다. 두 사람의 입장은 강조의 미세한 차이에도 불구하고, 기본적으로 동일한 입장을 갖고 있다고 볼 수 있다. 그것은 '관념에 의한 세계의 복수적 구성 가능성'이다.

세계의 존재를 퍼트넘은 부정하는가? 그렇지 않다. 퍼트넘은 세계를 존재하지 않는 것으로 치부하지는 않는다. 그가 부정하는 것은 세계가 정신과 무관하게, 정신과 독립하여 실재한다는 사고다. 그가 보기에, 세계는 개념 의존적으로 우리에게 알려질 뿐인 그러한 세계다. 그럼, 세계의 존재를 굿먼은 부정하는가? 아니다. 살펴보았듯이, 퍼트넘이 관념의 구성 능력을 강조하는 데 비해, 굿먼은 이미 만들어져 고정되어 있는 세계라는 관점을 비판하는 데 좀 더 신경을 쓴다. 하지만 굿먼이 버전이라는 개념을 제시하여, 세계의 복수성을 말하는 점에서 퍼트넘의 입장과 사실상 크게 다르다고 할 수 없다.

두 사람이 함께 부정하는 것은 실재론이 아니라 형이상학적 실재론이다. 형이상학적 실재란 퍼트넘에게 정신 독립적 실재이고, 굿먼에게는 이미 만들어진 세계다. 퍼트넘과 굿먼이 받아들이지 않는 것은 정신 독립적 실재이고, 이미 만들어진 세계라는 사고다. 그들이 주장하는 것은 정신 의존적 세계, 버전 의존적 세계. 세계가 존재하지 않는다는 것이 아니라, 정신에 의존하는 방식으로 또는 버전에 의존하는 방식으로 존재한다는 것이다. 두 사람은 형이상학적 실재론자가 아닐 뿐이며, 반실재론자도 아니다. 굿먼과 퍼트넘은 반실재론자라기보다는 수정된 실재론, 실제적 실재론을 옹호한다. 그들이 옹호하는 입장은 신의 눈 관점을 취하는 형이상학적 실재론이 아니고 퍼트넘의 표현대로 "인간의 얼굴을 한 실재론(realism with a human face)"[20]이다. 우리 인간의 정신 능력으로 파악되는 세계가, 버전 의존적인 세계가 존재할 뿐이

---

20 이에 대해서는 Putnam(1992)을 참조하면 좋음.

지, 신의 눈 관점으로 이해되는 세계, 이미 만들어진 세계는 우리에게 의미가 없다는 것이다. 퍼트넘의 내재적 실재론이나 굿먼의 비실재론을 상대주의라고 치부하는 이는 고전적인 형이상학적 실재론 입장을 취할 때에만 그렇게 할 수 있을 것이다.

이어 진리 대응설과 관련하여 논의하면, 퍼트넘은 진리 대응설을 부정하고 합리적 수용 가능성을 제시했다. 합리적 수용 가능성은 고정된 실재를 파악하여 유일한 진리를 포착하는 일과 관련된 성질이 아니다. 퍼트넘이 말하는 대로, 합리적 수용 가능성은 시간에 달려 있으며 사람에 상대적인 개념이다. 유일한 진리란 존재하지 않으며 서로 다른 합리적 수용 가능성을 지니는 이론 또는 기술이 존재하는 것이다. 프톨레마이오스 우주론은 그것이 받아들여지던 당시에 나름의 합리적 수용 가능성을 지녔다고 말할 수 있다. 하지만 프톨레마이오스 우주론을 대체한 코페르니쿠스 우주론은 다른 합리적 수용 가능성을 지녔던 것이다. 굿먼 역시 진리 대응설을 비판하고 옳음이라는 개념을 중심으로 버전을 수용하거나 거부하게 되는 상황에 대해 밝혀준다. 세계는, 굿먼에 따르면, 복수적이다. 원리적으로, 서로 다른 버전들이 서로 다른 복수의 세계들을 만들 수 있다. 그런데 서로 다른 버전들이 만들어내는 서로 다른 세계들은 모두 인식적으로 동등할까? 앞서 본 대로, 굿먼에 따르면, 어떤 버전들은 '옳고', 어떤 버전들은 옳지 않다. 굿먼이 말하기로, 옳은 버전만이 세계를 구성한다. 옳은 버전은 '그린', '블루'와 같은 투사 가능한 술어를 통해 세계를 구성하나, 옳지 않은 버전은 '그루', '블린'과 같은 투사 불가능한 술어를 통해 세계를 구성하려 한다. 하지만, 굿먼이 보기에, 투사 가능한 술어들만이 세계를 구성한다. 투사 불가능한 술어들은 세계 구성 능력을 지니지 않는다. 이렇듯이, 굿먼은 버전에 의한 세계 구성에 제한을 가한다. 두 사람이 주장하는 합리적 수용 가능성과 옳음에 대한 논의 역시 서로 매우 유사하다. 세계에 대한 유일한 이론 또는 기술, 유일한 버전 등을 결정해 낼 수가 없음을, 그리고 매우 실제적 차원에서 이론을 합리적으로 수용하게 되는 측면과 옳은 버전을 취하게 되는 대목을 논의해 낸 것이다.

9 어휘집에 의존하는 진리의 수립

1. 들어가기

과학철학 분야에서 영향력 있는 문헌으로 10개를 꼽자면 쿤의『과학 혁명의 구조(The Structure of Scientific Revolutions)』가 그 안에 포함될 가능성이 매우 높다. 어떤 이는 이 책을 10개 중 1순위에 놓을 여지도 있다. 그것은『과학 혁명의 구조』가 과학을 둘러싸고 벌어진 합리주의와 상대주의 논쟁을 본격적으로 불 지피는 데 두드러지게 기여한 책이기 때문이다.『과학 혁명의 구조』는 합리주의와 상대주의 논쟁을 확대시킨 대표적인 책일 것이다. 이 책이 나온 이후로 그리고 부분적으로 이 책 때문에, 과학을 대상으로 하는 합리주의 진영과 상대주의 진영 간의 논란은 줄기차게 전개되어 왔으며 심화되었다. 1962년에『과학 혁명의 구조』초판이 나왔다.[1] 2012년은『과학 혁명의

---

[1] 1962년에 초판이 나왔고, 철학계는 이 책을 둘러싸고 합리주의와 상대주의 관련 논쟁을 한바탕 겪게 된다. 그러한 논쟁을 겪은 후 쿤은 자신의 입장을 1970년 2판에 '후기'를 달아 명시적으로 제시했다. 그래서 보통 후기가 붙은 1970년의 2판을『과학 혁명의 구조』의 표준판으로 인정한다

구조』가 나온 지 50년이 되는 해다. 미국 시카고 대학교 출판부는 2012년에
『과학 혁명의 구조』 50주년 기념판을 냈다.[2] 저자는 이 장에서 쿤의 마지막
철학적 입장이『과학 혁명의 구조』에 나타난 그의 입장과 비교하여 어떤 차
이가 있으며, 그 차이가 어떤 과학철학적 의의를 지니는지 검토하고자 한다.
그의 마지막 입장을 담은 문헌이라면 1991년에 발표된 논문 「구조 이래의 길
(The Road Since Structure)」[3]을 들 수 있다. 「구조 이래의 길」에서 '구조'는 물
론 '과학 혁명의 구조'의 약칭이다. 「구조 이래의 길」은 제목 그대로『과학 혁
명의 구조』가 나온 이래로 이 책 때문에 쿤이 겪은 그의 입장에 대한 찬성, 비
판, 논란을 흡수하고 그것들을 음미하면서 나온 것으로 보아 별다른 문제가
없을 것이다. 저자는 「구조 이래의 길」을 중심으로 쿤의 입장을 비판적으로
논의하고자 한다. 이러한 논의는 쿤 자신의 철학적 입장 변화의 궤적을 살펴
볼 수 있게 해줄 것이며, 또한 합리주의와 상대주의 사이의 논쟁에서 그의
마지막 입장이 어디쯤에 위치하는지를 가늠하게 해주는 의미를 지닐 것이다.
　　논의를 통해 다음과 같은 내용을 밝힐 것이다. 첫째, 그는 합리성과 진리의
문제를 진지하게 숙고했다. 쿤은 진리 대응설을 인정하지 않는다. 하지만 진
리 대응설에서의 대응의 의미와는 다른 대응의 의미를 자신이 새로이 부여한
다. 그는 이론과 경험의 대응은 각 '어휘집 내부'에서는 성립될 수 있음을, 즉
'국소적' 수준의 대응적 진리만을 수용해야 한다고 본다. 이러한 숙고 속에서,
쿤의 최종적 입장은 그의 기존 입장이 새로운 입장으로 대체되는 것이 아니
라 기존 입장이 세련화되는 방식으로 강화되었다고 말할 수 있다. 둘째, 그에
게서 일부의 개념에 대한 혼동이 나타난다. 쿤은 특정 어휘집 내부에서 성립
되는 진리를 옹호한다. 이러한 맥락에서 쿤은 이러한 진리 개념을 강조하기

고 말할 수 있다.

2 해킹(Ian Hacking)이 쓴, 꽤 길고 우호적인 내용이 담긴 긴 도입 에세이(introductory essay)가 책
　에 부가되었다.

3 Kuhn(1991)을 볼 것.

위해 해킹의 '과학적 추론의 스타일(styles of scientific reasoning)'을 다루면서 과학적 추론의 스타일에 대한 해킹의 논의가 자신의 논의와 일맥상통하는 것으로 주장하고 있다. 하지만 이러한 쿤의 인식에는 혼동이 있다는 것이다.

2. 「구조 이래의 길」의 유의미성: 진리와 합리성에로의 귀환

토머스 쿤은 「구조 이래의 길」에서 자신이 다루려는 내용이 갖는 학술적 성격을 다음과 같이 묘사하고 있다.

> 여러분의 다수가 알고 있듯이, 나는 한 책에 관해 작업 중이며, 내가 여기서 기도하는 바는 그것의 주요 주제들에 관한 과도하게 짧고 교조적인 스케치다. 나는 나의 기획을 『과학 혁명의 구조』에서 남겨진 철학적 문제들로의, 현재 10년 진행된, 귀환이라고 생각한다(Kuhn, 1991, 3).

그는 이처럼 책을 준비하고 있다고 공공연히 말했다. 그렇다면, 그렇게 준비하고 있다던 책에 대한 매우 짧은 요약의 성격을 「구조 이래의 길」이 지니고 있다고 하겠다. 하지만 그가 준비하고 있다고 말했던 그 책은 오늘날까지 나오지 않고 있다.

어떤 이는 이와 반대로 그 책이 나왔다고 볼는지도 모른다. 2000년에 출간된 '책' 『구조 이래의 길』[4]이 그렇게 나왔다고 볼 수 있는 책의 후보다. 하지만 이 책이 쿤이 「구조 이래의 길」 중 위 인용문에서 작업하고 있다고 언급한 그 책으로 보이지는 않는다. 위 인용문에서, 그의 기획이 그의 논문이 나온 당시에 10년이 되었다고 나온다. 10년이 되었다는 것이 곧 원고가 준비되었

---

4 Kuhn(2000)을 볼 것.

음을 의미하지는 않을 것이다. 그의 원고가 나타났다거나 발견되었다는 풍문은 아직까지 듣지 못했다. 따라서 그 10년이란 책의 요지, 구성, 배치 등에 관해 숙고한 시간이었을 가능성이 크다.[5] 『구조 이래의 길』의 내용을 들여다보면 이런 인상이 그리 크게 빗나간 것이 아님을 추측할 수 있다. 『구조 이래의 길』은 1996년 쿤의 예기치 않은 죽음을 맞아 그의 논문들을 모아놓은 모음집에 가깝다. 『구조 이래의 길』은 「구조 이래의 길」을 그 책의 일부로서 포함하고 있으며 이 논문과 동일한 제목을 지니고 있다.[6]

한 책의 제목과 그 책의 한 장으로 들어간 논문의 제목이 같다는 것은 상징하는 바가 있다고 보아야 한다. 따라서 그렇게 한 책의 일부로 들어간 논문을 그 책의 중심적인 부분이라고 해석하더라도 별 문제가 발생하지 않을 것으로 본다. 이런 식으로 이해할 수 있듯이 「구조 이래의 길」이 쿤의 마지막 입장 혹은 마지막 입장에 가까운 그의 견해를 담고 있다고 보아 큰 무리는 없을 것이다.[7] 『구조 이래의 길』에는 「구조 이래의 길」 이외에도 몇몇 글들이 포함되어 있다. 그러나 이 모음집 『구조 이래의 길』의 백미는 「구조 이래의 길」이다.

「구조 이래의 길」의 본문으로 돌아가기로 한다. 그는 책을 쓰고자 작업하고 있다고 하면서, 책의 주요 주제와 관련하여 이렇게 말하고 있다.

---

5 저자가 그간 『과학 혁명의 구조』와 같은 그의 글들을 읽으면서 느낀 바로는, 쿤은 그리 성격이 급한 사람이 아닌 것 같았다. 아마도 그의 글쓰기 특성, 혹은 문체로 보건대, 그의 성격은 유장한 쪽에 가까울 것으로 추정한다. 쿤은 바로 집필에 들어가서 원고를 누적하는 쪽보다는 책의 전체적 틀을 사고 속에서 설계하고 틀을 잡는 데 많은 시간을, 적어도 10년을 보낸 것 같다. 그의 유장한 글과 추정되는 그의 성격을 염두에 두면 말이다. 더구나 그는 다작의 학자는 아닌 것으로 볼 수 있기 때문이다.

6 Kuhn(2000), 90-104를 참조할 것.

7 또한, 「구조 이래의 길」 이외에 이렇다 할 두드러진 장들이 『구조 이래의 길』 안에 존재하지 않는 것으로 보인다. 이런 맥락으로 볼 때, 그는 아마도 더 시간의 여유를 가지고 책을 기획하고 구성하고 다듬으려 했을 것이다. 그와 같은 의미에서 『구조 이래의 길』은 그가 작업 중에 있다고 했던 그 책은 아닌 것 같다고 본다.

내가 기획한 책으로 돌아가자면, 그것이 목표로 하는 주요 타깃들이 합리성, 상대주의 그리고, 가장 특별하게, 실재론과 진리와 같은 이슈들임을 듣고 여러분이 놀라지는 않을 것이다(Kuhn, 1991, 3).

합리성, 상대주의, 실재론, 진리. 이것들은 빈번히, 혹은 빈번히라는 표현이 과하다면, 심심찮게 상대주의자로 치부되어 왔던 그가 삶의 마지막 부분에서 주목했던 주제들이다. 쿤이 삶의 끝자락[8]에서 자신의 사고 속에서 여전히 붙들고 있었던 주제들은 합리성, 상대주의, 특히 실재론과 진리였던 것이다. 이런 주제들은, 주지하듯, 과학철학과 분석철학의 핵심 주제들이라고 할 수 있다. 영미권 철학의 주류를 형성해 온 주제들인 것이다.

바로 앞 인용문에 이어지는 뒤 문장에서, 쿤은 자신이 기획한 책의 타깃들은 합리성, 상대주의, 실재론, 진리라고 말하며 이 타깃들을 다루는 개념적 수단 또는 역할을 담당할 철학적 전문 단어를 지목한다.

그러나 그것들은, 그 책이 주로 관여하는 바가 아니고 그 책 안에서 대부분의 공간을 차지하는 바다. 그 역할은 대신에 공약 불가능성(incommensurability)에 의해서 착수되었다(Kuhn, 1991, 3).

"그것들"이란 합리성, 상대주의, 실재론, 진리를 의미한다. 쿤 자신이 저술하고 있다던 책의 대부분의 공간에서 등장할 내용은 합리성, 상대주의, 실재론, 진리라고 그는 말하고 있다. 하지만 이것들은 공약 불가능성이라는 개념을 매개로 전개되리라고 쿤은 진술한다. 합리성, 상대주의, 실재론, 진리에

---

8 쿤은 1996년에 죽었다. 여기서 끝자락이란 그가 1996년에 죽은 사건을 중심으로 볼 때, 끝자락이다. 쿤이 「구조 이래의 길」을 쓸 때 스스로 끝자락이라고 생각했는지는 알 수 없다. 시간 속에서 발생한 사망 사건이라는 맥락에서의 끝자락이며, 사망자의 자의식 속에서 확인되는 의미의 끝자락은 아닌 것이다.

대한 철학적 논의는 여러 가지 방식으로 전개될 수 있는 것이다. 하지만 쿤은 이를 자신만의 방식으로 다룬다. 그가 작업 중이라는 책에서 합리성, 상대주의, 실재론, 진리와 같은 타깃들은 바로 공약 불가능성을 중심으로 해서 다루어질 주제들이었던 것이다. 그러므로 쿤의 마지막 입장에서도 핵심 개념은, 그가 이전에 썼던 문헌에서 그랬던 것처럼, 여전히 공약 불가능성인 것이다.

3. 서로 다른 어휘집 사이에서 발생하는 공약 불가능성

쿤이 과학을 이해할 때, 과학을 지배하거나 과학과 관련된다고 생각하는 '원리적' 개념들, 예를 들면 진리, 실재 등을 그는 전혀 무시하지 않는다. 하지만 잘 알려져 있듯이 쿤은 이런 개념보다는 과학의 '구체적' 내용을 강조하며 그러한 구체적 내용을 중심으로 그의 주장을 전개하는 방식을 취한다. 쿤의 패러다임이란 추상적 이론, 일반적 이론이라기보다는 구체적 과학 이론과 실험의 복합체다. 그는 추상적 이론에 대해 말하기보다는 실제로 존재했던, 또는 존재하는 구체적 대상으로서의 패러다임을 중심으로 그의 주장을 펼친다.

그의 마지막 입장에서도 그러한 방식이 사라지거나 희미해지지 않은 것으로 보이지만, 이와 동시에 변화 역시 감지된다. 그러나 이어지는 논의를 통해 알게 될 것처럼, 여기서 그 변화는 주요한 변화이지만 근본적 변화가 아님에 주목할 필요가 있다. 그러한 변화를 보여주는 대표적인 개념의 하나가 '어휘집(lexicon)'[9]이라는 용어다. '어휘적 분류(lexical taxonomy)'[10]라는 표현도 빈번히 등장한다. 이 어휘집이라는 용어는 기존의 패러다임이라는 용어와 사실상 거의 동일한 의미를 지니고 있다. 패러다임이라는 용어에서는 관념성과

---

9 Kuhn(1991), 4 등등의 여러 곳.
10 Kuhn(1991), 5 등등의 여러 곳.

물질성이 동시에 묻어난다. 관념성이란 주로 이론과 관련된 인상이고, 물질성이란 주로 실험과 관련된 인상이다. 어휘집이라는 용어에서는 관념성이 훨씬 더 강조되는 인상을 받게 된다. 즉, 물질성보다는 관념성에 이제는 강조점을 두고 있다는 느낌을 준다. 언어에 대한 관심이 관념성에 대한 강조를 드러내준다.[11]

쿤의 논의의 초점이 되는 공약 불가능성은 바로 어휘집, 어휘적 분류 사이의 공약 불가능성인 것이다. 특히 이 중에서 어휘집과 어휘적 분류의 공약 불가능성에 대한 논의는 그의 마지막 입장에서 두드러지는 대목이다.

이에 대해서 논의하기에 앞서, 여기서 먼저 정상 과학(normal science), 과학혁명, 공약 불가능성 등에 대한 쿤의 기본적 주장이 무엇인지 환기해 보기로 한다.[12] 과학 활동과 관련하여, 쿤만큼 과학의 모습과 속성을 잘 그려낸 이도

---

11 패러다임이라는 용어와 대비할 때, 어휘집은 언어적 성격 또는 언어적 유비의 의미를 훨씬 더 부각시킨다. 이처럼 쿤이 쓰는 어휘집과 같은 용어에서 드러나듯이, 쿤은 언어적 관심 또는 언어적 유비를 즐겨 사용한다. 하지만 어휘집이라는 표현을 쓰더라도 그 어휘집에는 언어적인 것만 들어가는 것은 아니다. 실험 또는 도구와 관련되어 한 과학 공동체에서 공유되고 수용되는 여러 내용이 이 어휘집 안에 포함될 것이기 때문이다.

12 이 장은 쿤의 마지막 입장에 관한 논의이며, 따라서 기존 입장에 초점을 두지는 않는다. 하지만 그의 마지막 입장이 무엇인지는 기존의 입장을 숙지하고 있을 때 드러나는 것이다. 그러므로 쿤의 마지막 입장을 파악하기 위해서는 그의 주요 기존 입장에 대해 개괄적으로 논의하는 일을 여기서 피해가기가 어려워 보인다. 우선 그의 기존 입장에 대해서는 물론 Kuhn(1970)을 참조하면 좋다. 그 외에 조인래 편역(1997)을 참조할 수 있다. 이 편역서에는 쿤 자신의 논의 이외에도 쿤의 입장을 다루는 주요 글이 번역, 수록되어 있어 쿤의 주요 입장을 파악하는 데 도움이 된다.

쿤 자신의 논의 말고 쿤의 입장에 관한 논의로는 다음과 같은 글들이 있다. 신중섭(1984), 신중섭(1985), 정병훈(1985), 신중섭(1990), 조인래(1996), 이상욱(2004), 고인석(2007). 이러한 논의들은 쿤의 기본적 입장을 파악하는 데 유용하다. 가나다순이 아닌 출간된 순서대로 제시했는데, 이렇게 하는 것도 의미 있을 것이다. 그것은 이러한 제시가 우리 철학계에서 쿤을 수용하고 해석해 온 과정을 일부 드러내주기 때문이다. 대체로 신중섭(1984), 신중섭(1985), 신중섭(1990)은 쿤의 입장을 상대주의로 묘사하고 있다. 반면 정병훈(1985)과 조인래(1996)는 쿤의 과학철학이 합리주의적 요소를 지닐 여지를 갖는다고 보고 있다. 이상욱(2004)과 고인석(2007)은 쿤의 과학철학이 상대주의와 합리주의의 요소를 함께 갖고 있는 것으로 중립적으로 이해하고자 노력하고 있다. 그럼에도 불구하고, 이상욱(2004)과 고인석(2007)은 신중섭의 논의보다는 정병훈과 조인래의 논의와 약간 더 친화적이라는 인상을 준다.

드물다고 하겠다. 그의 정상 과학 개념은 과학에 대한 그 이전까지의 그 어떤 논의 이상으로 과학자의 일상적 연구 행태를 잘 보여주었다. '문제 풀이 활동 (puzzle-solving activity)'으로서의, 주어진 패러다임을 의심하지 않는 활동으로서의 정상 과학은 주로 패러다임 '내적으로' 아직 안 풀린 문제를 풀어내려는 활동으로 특징된다. 한 패러다임이 주어진 영역에서 문제들을 잘 풀어내면 정상 과학은 무리 없이 전개된다고 볼 수 있다. 하지만 그러다가 정상 과학이 해결해 낼 수 없는 사례, 즉 쿤의 용어로 변칙 사례(anomalies)를 광범위하게 맞이하게 되면, 정상 과학 활동은 위기(crisis)에 봉착할 수가 있는 것이다. 위기 상황에서 대안적 패러다임이 등장하여 과학자들의 대다수가 이 대안적 패러다임을 수용하면 과학 혁명이 발생한다. 쿤에게 있어, 패러다임은 세계관 (world view)이다. 또한 패러다임 전이(shift)는 곧 과학 혁명이고, 세계관의 대체다. 이 혁명은 관찰 결과의 누적에 의한 결과라기보다는 과학자들이 전향 (conversion)을 통해 한 패러다임을 버리고 다른 패러다임을 수용해 버리는 상황에 의해 이루어지는 것이다. 쿤의 혁명적 과학관에서 관찰은 세계관으로서의 패러다임에 지배된다. 이는 논리 실증주의 과학관과는 정면 배치되는 입장이다. 쿤의 시각에서, 관찰은 이론 선택 과정에서 결정적인 힘을 못 쓴다. 관찰에 기초하여 이론 구성과 평가를 강조한 논리 실증주의자들과 달리, 쿤은 패러다임에 우선성(priority)을 두었고, 그에 기초하여 관찰 개념을 이해했다. 과학 혁명이 있으면, 기존의 패러다임이 새로운 패러다임으로 대체되며 관찰 대상과 관찰 내용의 의미는 일반적으로 혁명적 변화를 겪는 것이다.

쿤의 이론은 관찰적 사실의 누적에 따른 과학 지식의 성장을 믿던 이들에게 커다란 충격을 주었다. 그의 견해에 의해 논리 실증주의적 과학관은 거의 좌초되는 것으로 보였다. 과학자들의 전향에 의한 새로운 패러다임의 수용이라는 혁명적 과학관은 과학에 대한 논리 실증주의적 단일성(unity)을 파괴하는 데 커다란 일을 해냈다. 과학 혁명 이후에 기존의 패러다임은 이것과 전혀 다른 패러다임으로 대체된다. 기존의 패러다임은 세계를 전혀 다른 방식으로 규정한다. 또한 각각의 서로 다른 패러다임은 이론과 사실의 합치 여부에 대한 각기 서로 다른 기준을 갖게 된다. 따라서 서로 다른 패러다임들은 동일한 척도로 대비될 수가 없다. 패러다임들 간에 공약 불가능성이 발생한다는 것이다.

프톨레마이오스(Ptolemy) 천문학은 지구를 우주의 중심으로 보았다. 이 천문학 안에서는 태양을 비롯한 나머지 천체들은 우주의 중심에 고정되어 있는 지구의 둘레를 도는 것으로 규정되었다. 천문학에서 프톨레마이오스 우주 체계를 대체한 코페르니쿠스 천문학은 우주를 다르게 보았다. 코페르니쿠스 (Copernicus) 우주론에 따르면, 우주의 중심에 태양이 고정되어 있다. 이 천문학 안에서는 지구를 포함한 나머지 천체들은 태양 둘레를 도는 것이었다. 프톨레마이오스 우주 체계는 코페르니쿠스 우주 체계와 공약 불가능하다. 과학 혁명은 이렇게 '양립 불가능한 패러다임에 의한 대체'의 귀결이다. 패러다임들은 공약 불가능성을 기반으로 구별된다. 패러다임들 간의 대화는 어렵고 이론의 비교는 몹시 곤란해 보인다. 과학이 단지 논리 실증주의적으로 진행되지 않으며, 그런 식으로 이해될 수 없음을 쿤이 보임으로써, 많은 과학 연구가들은 새로운 시각으로 과학에 대한 이해를 도모할 필요성을 느끼게 되었다. 쿤 이후의 과학에서 세계는 세계관으로서의 패러다임에 따라 이해되었다. 관찰은 패러다임에 따라 조직화되었고, 의미를 갖게 되는 것이었다. 쿤의 이론이 논리 실증주의적 과학관을 깨는 데 결정적 기여를 했다는 것은 부인하기 어려운 사실이다. 이러한 맥락에서, 쿤은 과학을 둘러싼 합리주의와 상대주의 논쟁을 본격적으로 불붙이고 심화시켰던 것이다.

「구조 이래의 길」에서 쿤은 어휘집 또는 어휘적 분류라는 표현을 자주 사용한다. 이것은 쿤의 마지막 입장의 가장 큰 특징에 해당한다. 이 용어들은 쿤이 기존에 사용해 오던 패러다임에 가까운 의미를 지닌 것들임을 이미 위에서 언급했다. 쿤에 따르면, 서로 다른 패러다임들은 공약 불가능하다. 서로 다른 패러다임들은 세계를 다른 방식으로 규정하고, 패러다임이 세계를 규정하는 바를 경험과 비교할 때 서로 다른 평가 기준을 지니고 있기 때문이다. 패러다임은 세계를 이해하는 인식적 틀이다. 그러한 각 틀과 그 틀에 고유하게 내재하는 서로 다른 잣대를 가지고 자연을 규정하고 자연에 접근하기 때문에, 어떤 초기준을 근거로 하여 각 패러다임들을 동일 척도로 평가함으로써 패러다임 간의 우월을 논의할 수가 없다는 것이다. 초기준은 각 패러다임이 지니는 서로 다른 이론 평가의 기준을 아우르는 어떤 가상적 기준을 의미한다. 초기준에 대해, 통합 기준, 상위 기준이라는 표현을 쓸 수도 있겠다. 쿤은 이런 초기준이 없다고 보는 입장에 선다. 이것이 쿤의 철학의 핵심이며, 거대한 논란을 불러일으켰다. 우리가 관심을 두고 있는 쿤의 마지막 논의도 여기에 계속 붙들려 있다. 정확히 말해서, 그것에 붙들려 있다기보다는 오히려 그것을, 즉 공약 불가능성 개념을 그가 전혀 놓을 생각이 없었다고 말해야 정확할 것 같다. 수동적으로 혹은 착각이나 오인으로 인해 붙들려 있는 것이 아니라 주체적 판단에 의해서 공약 불가능성을 쿤이 자신의 입장의 핵심 요소로 강력하게 옹호하고자 하는 상황인 것이다.

공약 불가능성에 대해서 계속 논의의 끈을 놓지 않되, 쿤은 「구조 이래의 길」에서 어휘집을 사용하여 그러한 논의를 더 정교화하려는 노력을 보여준다. 어휘집이라는 용어는 패러다임에 비해 보다 언어적인 성격에 그가 주목한다는 인상을 주고 있다. 쿤은 어휘집을 한 곳에서 이렇게 규정한다.

발화 공동체(speech community)의 공유된 분류(Kuhn, 1991, 10)

여기서 쿤이 사용하는 발화라는 표현 역시, 어휘집의 경우처럼, 상당히 언어적인 성격을 지닌다고 볼 수 있을 것이다. 그는 과학 활동을 일종의 언어 활동으로 보며, 언어 공동체 또는 발화 공동체로서의 과학자 사회 또는 과학 공동체에서 공유되는 분류 체계 또는 분류법을 어휘집이라고 부르고 있는 것이다. 프톨레마이오스 우주론은 하나의 패러다임 또는 어휘집이다. 코페르니쿠스 우주론은 또 다른 패러다임 또는 어휘집인 것이다. 프톨레마이오스 우주론을 받아들이는 자연철학자들은 하나의 발화 공동체다. 코페르니쿠스 우주론을 받아들이는 자연철학자들은 또 다른 발화 공동체를 구성한다. 서로 다른 발화 공동체는 서로 다른 어휘집을 지닌다. 프톨레마이오스 우주론이라는 어휘집은 천체의 세계를 다음과 같이 분류한다. 즉, 지구를 우주의 중심에 놓고 태양을 포함한 나머지 천체를 지구라는 우주의 중심 둘레를 도는 방식으로 분류하고 규정한다. 반면 코페르니쿠스 우주론이라는 어휘집은 천체의 세계를 다른 방식으로 분류한다. 즉, 태양을 우주의 중심에 놓고 나머지 천체를 태양이라는 중심 둘레를 도는 방식으로 분류하고 규정한다. 이에 따라, 서로 다른 어휘집을 지닌 서로 다른 발화 공동체 사이에는 공약 불가능성이 성립한다.

4. 진리 대응설의 기각과 진리 영역의 제한

이 지점에서 우리의 관심사는 합리성과 진리임을 환기할 필요가 있다. 물론 쿤의 경우에서 합리성과 진리에 관한 논의는 공약 불가능성 개념을 매개로 전개된다. 그의 공약 불가능성이란 패러다임들 간의 또는 어휘집들 간의 공약 불가능성이다. 따라서 합리성과 진리에 대한 쿤의 논의는 패러다임 또는 어휘집이라는 개념과 직결된다. 그런데 합리성과 진리와 관련해서「구조 이래의 길」에서는 두 가지 특징이 나타난다. 첫째, 공약 불가능성을 포기하지 않는다. 둘째, 대응으로서의 진리 개념, 즉 진리 대응설(correspondence theory of truth)을 인정하지 않되, 대응의 의미는 각 '어휘집 내부'에 국한된다는 점을, 즉 '국소적' 수준의 대응적 진리만을 인정한다. 이 두 가지 중 첫째도 관심을 끌지만, 특히 둘째 사항이 그의 마지막 입장에서 새롭고도, '분명하게' 제시되고 있음에 유의해야 한다.

쿤은 공약 불가능성의 폐기를 고려하지 않는다. 그는 다음과 같이 말한다.

……을 표현해 내는 링구아 프랑카(*lingua franca*)는 없다(Kuhn, 1991, 8).[13]

링구아 프랑카란 보통 국제 공용어를 뜻한다. 그것은 서로 다른 언어 공동체 사이에 속해 있는 구성원들 사이에서도 대화를 가능하게 해주는 보편 언어를 말한다. 이런 식의 보편 언어는 과학 공동체 사이에 존재하지 않는다고 쿤은 보고 있는 것이다.[14] 각 어휘집을 포괄하는 초기준이 없다는 것이 바로 그 말이다. 과학에서 링구아 프랑카가 존재한다고 말하면, 그것은 공약 불가능성의 포기를 의미한다. 공약 불가능성의 포기는 『과학 혁명의 구조』와 그 이래의 쿤의 핵심적 견해를 버리는 것이 된다. 하지만 쿤은 그와 같은 포기를 염두에 두지 않고 있다. 오히려 공약 불가능성을 어휘집이라는 표현을 도입하여 더 철저하고 빈틈없이 옹호하고자 한다는 인상을 준다. 이것이 그의 마지막 입장이 지니는 특성이다.

진리 대응설에 대한 쿤의 견해를 좀 더 살펴보기로 한다. 이 대목은 쿤의 기존의 견해에서는 명백한 형태로 나타나지 않은 부분임에 주목할 필요가 있다. 즉 쿤은 진리 대응설이라는 표현을 명시적으로 도입하여 공약 불가능성과 대비하지는 않았던 것이다. 따라서 이러한 대목에 대한 쿤의 논의는 그의 기존 입장과 대비할 때 「구조 이래의 길」의 내용 중에서 나타나는 주목할 만한 견해를 보여준다. 쿤은 여기서 진리 대응설을 분명히 의식하면서 논의한다. 하지만 그러한 논의는 공약 불가능성이라는 개념의 한계를 벗어나거나, 그것과 배치되거나, 그것을 파괴하지 않는 한에서만 이루어지고 있다. 쿤은 당연히 토대주의자(foundationalists)를 비판한다.

그런 결론들은 지금에 이르러 꽤 일반적으로 받아들여져 있다. 나는 토대주의자를 더 이상 별로 모른다. 그러나 내게, 토대주의를 포기하는 이 방식은, 널

---

13 강조는 원문에 있는 것.

14 과학 활동에서 이런 보편 언어를 가정한 철학적 입장의 전형은 논리 실증주의다. 그들에게 우리의 감각 기관에 직접적으로 들어오는 관찰 내용을 보고하는 언어, 즉 관찰 언어(observational language)는 과학의 합리성을 보장하는 기초였다. 쿤이 이것을 부정적으로 보았기에 그가 논리 실증주의자들에 의해 상대주의 입장에 서 있는 것으로 치부되었던 것이다.

리 토의되었음에도 불구하고, 결코 널리 또는 충분히 받아들여지지는 않은 더 나아간 귀결을 지닌다. 내가 염두에 두는 토의들은 보통 진리 주장의 합리성 또는 상대성이라는 제명 아래서 진행되지만, 이러한 딱지들은 관심을 잘못 인도한다. 합리성과 상대성 둘 다가 약간씩은 함축됨에도 불구하고, 근본적으로 쟁점이 되는 바는, 오히려 진리 대응설, 즉 과학 법칙 또는 과학 이론을 평가할 때, 목표는 외재하며, 인간 독립적인 세계와 그것이 대응하느냐 그렇지 않느냐를 결정하는 것이라는 관념인 것이다. 그것은, 절대적 형태로든 확률적 형태로든, 토대주의와 더불어 사라져야만 하는, 내가 설득되어 있는, 관념이다. 그것을 대체하는 것은 여전히 강력한 진리 개념을 요구하겠지만, 가장 시시한 의미를 제외하고서, 그것은 대응 진리는 아닐 것이다(Kuhn, 1991, 6).

여기서 쿤의 주장과 관련하여 우리가 알 수 있는 것은 '진리'의 포기가 아니라 '진리 대응설'의 포기다. 좀 더 정확히 말하면, 진리 대응설의 포기와 함께 토대주의의 포기인 것이다. 이 구별은 쿤의 마지막 입장을 이해하는 데 핵심적인 관건이 된다. 인용문의 아래서 둘째 줄에서 보듯, "강력한 진리 개념"을 쿤은 염두에 둔다. 하지만, 그것은 대응 진리, 즉 "외재하며, 인간 독립적인 세계"와의 대응은 아닌 것이다.

쿤에게 세계는 어휘집 의존적으로 우리에게 알려질 뿐이다.[15] 그리고 어휘집은 시간 속에서 변화할 수 있다. 그 변화해 가는 어휘집과 더불어서만 알아낼 수 있는 세계와 관련된 개념이 바로 쿤이 받아들이는 진리다. 쿤의 이와 같은 진리는 따라서 최종적 진리나 궁극적 진리가 될 수는 없다.[16] 그렇지만

---

15 세계가 알려지는 것은 특정 패러다임을, 또는 특정 어휘집을 받아들이는 정상 과학 활동 안에서만 이루어진다는 것이 쿤의 입장이다. 이에 대한 자세한 사항은 Kuhn(1970), 2장~5장을 참조하면 좋다.

16 이런 의미에서 쿤의 철학과 포퍼(Karl Popper)의 진리관은 유사한 맥락을 공유한다. 진리의 궁극성 혹은 최종성에 대한 의혹이 그것이다. 보통 두 사람의 입장은 대립되는 것으로 묘사되지만, 진리의 잠정성에 관한 두 사람의 입장에서는 오히려 유사성이 나타난다.

여전히 강력한 진리이며, 이 진리를 정상 과학 활동은 추구해 나간다는 것이다. 그는 한 진술이 한 어휘집에서는 진리/거짓의 후보일지라도, 다른 어휘집에서는 그렇지 않을 수 있다고 말한다.

> 하나의 어휘집과 더불어, 한 진술은 진리/거짓의 후보가, 다른 어휘집 속에서는 그런 지위를 지님이 없이도, 될 수가 있다(Kuhn, 1991, 9).

쿤은 이런 식의 진리는 상대주의를 함축하는 것이 아니라 '강력한 진리 개념'을 여전히 성립시킨다고 보고 있는 것이다. 쿤은 진리를 포기하지 않는다. 진리 대응설을 받아들이지 않을 뿐이다. 어휘집 의존적 진리는 그에게 여전히 강력한 진리다. 이 진리는 인간 독립적 세계와의 대응에서 발생하는 진리는 아니라고 쿤은 줄기차게 주장하고 있다. 그의 이러한 견해는『과학 혁명의 구조』이후 수십 년의 시간 속에서 근본적으로 변화되어 오지는 않았다. 진리는 특정 어휘집을 받아들이는 한에서 진리다. 그러니까 쿤은 진리 대응설, 토대주의적 진리 개념을 받아들이지 않는 것이지, 진리 개념을 기각하는 것이 전혀 아니라는 점을 우리는 확인할 수 있다.

어휘집 의존적으로 강력한 진리를 수립하는 것을 쿤은 전폭적으로 인정한다. 이러한 목적을 띠는 활동이 곧 정상 과학 활동이다. 이런 의미에서 쿤은 상대주의자가 아니다. 쿤의 합리성과 진리 개념은 어휘집과 항상 연계되어 있다. 어휘집을 떠난 과학 활동은 존재할 수 없는 것이다. 각 어휘집을 수용하고 공유하는 과학 공동체 안에서 강력한 진리는 수립된다. 이런 의미에서 그는 합리주의자다. 그러한 각 어휘집을 통합하는 혹은 아우르는 초어휘집 또는 상위 어휘집은 쿤이 인정하지 않는다. 그것이 바로 공약 불가능성이다. 결국 쿤은 그의 방식의 합리성과 진리, 즉 어휘집 의존적 진리는 인정하되, 공약 불가능성은 버리지 않고 있는 것이다.

5. 약간의 즐거운 혼동: 어휘집과 과학적 추론의 스타일의 유사성과 차이

쿤은 공약 불가능성과 연합될 수 있는 상대주의의 혐의에서 벗어나려 노력한다. 이미 위에서 보았듯이, 그는 진리 개념을 매우 중시한다. 그 진리가 진리 대응설적 의미의, 토대주의적 의미의 진리가 아닐 따름이다. 그가 주장하는 진리는 특정 어휘집 내부에서 성립되는 진리다. 이러한 진리 개념을 옹호하여, 쿤은 해킹(Ian Hacking)의 '과학적 추론의 스타일(styles of scientific reasoning)'을 인용하면서 과학적 추론의 스타일에 대한 해킹의 논의를 자신의 논의와 유사한 것으로 본다. 쿤식의 진리는 어휘집 의존적이기 때문이다. 쿤은 해킹의 견해가 자신의 입장과 맥락을 같이하는 것으로 해석하고 받아들였다. 여기서 쿤은 즐거운 분위기로, 환영하는 분위기로 해킹을 인용하고 있는 것으로 보인다. 하지만 이러한 즐거움에는 쿤의 일말의 혼동이 있어 보인다. 우선 쿤의 말을 들어보기로 한다. 그렇게 그는 이야기한다.

> 이언 해킹은, 공약 불가능성과 연합된 명백한 상대주의를 변성시키고자 하는 한 시도(1982)에서, 새로운 "스타일"이 참/거짓의 새로운 후보를 도입시키는 방식에 대해 이야기했다. 그때 이후로, 나는 진술들 자체가 참 혹은 거짓이 된다는 데에 대해서 이야기하지 않고도 나 자신의 몇몇 중심적 사항이 더 잘 성립된다는 점을 점차로 깨달아왔다(재정식화는 아직도 진행 중에 있다). 대신에 추정적으로 과학적인 진술에 대한 평가는 좀처럼 떼어낼 수 없는 두 개의 부분을 포함하는 것으로 개념화되어야 한다. 첫째, 진술의 지위를 결정하라. 그 진술은 참/거짓의 후보인가? 그 질문에 대해서, 여러분이 곧 보게 될 것처럼, 답은 어휘집 의존적이다. 그리고 둘째, 첫째에 대한 긍정적인 답을 제안하고자 할 때, 그 진술은 합리적으로 주장될 수 있는가? 어휘집이 주어졌을 때, 그 질문에 대해, 답은 증거에 대한 정상적 규칙(normal rules of evidence)과 같은 어떤 것에 의해서 올바르게 발견될 것이다(Kuhn, 1991, 9).

진리의 후보가 특정한 과학적 스타일에 의해 규정된다는 해킹의 입장을 쿤이 자신의 어휘집 의존적인 진리 수립 가능성과 비슷한 것으로 보려는 대목이다. 패러다임에 대한 논의를 통해 패러다임의 성장과 혁명적 과정으로서의 패러다임의 교체에 대한 매우 기민한 견해를 쿤은 제시한 바 있다. 패러다임 또는 어휘집에 대한 쿤의 견해를 진리의 후보를 규정하는 틀로서의 추론의 스타일에 주목하는 해킹의 견해와 대비시키면서, 쿤의 입장의 장단점을 비교하기로 한다. 쿤은 어휘집 의존적 진리의 존재를 인정한다. 그래서 쿤은 해킹의 과학적 추론의 스타일 개념을 활용하여 '무언가'에 의존하는 진리 개념의 수립 가능성을 강화하려 노력하고 있는 것이다. 여기는 쿤의 해킹의 과학적 추론의 스타일에 대한 우호적 태도가 과연 적절한 것인지 토의할 지점이다.

먼저 해킹의 과학적 추론의 스타일에 대한 주장을 살펴본다. 이를 근거로 쿤이 해킹의 과학적 추론의 스타일에 대한 논의를 자신의 어휘집 의존적 진리에 대한 논의와 일맥상통하는 것으로 보는 인식이 유의미한지를 검토할 수 있을 것이다. 해킹의 과학적 추론의 스타일(줄여 추론의 스타일)은 진리의 후보를 정해주는 어떠한 틀이다(Hacking, 1981, 1982, 1985, 1992a, 1992b). 특정한 틀 안에서만 참과 거짓이 성립할 수 있다는 것이다.

추론의 스타일에 의존하는 방식의 참과 거짓의 성격에 대해서 해킹은 이렇게 말하고 있다. 진리와 거짓은 특정한 추론의 스타일을 근거로 한다는 것이다.

> 나의 관심거리는, 참과 거짓의 바로 그 후보가 그것의 영역 안에서 참 혹은 거짓이 되는 것을 정해주는 그러한 추론의 스타일과 독립적으로 존재하지 않는다는 점이다(Hacking, 1982, 49).

해킹은 참과 거짓의 후보로서의 이론은 어떤 사고 틀, 즉 과학적 추론의 스타일 내에서만 참과 거짓이 될 수 있음에 주목한다. 흔히 우리는 이론은 그것을 규정짓는 조건에 무관하게 이론 그 자체가 참 또는 거짓이 될 수 있다고 여긴다. 하지만 해킹은 이론이 특정한 추론의 스타일 안에서 규정될 수 있을 때에만 이론은 참 또는 거짓이 될 수 있다고 주장한다.

크롬비(A. C. Crombie)를 아래와 같이 인용하면서 해킹은 추론의 스타일을 구별하고 있다.

(1) 수리 과학 내에서 수립되어 있는 단순한 가정(the simple postulation established in the mathematical sciences)

(2) 실험적 탐구와 훨씬 더 복잡하며 관찰 가능한 관계에 대한 측정(the experimental exploration and measurement of more complex and observable relations)

(3) 유비적 모형의 가설적 구성(the hypothetical construction of analogical models)

(4) 비교와 분류에 의한 다양함에 대한 질서 지우기(the ordering of variety by comparison and taxonomy)

(5) 개체군의 규칙성에 대한 통계적 분석과 확률의 계산(the statistical analysis of regularities of populations and the calculus of probabilities)

(6) 유전적 발생의 역사적 유도(the historical derivation of genetic development)(Hacking, 1982, 50)[17]

위의 구별 중에서 예를 들면 실험적 스타일은 철저히 근대적인 것이다. 고대와 중세에는 실험적 스타일은 존재하지 않았다. '근대에 실험적 스타일이 출현하면서 그리고 출현한 이후에만', 우리가 오늘날 보는 실험 활동에 의거한 과학적 주장들은 참과 거짓의 후보가 될 수 있었던 것이다. 아리스토텔레스주의자에게, 실험에 의거한 과학적 주장을 하는 이는 과학자일 수 없고, 오히

---

17 이 인용문의 구별 내용은 크롬비의 것이며 해킹은 이를 추론의 스타일 개념을 발전시키는 데 활용하고 있다.

려 정신 이상자에 가까운 것이다. 왜냐하면 아리스토텔레스주의자에게 실험 활동은 과학 활동의 정당한 영역이 아니기 때문이다.

이처럼 해킹은 진리를 국소화하고 있다. 어떤 스타일 안에서만 참과 거짓의 후보를 생각할 수 있다는 해킹의 견해는 참과 거짓의 국소화를 함축하는 것이다. 예를 들어 진화론은 위 스타일의 목록에서 여섯 번째 스타일에 해당하는 것으로 분류할 수 있을 텐데, 진화론과 관련한 어떤 특수화된 논의는 이 여섯 번째 스타일 안에서 참 혹은 거짓이 될 수 있을 것이다.

위에서 살펴본 것처럼, 추론의 스타일이 참이거나 거짓은 아니다. 어느 것이 참 혹은 거짓의 후보가 될 것인지를 결정해 주는 것이 추론의 스타일이다. 추론의 스타일 간에는 공약 불가능성이 성립한다. 그렇다고 해서 진리 개념을 논의할 수 없고 따라서 상대주의로 향하게 되는 것은 아니다. 이와 대조적으로 해킹은 서로 다른 추론의 스타일 간의 공약 불가능성을 이야기하면서도, 서로 다른 틀, 즉 각 추론의 스타일 내에서 진리와 거짓의 후보를 산출해 내는 방식에 대해 말한다. 예를 들어, 갈릴레오의 운동 이론과 다윈의 진화론은 서로 다른 추론의 스타일에 속해 있다. 전자는 수학적 스타일 또는 갈릴레오적 스타일에 속하며, 후자는 유전적 발생의 스타일이다. 이 두 추론의 스타일은 공약 불가능하지만 각각의 스타일은 진리의 후보로서의 이론을 각각의 추론의 스타일 내에서 내놓고 있다. 특히 근대 이후에 나타나 강화되어 온 통계적 스타일[(5)항]에 대한 해킹의 강조와 연구는 그의 입장에 대한 주요 지지 근거가 되고 있다.[18]

추론의 스타일이라는 개념을 통해, '무엇에 의존하는 방식의 진리'를 해킹이 밝혀주었고 그것이 자신의 패러다임 의존적 또는 어휘집 의존적 진리와 크게 다르지 않은 것으로 쿤은 이해하고 있다. 하지만 이는 오해다. 해킹이 말하는 추론의 스타일 자체는 참 또는 거짓이 아니다. 그가 주장하는 추론의

---

18 예를 들어, Hacking(1992b)을 참조하면 좋음.

스타일이란 참과 거짓의 일정한 후보가 성립되도록 해주는 것이다. 즉, 진리와 거짓의 후보를 수립시키는 역할을 추론의 스타일이 하는 것이지 추론의 스타일 자체가 참, 거짓의 후보가 되지는 않는다. 갈릴레오적 스타일, 실험적 스타일 자체는 참, 거짓의 후보가 아니며, 참, 거짓의 후보가 성립되도록 해주는 역할을 한다. 그럼에도 불구하고, 다만 무언가에 의존하는 방식 아래서 과학 활동이 이루어진다는 것을 주장한 점에서 쿤과 해킹의 견해는 유사한 점을 지니는 것이 사실임을 인정할 수는 있다.

강조하건대, 추론의 스타일은 어휘집이나 패러다임이 아니다. 과학적 추론의 스타일은 패러다임 혹은 어휘집과 다르다. 어휘집 혹은 패러다임은 참 또는 거짓일 수 있다. 산소 이론과 플로기스톤(phlogiston) 이론은 패러다임이며, 경험과 대비되어 참 또는 거짓의 어느 한 쪽으로 귀착이 될 것이다. 그러나 추론의 스타일은 참 또는 거짓이 아니다. 실험적 스타일은 그 자체가 참 또는 거짓이 아닌 것이다. 실험적 스타일을 취한 특정 패러다임 또는 어휘집은 참 또는 거짓일 수는 있어도 실험적 스타일이 참 또는 거짓일 수는 없다. 이런 점에서 쿤은 즐거운 오해를 하고 있을 뿐이다.

6. 결론

지금까지 쿤의 마지막 입장에 대해 논의해 왔다. 첫째, 어휘집 의존적 진리의 성립에 대한 그의 주장에 관해, 둘째, 해킹의 과학적 추론의 스타일에 대한 쿤의 즐거운 혼동 혹은 짝사랑과 유사한 징후에 관해 살펴보았다. 쿤은 공약 불가능성을 포기하지 않는다. 그는 어휘집 개념을 도입하여 진리 개념을 옹호한다. 그가 주장하는 진리는 어휘집 의존적 진리다. 그러나 쿤에게 이와 같은 의미의 진리를 도입하는 것은 상대주의를 인정하는 것이 전혀 아니며, 이런 식의 진리는 또한 강력한 것이다. 이와 같은 쿤식 진리는 그가 강조하는 정상 과학 활동과 더불어 이루어진다. 쿤은 진리 대응설이나 토대주의를 인정하지 않을 뿐이지, 진리 개념은 승인하고 있다. 그가 보기에, 어휘집 의존적 진리는 성립하지만, 어휘집 사이에 공약 불가능성도 여전히 성립한다.

쿤은 해킹의 추론의 스타일에 대한 논의를 어휘집 의존적 진리 수립의 가능성을 지지해 주는 자신의 입장과 유사한 논의로 취한다. 하지만 여기에는 부분적으로 개념 혼란이 있다. 과학적 추론의 스타일 자체는 참 또는 거짓이 아니다. 실험적 스타일은 그 자체로 참이거나 거짓일 수 없다. 반면 패러다임은, 또는 어휘집은 참, 거짓의 후보다. 패러다임 또는 어휘집으로서, 프톨레마이오스 우주 체계, 코페르니쿠스 우주 체계는 사실과의 대조를 통해 참 또는 거짓으로 판정될 수 있는 성격을 띤다.

어휘집 의존적 진리는 받아들이되 공약 불가능성을 포기하지 않는 것이 쿤의 마지막 입장이라고 할 수 있다. 따라서, 이렇게 볼 때, 쿤의 마지막 입장은 그의 기존 입장과 근본적으로 달라진 것은 없다. 다만 다듬어지고 정교화되었을 뿐이다. 그렇다면 그의 입장에 대해, 쿤이 사용하는 정상 과학이라는 개념을 유비시켜 적용할 수 있을 것으로 본다. 이는 그가 과학의 변동을 이해하기 위해 사용하는 개념을 그 자신의 철학적 견해를 이해하기 위해 적용해 보려는 것이다. 1962년의 『과학 혁명의 구조』 초판부터 1991년의 「구조 이래의 길」까지 그의 공약 불가능성 개념은 정상 과학적 과정을 거쳐온 것으로 볼 수 있다. 공약 불가능성이라는 자체는 버리지 않고 버릴 수도 없지만, 그것의 합리적 핵심을 유지하되 부분적으로 그것을 정교화, 세련화하는 과정은 얼마든지 열어두는 그러한 과정 말이다. 쿤은 어휘집 의존적 진리의 옹호, 그리고 토대주의와 진리 대응설의 포기에 대한 논의를 통해서 이러한 과정을 보여주었던 것이다.

10 틀 내 창의성과 틀 간 창의성
패러다임과 과학의 창의성

1. 서론

과학의 창의성(scientific creativity)은 두 가지 측면에서 학문적 관심을 끌 수 있다. 첫째, 생산성 향상과 국제 경쟁력 강화의 측면. 둘째, 이론과 실험이라는 과학의 두 요소에서 나타나는 혁신적 사고 그 자체에 대한 탐구의 측면.

서구나 기타 문화권의 상황과 비교할 때, 첫째 측면은 최근 우리 사회가 처한 국소적 상황에 맞물려 관심사가 되어왔다. 1997년 한국의 외환 위기로 빚어진 사태와 그에 이은 한국의 경제 침체 및 중국의 경제적 부상이라는 국면을 돌파하기 위한 수단으로서 과학의 창의성에 대한 연구가 주목을 받게 되었다고 볼 수 있다. 쉽게 말해, 과학의 창의성이 우리가 먹고 사는 문제를 해결하는 데 관건이 된다는 인식이 과거보다 훨씬 더 크게 부각되고 있는 것이다.

둘째 측면은 우리 사회의 국소적 상황과 별도로, 오랫동안 학문적 관심사가 되어왔다. 이 둘째 측면은 과학철학, 심리학, 인지 과학 등등의 여러 학제에서 다룰 수 있을 것이다. 저자는 과학기술학(Science and Technology Studies)이 이 둘째 측면에 기여할 수 있는 바가 있다고 본다. 과학철학과 과학사는 과학의 창의성에 접근할 수 있는 자원과 역량을 부분적으로 갖추고 있기 때문이다. 하지만 과학철학과 과학사에서 과학의 창의성을 본격적으로 탐구한 기존의 연구는 두드러지지 않는다. 최근에 많은 이들이 과학의 창의성에 관심을 두고 있으나, 과학의 창의성이 무엇을 의미하는지에 관한 구체적 논의는 별로 없어 보인다.

이 장의 목적은 과학철학의 관점에서 과학의 창의성이 무엇을 의미하는지를 밝히는 것이다. 따라서 이러한 탐구는 주로 과학의 창의성에 대한 관심 중 위의 두 번째 관심, 즉 과학기술학적 관심에 기초한다. 물론 이때 이 두 번째 관심에 따른 탐구의 심화는 부분적으로 첫 번째 관심, 즉 생산성 향상과 국제 경쟁력 강화라는 관심을 향한 탐구에도 의미 있는 힌트와 자극을 줄 수 있으리라고 본다.

저자는 '틀(frame)'과 관련된 의미에서 탐구하고자 한다. 이를 위해 저자는 창의성을 아래와 같이 크게 두 가지로 분류하여 취급한다.

- 틀 내 창의성(창의성 A): 특정 패러다임을 벗어나지 않고 이를 발전시키는 창의성
- 틀 간 창의성(창의성 B): 특정 패러다임을 대체하는 새로운 패러다임을 제시하는 창의성

또한 그 두 가지 창의성의 성격과 차이를 밝힐 것이다. 그럼으로써 과학과 관련한 창의성의 의미를 틀의 관점에서 좀 더 명백히 할 수 있다.

논의 과정에서 쿤(Kuhn, 1970)의 과학철학적 논의를 활용하고자 한다. 쿤의 논의는 과학적 합리성과 상대주의를 둘러싼 논쟁에서 큰 기여를 해왔다. 하지만 과학의 창의성과 관련한 논의에서도 중요한 언급을 한 것으로 해석할 수 있다.

이와 같은 논의는 쿤의 과학철학에 대한 비판적 또는 발전적 해명이면서 동시에 일종의 응용 과학철학을 위한 시도가 될 것이다. 패러다임(paradigm),

정상 과학(normal science), 과학 혁명(scientific revolutions)에 관한 쿤의 논의가 갖는 의의를 밝혀주면서, 이를 기초로 과학의 창의성을 이해하는 데 도움을 줄 수 있는 논의를 이끌어낼 수 있기 때문이다. 패러다임은 과학의 창의성을 규명하기 위해 저자가 주목하는 대상인 틀의 전형적인 경우다.

2. 주어진 틀 내에서 새로운 것과 주어진 틀을 벗어남으로써 새로운 것

창의성이란 새로운 무언가를 이룩해 내는 것을 의미한다고 말할 수 있다. 남이 못하는 것을 만들어낸다는 것이다. 여기서 남이란 개인일 수도 있고, 집단일 수도 있다. 구체적으로 과학과 관련해서 다른 개인 과학자일 수도 있고, 다른 과학자 공동체일 수도 있다.

남은 과학 활동과 관련해서 보통 서로 다른 틀을 받아들이는 개인이나 집단을 뜻한다. 쿤식으로 말할 때 '서로 다른 패러다임'을 받아들이는 개인이나 공동체를 의미한다. 다른 개인 과학자나 다른 과학자 공동체는 일반적으로 서로 다른 틀, 즉 예를 들면 패러다임을 공유한다. P1이라는 패러다임을 받아들이는 개인 과학자가 보기에 새롭다는 것은 패러다임 P1의 틀 내에서 무언가 새로운 무언가를 이룩해 낸 상황과 관계가 있다. P2라는 패러다임을 받아들이는 과학자 공동체가 보기에 새롭다는 것은 패러다임 P2의 틀 내에서 무언가 새로운 무언가를 이룩해 낸 상황과 관계가 있다. 새로움을 발생시키는 이러한 과정은 패러다임에 비추어서 의미를 지니게 된다. 이것이 바로 저자가 주목하려는 핵심이다.

패러다임에 비추어서 새로운 일을 해냈다고 이야기할 때, 이 상황은 다시 둘로 나눌 수 있다. 하나는 공유하고 있는 틀 속에서, 예를 들면 특정 패러다임 안에서, 그 틀을 확대, 발전시키는 의미의 새로움이다. 쿤이 말하는 정상 과학이 이런 새로움의 전형이라고 말할 수 있다. 이런 새로움은 철저하게 특정 패러다임을 옹호, 발전시키는 일을 추구하는 것과 직결된다.

다른 하나는 하나의 틀을 다른 틀로, 즉 예를 들어 특정 패러다임을 또 다른 특정 패러다임으로 대체하는 의미로서의 새로움이다. 쿤이 말하는 과학 혁명이 이런 새로움의 전형이라고 말할 수 있다. 이런 새로움은 특정 패러다임을 옹호하고 그것을 발전시키는 의미의 새로움이 아니라, 그 특정 패러다임을 새로운 특정 패러다임으로 교체시키는 새로움을 뜻한다.

지금 우리는 주어진 틀 내에서 새로운 것과 주어진 틀을 벗어남으로써 새로운 것에 대해 논의하고 있다. 주어진 틀 내에서 새로운 것을 보여주는 전형적 예는 정상 과학을 들 수 있고, 주어진 틀을 벗어남으로써 새로운 것을 보여주는 전형적 예로 과학 혁명을 들 수 있다고 이야기했다. 이제 이 두 가지 새로움이 무엇이고 어떤 의미를 지니는지를 논의하기로 한다.

3. 정상 과학과 과학 혁명

창의성에 대한 저자의 논의를 진전시키기 위한 하나의 바탕이 된다고 보는 논의로서 쿤의 과학철학에 대해 좀 더 들어가서 살펴볼 것이다. 쿤의 과학철학은 과학 활동을 두 단계로 구별한다. 하나는 정상 과학 시기 과학 활동이고, 다른 하나는 위기(crisis) 시기(과학 혁명 시기) 과학 활동이다. 창의성 A는 정상 과학 시기 과학 활동과 관계되고, 창의성 B는 위기 시기(과학 혁명 시기) 과학 활동과 관계된다.[1]

---

1 쿤의 입장에 대해서는 Kuhn(1970)을 참조하면 좋다. 조인래 편역(1997)에는 쿤 자신의 논의 이외에도 쿤의 입장을 다루는 주요 글이 번역, 수록되어 있어 쿤의 주요 입장을 파악하는 데 도움이 된다. 쿤의 마지막 철학적 입장에 대해서는 Kuhn(1991)과 Kuhn(2000)을 볼 것. 마지막 입장도 사실상 쿤의 전형적 입장과 본질적 차이는 없다.

창의성과 쿤의 관계를 다룬 논의는 아직 발견할 수 없다. 쿤의 과학철학적 입장에 관한 논의로는 다음과 같은 글들이 있다. 출간순으로 신중섭(1984), 신중섭(1985), 정병훈(1985), 신중섭(1990), 조인래(1996), 이상욱(2004), 고인석(2007), 이상원(2013a).

정상 과학은, 쿤에 따르면, 대부분의 과학자들이 그들의 시간을 거의 바치는 활동이다. 그런데 정상 과학은 근본적 새로움을 억제한다(Kuhn, 1970, 10-34). 정상 과학은 하나나 그 이상의 과거의 과학적 성취에 확고히 기반을 둔 연구 활동이다. 이 성취는 몇몇 특수한 과학자 사회가 그 공동체에게 한걸음 더 나아가는 실천의 토대를 제공하는 것으로서 인정하는 것이다. 오늘날 그러한 성취는 원래의 형태로는 아니더라도, 초급 및 고급 교재에 자세히 설명되어 있다. 교과서는 수용된 이론의 주요부를 상세히 설명하고 그것의 성공적 적용의 다수 혹은 모두를 해설하고 그러한 적용을 전형적 예가 될 만한 관찰 및 실험을 들어 예시한다.

정상 과학은 특정 과학자 사회에 받아들여져 있는 패러다임을 의심하지 않는 상태에서 이루어지는 과학 활동이다. 정상 과학 시기에 과학자는 새로운 현상이나 새로운 이론의 창조에 관심을 두지 않게 된다. 한 패러다임을 받아들이고 그것을 의심하지 않으며 그것에 거의 완전히 젖어 있기 때문에 '특정 패러다임과 무관한 현상은 무시'되는 것이 일반적이다.

그런데 정상 과학의 이와 같은 성격에도 불구하고 풀리지 않는 문제가 나타날 수 있다. 아무리 애를 써도 정상 과학의 연구 과정에서 고안되고 구성된 도구가 패러다임의 예측과 들어맞지 않는 '변칙 사례(anomaly)'를 보여주게 된다. 나아가 변칙 사례를 회피할 수 없을 때, 과학자 사회는 위기를 맞이하며, 어떤 경우 나아가서는 전문가의 인정 사항이 변화하는 비통상적 에피소드가 일어난다. 이것이 과학 혁명이다. 즉 기존의 패러다임을 이것과 완전히 다른 새 패러다임이 대체하는 경우다. 과학 혁명의 예로 코페르니쿠스, 뉴튼, 라부아지에, 아인슈타인, 다윈 등의 업적을 들 수 있다.[2]

정상 과학과 과학 혁명에 관해 간단히 살펴보았다. 여기서 정상 과학은 창의성 A와 관계되고 과학 혁명은 창의성 B와 관계가 된다. 지금까지 살펴본

---

2 창의성 B, 즉 과학 혁명과 관련된 창의성과 관련하여 뉴튼과 아인슈타인의 경우에 초점을 두고 창의성의 기원을 다룬 논의로 홍성욱·이상욱 외(2004)를 참조하면 좋다.

기초적 논의를 넘어 이러한 관계에 대해서 좀 더 상세히 논의하기로 한다.

4. 틀 내 창의성(창의성 A): 특정 패러다임을 벗어나지 않고 이를 발전시키는 창의성

과학 분야의 책과 학술지가 담고 있는 내용은 틀 간 창의성, 즉 창의성 B인 경우도 있으나, 대개의 경우 틀 내 창의성, 즉 창의성 A에 속한다. 예를 들어 창의성 B의 경우인 아인슈타인이 처음 제기할 당시의 특수 상대성 이론과 같은 내용을 담은 학술지도 간혹 있고, 다윈의 『종의 기원』과 같은 과학 저술도 간혹 있으나, 절대 다수의 과학 잡지와 저술은 창의성 A를 보여주는 내용으로 채워져 있다. 즉 특정 패러다임으로 이해 가능하며 특정 패러다임을 유지, 발전시키는 내용이 그것이다. 정상 과학의 성격에 관해 다루는 쿤의 논의는 바로 이와 같은 창의성 A를 잘 이해시켜 줄 수 있는 단서를 제공한다.

저자는 창의성 A를 다시 '실험적 창의성'과 '이론적 창의성'으로 구별한다. 경우에 따라 실험적 창의성을 창의성 A-1으로, 이론적 창의성을 창의성 A-2로 표기할 것이다. 이 두 가지의 창의성 A가 쿤의 정상 과학의 성격에 대한 해명과 어떻게 연결되는지 살펴보기로 한다.

4.1. 실험적 창의성(창의성 A-1): 이론이 말해주는 바와 사실 간의 맞음의 정확성을 높이는 경우

정상 과학 시기에 과학자들은 새로운 보편 이론의 발명을 목적으로 하지 않으며 다른 과학자에 의해서 발명된 이론을 받아들이려 하지 않는 것이 일반적 모습이다. 쿤에 따르면, 정상 과학 연구는 패러다임이 이미 제공한 현상과 이론을 '명료화(articulation)'하는 작업이다(Kuhn, 1970, 24).

이때 쿤이 말하는 명료화란 무엇인가. 이 명료화라는 개념은 정상 과학을 이해하게 해주는 핵심 개념이다. 나아가 정상 과학 개념만이 아니라 위기와 과학 혁명 개념도 이해하는 데 필수적인 개념인 것이다. 그는 명료화를 크게 둘로 나눈다. 하나는 '이론적 명료화'이고 다른 하나는 '사실 수집(fact-gathering)과 관련한 명료화'이다(Kuhn, 1970, 25-34).

여기서 창의성 A의 일부인 '실험적 창의성'(창의성 A-1)을 쿤의 '사실 수집과 관련한 명료화'와 관련지을 수 있다. 사실 수집과 관련한 명료화는, 쿤에 따를 때, 사물의 본성을 특히 뚜렷하게 보여주었다고 이야기되는 '특정한 패러다임과 관련된 사실의 부류'와 관계된다. 쿤은 천문학에서 별의 위치와 광도, 행성의 주기, 물리학에서 물질의 비중과 압축률, 빛의 파장과 스펙트럼, 화학에서 용액의 끓는점과 산도(acidity), 광학적 활성도 등을 예시한다.

정상 과학이 이 같은 사실을 더 정확하고 광범위하게 알아내고자 하는 시도가 실험과 관찰을 다루는 문헌의 상당한 부분을 차지하게 된다. 여러 복잡하고 특수한 장치들이 그러한 목적을 위해 잇달아 고안되었고, 그러한 장치의 고안, 구성, 활용은 최고의 재능과 많은 시간, 상당한 재정적 지원을 필요로 했다. 현대에는 예를 들면 싱크로트론(synchrotron)과 전파망원경이 그러한 경우가 된다.

과학자들은, 쿤이 이야기하기로, 무슨 신기한 발견을 위해서가 아니라 이미 알려진 종류의 사실을 재정립하기 위해서 필요한 매우 정밀하고, 신뢰도가 크며 적용 범위가 넓은 방법을 찾아낸 것으로 대단한 명성을 얻는다. 이처럼 쿤은 사실과 관련한 명료화 작업의 대부분을 '이미 알려진 어떤 물리적 값(예를 들면 중력 상수나 광속)이나 양을 측정하기 위한 도구의 개발과 시행 작업'으로 본다. 이때 쿤이 이 모든 작업이 '특정 패러다임이 명령하는 한계 안에서' 이루어진다고 주장하고 있음에 주목해야 한다.

또한, 쿤에 따르면, 패러다임에서 나오는 이론적 예측들과 직접 비교될 수 있는 그러한 사실을 향한 것도 있다. 이는 '이론적 예측의 시험을 위한 특수한 실험적 방법의 개발'이다. 예를 들어 푸코(Foucault)는 빛의 속도가 물속에서보다 공기 중에서 더 빠르다는 것을 증명한 실험 도구를 개발했다. 다른 예로

섬광 계수기(scintillation counter)는 중성미자(neutrinos)의 존재를 입증하기 위해 고안된 장치였다.

쿤이 보기에, 자연 상수의 결정도 주목할 만하다. 캐븐디시(Cavendish)(1790년대)의 만유인력 상수 측정, 아보가드로(Avogadro) 수, 전자의 하전량 측정 등이 그것이다. 이들 정교한 시도들의 몇몇은 불변적 해답의 존재를 보증하는 패러다임이 없었더라면 엄두도 못 냈을 것이고 아무것도 수행되지 못했을 것이다.

그 외에, 쿤이 이야기하기로, 정량적 법칙을 얻기 위해서 필요한 실험과 관찰도 정상 과학의 안내를 받는다. 기체와 압력의 관계를 나타내는 보일(Boyle)의 법칙, 전기적 인력에 대한 쿨롱(Coulomb)의 법칙, 생성된 열량과 전지 저항과 전류에 관한 줄(Joule)의 관계식 등을 들 수 있다. 쿨롱이 성공을 거둔 것은 점 전하 사이의 힘을 측정하는 특별한 장치를 스스로 고안했기 때문이었다. 그러나 그런 장치의 고안은 결국 전기 유체의 각 입자는 떨어져 있으면서 서로 작용한다는 사실을 이미 알고 있었기에 가능했다. 즉 특정 틀이 말해주는 바가 있었기에 그런 일이 생길 수가 있었던 것이다.

이러한 사례들은 특정 패러다임 내에서 그것의 발전을 위해서 이루어진 '실험적' 창의성의 예를 잘 보여준다. 이러한 의미의 창의성은 창의성 A의 많은 부분을 차지한다. 노벨 과학상을 수상한 창의적 과학 성과의 상당 부분은 '실험적 창의성'이라고 할 수 있다. 실험 방법과 실험 도구의 혁신을 보여준 업적에 노벨 과학상이 빈번히 돌아갔다.[3]

---

3 몇 가지 예를 들면 다음과 같다. 러더퍼드(Rutherford)는 원자핵에 대한 연구로 1908년 노벨상을 받았다. 또한 러더퍼드와 소디(Soddy)는 원자핵 변환에 대한 연구로 1921년 노벨상을 수상했다. 아스턴(Aston)은 질량 분광학에 의한 동위 원소의 분리에 대한 업적으로 1922년 노벨상을, 한(Hahn)은 핵 분열에 대한 연구로 1944년 노벨상을 받았다.

4.2. 이론적 창의성(창의성 A-2): 이론 자체의 세련화와 관련된 창의성

저자가 제기하는 창의성 A의 다른 한 형태인 '이론적 창의성'은 쿤이 이야
기하는 '이론적 명료화'를 통해 이해 가능한 개념이다. 쿤이 말하는 '이론적
명료화'는 이론 적용 영역의 확대와 관련된 창의성을 이해하는 데 유익하다.

이론적 명료화는, 쿤이 이야기하기로, 예를 들면 뉴튼 역학의 수학화와 같
은 작업이 그 두드러진 예가 된다. 뉴튼은 몇몇 현상에 대해서 인상적인 이론
적 설명을 제시했다. 그러나 그가 많은 다양한 문제에 답했던 것은 아니었다.
그는 행성의 운행에 관한 케플러(Kepler)의 법칙(예를 들면 타원 궤도 법칙, 면적
속도 일정의 법칙)을 중력을 도입하여 수학적으로 유도해 낼 수 있었다. 케플러
의 법칙을 만족시키지 않았던 달에 관한 관찰 결과의 일부에 대해서도 설명
한다. 또한 지구에 대해서 뉴튼은 진자와 조수의 간만에 관한 몇몇 단편적 관
찰 결과들을 수학적으로 이끌어낸다. 당시의 상황에서 이러한 증명의 성공은
지극히 인상적이었다.

그러나, 쿤에 따르면, 뉴튼의 법칙의 일반성에 대한 신뢰에도 불구하고 그
적용 사례는 많지 않았으며 뉴튼은 그 밖의 다른 적용 사례를 거의 전개시키
지 않았다(Kuhn, 1970, 30-31). 이러한 상황에서 뉴튼 역학의 관점에서 볼 때
충분히 과학적 관심의 대상이 될 수 있는, 또 해결이 되어야 할 것으로 보이
나 풀리지 않은, 문제에 대해서 뉴튼적 패러다임을 쓰는 것이 바로 쿤이 말하
는 이론적 명료화 작업에 해당한다.

18세기 초와 19세기 초에 걸쳐 주로 프랑스 학자들이 바로 그러한 작업을 진
전시켰다. 오일러(Euler), 라그랑주(Lagrange), 라플라스(Laplace), 가우스(Gauss)
등이 그러한 이들이다. 이는 뉴튼적 패러다임을 확대 적용하려는 시도라고
할 수 있다. 뉴튼적 패러다임의 확대 적용을 목적으로, 이들은 예를 들어 동
시에 서로 끌어당기는 둘 이상의 물체의 운동을 다루기 위해서 그리고 교란
된 궤도의 안정성을 고찰하기 위해서 이론적 기법을 발전시킨다. 그러한 기
교는 주로 수학적 방법의 개선과 새로운 도입에 의해서 가능했다. 이들은 뉴

튼이나 또는 유럽 대륙의 당대의 어떤 역학 학파도 시도조차 못했던 문제에로의 이론의 적용과 관계되는 수학적 기법을 발전시켰다. 쿤에 따르면, 그래서 그들은 수력학과 진동하는 현의 문제에 대한 많은 문헌과 강력한 수학적 기법을 탄생시켰던 것이다(Kuhn, 1970, 32).

이러한 적용의 문제는, 쿤이 이야기하듯, 18세기의 가장 빛나고도 심혈을 기울인 과학적 연구가 무엇인지를 설명해 준다. 그가 제시하듯이, 18세기에 오일러와 라그랑주로부터 19세기의 해밀턴(Hamilton), 야코비(Jacobi), 헤르츠(Hertz)에 이르기까지의 유럽의 가장 탁월한 수리 물리학자들은 역학 이론을 동등하면서도 논리적이고 심미적으로 보다 만족스러운 형태로 재구성하고자 끊임없이 노력을 했다. "다시 말해서 그들은『프린키피아』의 그리고 유럽 대륙 역학에서의 명시적이고 묵시적인 교훈을 논리적으로 보다 정연한 형태로 나타내기를 원했는데, 그런 수정안은 새롭게 파헤쳐진 역학 문제에의 그 적용으로 즉각적으로 보다 통일적이며 보다 좋은 일치를 나타낼 것이다"(Kuhn, 1970, 33).

이러한 사례는 창의성 A의 또 다른 일부인 '이론적 창의성'(창의성 A-2)이 무엇인지 예시해 준다.

창의성 A는 특정 틀 내에서 이해되는 창의성을 의미한다. 창의성 A-1은 특정 틀 내에서의 실험적 진전을 이룩하는 경우다. 창의성 A-2는 특정 틀 내에서 이론적 진전을 이룩하는 경우다.

5. 틀 간 창의성(창의성 B): 특정 패러다임을 대체하는 새로운 패러다임을 제시하는 창의성

저자가 제기한 창의성 A는 특정 틀 내에서 이루어지는 창의성이다. 창의성 A는 쿤식으로 말해 정상 과학과 관련하여 이해할 수 있는 창의성이라고 할 수 있다. 이에 비해 창의성 B는 한 틀을 다른 틀로 바꿔버리는 의미의 창의성이다. 창의성 B는 쿤식으로 말해 과학 혁명과 관계된 창의성이다. 패러다임 교체에 의해 일어나는 과학 혁명이 틀 교체의 전형적 사례라 말할 수 있다. 과학 혁명과 관계된 창의성 B는 기존의 패러다임을 이와는 전혀 다른 새로운 패러다임을 만들어 대체시키는 의미의 창의성 그것이다. 즉 위기 시기의 과학 활동과 과학 혁명에 의한 새 패러다임의 출현과 관련된 창의성을 의미한다. 옛 틀을 폐기하고 새 틀을 선택하는 창의성이다.

위에서 이야기한 대로, 과학 혁명의 예로 코페르니쿠스, 뉴튼, 라부아지에, 아인슈타인, 다윈 등의 성취를 들 수 있다. 그러므로 창의성 B로서 과학 혁명은 과학자 사회로 하여금 그들이 기존에 받아들였던 것과 양립할 수 없는 다른 패러다임을 택하여 과학자 사회가 기존에 높이 바라보았던 그 옛 패러다임을 거부하게 만들었다.

과학 혁명에 수반되는 변화는 세계를 전혀 다른 방법으로 바라보고, 세계에 과거와는 완전히 다른 방법으로 접근하게 해준다. 예를 들어 코페르니쿠스 혁명은 프톨레마이오스의 지구 중심 우주구조를 대체하여 태양 중심 우주구조를 정립시켰다.

5.1. 의도하지 않은 변칙 사례의 등장

창의성 A의 한 경우로서 정상 과학은 근본적 새로움을 지향하지 않는다. 정상과학이 근본적 새로움을 지향하는 것이 아니라 오히려 그것을 억제하는 경향을 띠는 탐구임에도 불구하고 어찌하여 '어떤 경우에는' 혁신을 일으키는가라고 쿤은 묻는다. 이것은 과학을 이해하는 데에 매우 중요하며 유익한 질문이다. 앞서 보았듯이 정상 과학은 정보의 세부 사항으로 유도하며, 다른 방식으로는 이룰 수 없는 관찰-이론 일치의 정확성으로 유도한다. 정상 과학은 그것의 패러다임이 설명해 낼 수 있는 현상을 잇달아 예견한다. 그래서 특정 패러다임에 기반한 정상 과학 활동이 예견하는 현상을 확인하기 위해 실험 도구가 개선되고 개발된다. 현상 예측의 성패는 개선된 장치나 개발된 기기에 달려 있다. 쿤은 이를 패러다임의 명료화라 칭했다. 정상 과학이란 패러다임 적용 범위의 확대, 즉 패러다임의 명료화를 목표로 한다. 그러므로 정상 과학이 예견해 내는 내용을 위주로 제작된 특수 장치가 없었더라면, 궁극적으로 새로움으로 이끈 결과는 발생하지 않았을 것이다. 그리고 장치가 갖추어진 경우라도, 무엇을 예측해야 할지를 '정확하게' 알면서 무언가 잘못되어 있다는 것을 깨달을 수 있는 사람에게만 새로움은 그 모습을 드러낸다. 변칙 사례는 패러다임에 의해 제공되는 배경에 반해서만 나타난다(Kuhn, 1970, 52-65). '무엇에 비춘' 창의성 개념이 정상 과학의 고도화와 이를 배경으로 한 변칙 사례 인식에 관한 쿤의 해명에서 아주 전형적으로 드러난다.

쿤에 따르면, "패러다임이 정확하고 영향력이 클수록 그것은 변칙 사례에 대해, 따라서 패러다임 변화의 가능성에 대해 보다 예민한 지표를 제공한다"(Kuhn, 1970, 65). 유의미한 과학적 새로움이 '여러 실험실에서 동시적으로 아주 빈번히 나타난다'는 사실은, 바로 1) 정상 과학의 강렬한 전통적 성격과 2) 전통적 추구가 그 정상 과학의 변화를 위한 길을 마련해 준다는 두 가지 모두에 대한 지표다. 정상 과학의 강렬한 전통적 성격이란 그 정상 과학이 해당 과학의 영역에서 문제 풀이를 위한 두드러지고 예외적인 수단을 제공한다는 점에 초점을 둔다. 그 정상 과학 이외에 다른 것을 염두에 두거나 다른 것에 눈을 돌려보는 일은 드물다는 의미에서 강렬하고 또한 이러한 의미의 강렬한 성격이 전통을 형성해 나간다는 것이다. 그러나 위기에 도달하면 이 강렬한 전통적 성격은 의심받을 수도 있다.

창의성 B를 이해하기 위해, 정상 과학의 도정에서 위기와 혁명이 일어나는 과정을 좀 더 예민하게 이해할 필요가 있다. 정상 과학, 즉 퍼즐 풀이 활동은 매우 누적적인 작업이고, 과학 지식의 범위와 정확성의 꾸준한 확장이라는 목표에서 두드러지게 성공적이라고 쿤은 말한다. 그에 따르면, 이러한 관점에서 정상 과학은 과학적 연구의 가장 보편적인 이미지와 매우 정확하게 들어맞는다. "그럼에도 불구하고 새롭고 뜻밖의 현상이 과학 연구에 의해 끊임없이 드러나게 되었고, 과학자에 의해 근본적으로 새로운 이론이 다시 그리고 또다시 발명되어 왔다"(Kuhn, 1970, 52). 발견은 변칙 사례를 의식함으로써, 즉 자연이 정상 과학을 지배하는 패러다임이 유도하는 기대를 얼마간 위배한다는 점을 의식함으로써 시작된다. 이어 이상의 영역에 대한 확장된 연구와 함께 계속된다.

5.2. 변칙 사례에 대한 의식과 정상 과학의 좌절

변칙 사례가 등장했다고 하여 곧바로 틀 변화로 이어지는 것은 아니다. 오히려 변칙 사례를 정상 과학 활동으로 끈질기게 포섭하려 한다. 이 포섭에 성공하면 창의성 A의 진전이 있게 되는 것이다.

그런데 이 변칙 사례가 진정으로 심각한 의미의 변칙 사례가 되려면, 기존 정상 과학 활동이 이 변칙 사례를 포섭하는 데 실패할지도 모른다는 판단이 확산되어야 한다. 변칙 사례에 대한 의식(awareness)이 새로운 종류의 현상의 출현에 한몫을 한다고 쿤은 본다. 코페르니쿠스 천문학의 출현, 프톨레마이오스(Ptolemy) 천문학의 사례를 들어 이 상황을 살펴보기로 한다. 당시의 관찰은 행성의 위치와 세차 운동 두 가지에 대해서는 프톨레마이오스 체계에 근거한 예측치와 잘 들어맞지 않았다. 이러한 작은 차이를 줄이는 일은 프톨레마이오스의 후계자들이 수행한 정상 과학적 천문학 연구의 주요 과제로 등장했고, 그런 양상은 천체의 관찰과 뉴튼 이론을 일치시키려는 시도가 뉴튼의 18세기 계승자에게 정규적 연구 주제를 제공했던 것과 흡사하다고 쿤은 해석한다.

얼마 동안은 천문학자들에게 이러한 시도가 프톨레마이오스 체계로 유도했던 과거의 시도 못지않게 성공적인 것으로 간주할 만한 이유가 충분히 있었다. 어느 특정한 모순이 드러나면, 천문학자는 조합된 원들로 이루어진 프톨레마이오스 체계에서 몇몇 특수한 조정을 통해 거침없이 모순점을 제공할 수 있었다. 그러나 시간이 경과함에 따라 다수 천문학자의 정상적 연구 노력의 총체적 결과를 바라보는 사람은 천문학의 복잡성이 그 정확성보다 훨씬 빠르게 증대되고 있다는 것, 그리고 한 곳에 보정된 모순이 다른 곳에서 나타나기가 예사라는 것을 간파할 수 있었다(Kuhn, 1970, 68).

16세기 초엽에는 유럽의 최고 천문학자 중 차츰 더 많은 사람들이 천문학의 패러다임을 그 고유의 전통적 문제에 적용함에 있어 기존의 패러다임이 제구실을 못하고 있음을 깨닫게 되었다. 그러한 인식은 코페르니쿠스가 프톨레마이오스식 패러다임을 거부하고 새로운 패러다임을 찾기 시작하는 데 요구되었던 선행 조건이었다.

새로운 이론은, 쿤에 따르면, 정상 과학의 문제 풀이 활동에서 현저한 실패를 본 후에야 비로소 출현했다. 게다가 과학 외적 요인이 특히 커다란 구실을 했던 코페르니쿠스의 경우를 제외하고는, 그런 붕괴 및 그 징조가 되는 신호는 새로운 이론의 선언의 십 년 또는 이십 년 전에 벌어진 상황이었다. 이것은 그다지 전형적이지는 않을지 모르나, 붕괴가 일어났던 문제들이 모두 오랜 세월에 걸쳐 인식되어 왔던 것이었음에 주목할 필요가 있다.

아주 흔히 과학자들은 기꺼이 기다리려 하는데, 특히 그 분야의 다른 영역에서 다룰 문제들이 많을 때 그러하다. 예컨대 뉴튼의 원래 계산 이후 60년 동안 달이 지구에 가장 가까워지는 점(近地點, perigee)의 예측치는 관찰된 값의 절반밖에 되지 않은 채 방치되고 있었다. 유럽의 가장 뛰어난 수리 물리학자들이 아무리 연구를 해도 그 확연한 오차를 해결할 수 없게 되자, 자연스럽게 뉴튼의 역제곱 법칙의 수정에 관한 제안이 나오게 되었다. 그러나 어느 누구도 이들 제안을 아주 심각하게 여기지는 않았고, 실제로 주요 현상에 대한 이런 인내는 옳았던 것으로 밝혀졌다. 1750년 클래로(Clairaut)는 적용 과정에서 수학만이 잘못되었을 뿐이지 뉴튼 이론은 여전히 성립된다는 것을 증명할 수 있었다(Kuhn, 1970, 81).

쿤에 따르면, 끈질기게 대두되어 인지된 변칙 사례가 반드시 위기를 초래하지는 않는다. "뉴튼 이론으로부터의 예측과 음속 및 수성의 운동에 대한 관찰이 서로 어긋난다는 것이 오랫동안 인식되었다는 이유로 뉴튼 이론에 대한 심각한 회의를 품었던 사람은 없었다. 음속에 대한 차이는 전혀 다른 목적으로 이루어진 열에 관한 실험에 의해 결국 예기치 않게 풀리게 되었다. 수성의 운동에 대한 이론적 불일치는 위기 조성에 아무런 구실도 하지 않았고 그 위기 이후에 일반 상대성 이론의 출현과 더불어 사라져 갔다"(Kuhn, 1970, 81).

5.3. 위기와 새로운 틀로서 패러다임의 등장

변칙 사례가 뚜렷이 의식될 때, 즉 하나의 변칙 사례가 정상 과학의 또 다른 수수께끼 이상의 것으로 보이게 되는 때가 위기이며, 비통상적(extraordinary) 과학으로의 전이는 시작되는 것이다. 창의성 A, 즉 정상 과학 활동의 진전은 위기 때 크게 의심받게 된다. "변칙 사례는 그 자체로서 이제 전문 분야에 점점 일반적으로 수용되기에 이른다. 그 분야의 가장 탁월한 많은 학자들이 그것에 차츰 더 많은 주의를 쏟게 된다. 만일 그것이 그래도 풀리지 않는 경우, 학자들 다수가 그 풀이를 그들 연구 분야의 제일의 주제로 삼게 된다. 이제 그들에게 있어 그 분야는 더 이상 이전과 같지 않은 것으로 보이게 될 것이다. 그러한 상이한 양상의 일부는 과학적 탐색의 새로운 고정에 의해 초래되는 결과다"(Kuhn, 1970, 82-83).

특정 정상 과학 활동 안에 존재하던 많은 과학자들이 변칙 사례들이 쉽게 기존 정상 과학으로 해결되지 않는다는 위기감을 심각하게 받아들인다. 이제 기존 정상 과학은 자연 현상을 다루는 일에서 효력을 상실한 것이 아니냐는 의구심이 커져만 가게 된다.

쿤에 따르면, 위기에 처한 패러다임으로부터 정상 과학의 새로운 전통이 태동할 수 있는 새로운 패러다임으로의 이행(transition)은 옛 패러다임의 명료화나 확장에 의해서 성취되는 과정, 즉 누적적 과정과는 거리가 멀다. 그러한 이행은 오히려 새로운 기반으로부터 그 분야를 다시 세우는 것으로서 그 분야 패러다임의 많은 방법과 응용은 물론 가장 기본적인 이론적 일반화조차도 변화시키게 되는 재구성이다. 그런 이행이 완결될 때, 그 전문 분야는 그 영역에 대한 견해, 방법, 목적을 바꾸게 될 것이라고 쿤은 주장한다. 프리스틀리(Priestly)가 본 플로기스톤(phlogiston)이 빠진 공기를 혁명 후에 라부아지에는 산소(oxygen)로 보게 되었다.

변칙 현상이나 위기에 직면하는 경우, 과학자는 현존의 패러다임에 대해서 이전과는 다른 태도를 취하게 되며, 그들 연구의 성격도 그에 따라 바뀌게 된다. 과학 혁명이란 기존의 패러다임이 자연 현상에 대한 다각적 탐구를 함에 있어 이전에는 길을 이끌었지만 이제 더 이상 적절한 기능을 하지 못한다는 의식이 과학자 사회의 좁은 부분에 국한되어 점차로 대두대면서 시작된다. 이때 기술(記述, description)상의 기능 장애가 혁명의 선결 요건이다. 기술상의 기능 장애란 변칙 사례를 패러다임이 제대로 해결해 내지 못하는 상황을 의미한다. 해결하려고 최고의 과학자들이 노력을 해도 해도 안 되면, 이 상황은 이제 과학 혁명의 선결 조건이 될 수 있는 것이다. 즉 기존의 패러다임이 문제 해결 능력을 더 이상 보여주지 못하므로 과학자들이 대안적 패러다임을 궁리하기 시작할 수가 있다.

잘 알려져 있듯이, 쿤에 따르면, 서로 경쟁하는 정치적 제도 사이의 선택과 마찬가지로, 경쟁하는 패러다임 사이의 선택은 과학자 사회의 삶의 양립되지 않는 양식 사이에서의 선택이다(Kuhn, 1970, 94). 그에 따르면, 과학 혁명으로부터 출현하는 정상 과학 전통은 지나간 패러다임과 양립 불가능(incompatible)할 뿐만 아니라 종종 실질적으로 공약 불가능(incommensurable)하다(Kuhn, 1970, 103).

공약 불가능성을 예를 통해 이해할 수 있다. 뉴튼 역학은 물체의 정수로 표현된 아리스토텔레스적인 그리고 스콜라적인 설명을 거부하는 데 성공했다. 돌멩이가 땅으로 떨어지는 것은 그 '본성'이 그 돌을 우주의 중심으로 향해 떨어지게 만들기 때문이라고 말하는 것은 단지 동어반복(tautology)의 말놀이로 보이게 되어버렸다(Kuhn, 1970, 103-104). 돌의 본성이 지구로 향하도록 하기에 돌이 지구로 떨어지는 것이 아니라, 돌과 지구가 인력 상호작용을 하기에 떨어지는 것이 된 것이다.

17세기의 기계-미립자적 설명(mechanico-corpuscular explanation)에 대한 새로운 위임은 많은 과학 분야에 대해 막강한 성과를 입증함으로써, 해답을 거부하던 일반적으로 수용된 문제들을 제거하고 그들을 대체하는 다른 것들을 제안하게 되었다(Kuhn, 1970, 104). 이 경우 입자적 패러다임은 새로운 문제와 그 문제의 해답의 큰 부분을 낳았다. 외양(appearance)으로 나타나는 모양, 크기, 위치 등의 거시적 현상은 눈에 보이지 않는 미립자(corpuscles)의 기계적 운동(충돌 등)에 의해서 설명될 수 있게 되었다.

과학 혁명과 관련된 과학의 창의성은 틀 간 창의성(창의성 B)이다. 이 창의성 B가 과학자들과 일반인이 흔히 쉽게 떠올리는 창의성의 모델이다.[4] 하지만 이러한 의미의 창의성은 실제 과학 활동에서는 매우 드물게 나타나는 창의성이라고 할 수 있다.

6. 결론

과학의 창의성을 둘로 나누어 논의했다. 창의성 A는 어떤 틀 내에서 이루어지는 창의성이다. 이를 틀 내 창의성이라 불렀다. 창의성 B는 어떤 틀을 다른 틀로 대체해 버리는 창의성이다. 이를 틀 간 창의성이라 불렀다. 쿤의 과학철학을 사용하여 창의성을 특정 패러다임 내에서 이루어지는 창의성 A와 새로운 패러다임을 제시하는 창의성 B의 두 가지로 나누어 토의해 왔다. 쿤의 패러다임, 정상 과학, 과학 혁명 개념을 중심으로 이러한 논의를 전개했

---

4 주 2)에서 인용한 뉴튼과 아인슈타인의 경우에 초점을 두고 창의성의 기원을 다룬 홍성욱·이상욱 외(2004)의 논의에서도 그런 경향을 일부 엿볼 수 있다.

다. 정상 과학 활동의 성취는 창의성 A의 한 표본이다. 과학 혁명의 성취는 창의성 B의 표본이다.

저자가 보기에 우리가 말하는 대다수의 창의성은 실제로는 A, 즉 특정 패러다임 내에서 나타나는 창의성으로 보인다. 수많은 학술지와 책을 채우는 것이 이러한 창의성의 결과물이다. 또한 노벨 과학상을 수상한 대부분의 과학적 성취도 A의 경우에 속한다. 창의성 A는 다시 실험적 창의성(창의성 A-1)과 이론적 창의성(창의성 A-2)으로 나누어보았다. 실험적 창의성(창의성 A-1)은 쿤이 말하는 사실 수집과 관련한 명료화가 그 전형적 사례로서 이해될 수 있고, 이론적 창의성(창의성 A-2)은 쿤의 이론적 명료화가 그 전형적 사례로서 이해될 수 있다. B의 의미의 창의성은 틀 간 창의성이다. 즉 특정 패러다임을 대체하는 새로운 패러다임을 제시하는 창의성이 나타나는 경우다. 이는 실제 상황에서는 매우 드물다.

과학자나 과학자가 아닌 여타 분야에 종사하는 지식인이나 일반인은 B의 의미의 창의성을 창의성의 제일 후보로 떠올린다. 하지만 A와 B는 거의 대등한 의미의 창의성으로 보아야 한다. 정상 과학 내의 누적적 작업 없이, 즉 A 없이 B의 출현을 생각할 수 없기 때문이다. B를 이룩한 과학자는 수많은 수준의 A의 누적에 기반을 두어 자신의 창의적 결과를 내는 것이 일반적이다.

창의성 A든 창의성 B든 특정 틀, 예를 들면 패러다임을 염두에 두지 않으면 등장할 수 없다. A는 특정 패러다임이 이야기하는 바, 또는 예견하는 바를 확인하는 작업과 관계되고, 창의성 B는 기존의 특정 패러다임에 비해 '상대적' 문제 풀이 능력의 우위를 보여주는 새로운 패러다임의 창출을 의미하기 때문이다. 따라서 패러다임에 해당하는 무언가에 있고 그에 비춘 창의성이 과학적 창의성이라고 보아야 한다.

과학의 창의성이 어떤 식으로든 개인 과학자의 생물학적 특성, 가족 배경,5

---

5 한 예로 뉴튼의 경우를 들 수 있다. 뉴튼은 소지주의 유복자로 태어났다. 그가 이룬 창의성과 관련하여 모성 결핍과 그 심리적 영향을 이야기하기도 한다. 물론 이런 요소는 우리가 다루어온 틀

나아가 더 넓게 사회적 요인 등등에 의해서 영향을 받을 것임은 짐작할 수 있다. 과학의 창의성에 영향을 미칠 수 있는 여러 요인 가운데 틀만이, 예를 들면 패러다임만이 결정적으로 과학의 창의성을 이해 가능하게 해주는 요소라고 단언하기는 물론 힘들다. 하지만 여러 요인 중, 특정 패러다임과 그에 입각한 정상 과학 활동이라는 배경을 통해 과학의 창의성의 주요 국면이 적절히 이해될 수 있음은 부정하기 어려울 것이다. 패러다임을 염두에 둘 때, 즉 어떤 틀을 고려할 때 비로소 과학의 창의성이 무엇인지 보다 명확히 파악되기 시작한다.

이러한 논의는 과학의 창의성을 틀이라는 시각에서 이해하려는 작업이며 이와 동시에 쿤의 과학철학에 대한 해석에서 새로운 시도를 도입하려는 노력이다.

이라는 요소와는 다른 요소다.

뉴튼의 어머니는 생후 2년 만에 재가해서 그의 곁을 떠났다. 뉴튼은 할머니 손에 의해서 길러졌다. 의붓아버지가 죽고 어머니가 다시 돌아올 때까지 9년 동안 어머니와 떨어져 지냈다. 이런 모성 결핍이 그의 심리적 경향에 커다란 영향을 미쳤다고 보는 의견이 있다. 논문을 발표할 때마다 보인 심리적 불안감 혹은 그를 비판하는 사람들에 대해서 보여주었던 지극히 비이성적이고 격렬한 반응이 이런 모성 결핍을 보여주는 것이라는 견해도 있다. 대표적 뉴튼 전기로 Westfall (1983)을 참조하면 좋다.

11 타협 모형과 대안적 합리성의 모색

1. 도입

과학적 합리성에 대한 논의의 주요 쟁점은 대략 다음과 같을 것이다. 과학적 합리성은 고정된 의미를 지니는가? 혹은 지녀야 하는가? 합리성의 의미는 과학 분야에 따라 달라야 하는 것인가? 합리성의 의미와 기준은 시기에 따라 다를 수밖에 없는가?

전통적 합리성의 기준, 즉 여러 과학 분야에서 보편적으로 적용되는 합리성의 기준이 있어서 이 기준을 따를 때 합리성은 문제없이 확보된다고 보는 합리성의 기준은 오늘날 여러 측면에서 의심받고 있다. 전통적 합리성이라는 관념을 오늘날의 과학 활동에 곧바로 합동시키기가 곤란한 이유가 여기에 있다. 그렇지만 이런 전통적 합리성의 기준이 의심받는다고 해서, 과학의 합리성 자체를 쉽게 의심하기는 어렵다.

이러한 상황에서 실제 과학 활동과 모순되지 않는 합리성을 추구하는 일은 과학철학의 주요 쟁점이 되고 있다. 이 연구에서는 합리성의 대안적 모형을 추구하는 키처(Philip Kitcher)의 논의가 지니는 의의, 가치, 한계를 검토하고자 한다.[1] 이러한 논의를 통해 과학의 실천을 적절히 반영해 내는 합리성의 모색이 어떤 방향을 향해가야 할 것인지에 대한 탐구를 심화할 수 있다.

과학철학자 키처는 과학적 합리성을 옹호하기 위해 '타협 모형(compromise model)'을 제시한다. 타협 모형은 1) 합리주의 모형, 즉 기존의 합리의 관념, 그가 '전설(Legend)'이라고 부르는 합리성의 관념의 주요 부분을 살려서 발전시킨 모형과 2) 반합리주의 모형, 즉 합리주의 모형을 비판하는 모형, 둘 다를 비판하면서 제기하는 모형이다. 키처가 논의하는 타협 모형의 주된 방향은 전설, 즉 기존의 합리성의 관념, 혹은 전통적 합리성의 관념을 해소하는 데 있다. 하지만 이와 같은 전설의 해소 자체가 키처의 타협 모형이 지향하는 유일한 목표는 아니라고 본다. 키처는 반합리주의 모형을 옹호하지도 않기 때문이다.

그는 합리주의 모형의 일부 요소를 취하고, 반합리주의 모형의 일부 요소를 받아들여 타협 모형이라고 부르는 새로운 모형을 제안한다. 저자는 키처의 1995년 저술『과학의 전진: 전설 없는 과학, 환영 없는 객관성(The Advancement of Science: Science without Legend, Objectivity without Illusions)』에 나타나는 그의 합리성에 대한 입장을 자세히 검토하여, 그의 논의가 대안적 합리성을 발전시키는 주목할 만한 논의의 하나임을 밝히고자 한다.[2]

우리는 키처가 합리주의 모형의 어떤 요소를, 그리고 반합리주의 모형의 어떤 요소를 살려서 타협 모형을 이루어내는지 상세히 살펴볼 것이다. 또한 사례 연구로 제시한 '데본기 대논쟁'의 경우가 타협 모형을 어느 정도 밑받침해 주는지를 검토하게 된다. 이어 키처의 타협 모형은 쿤의 과학관에서 상당히 영향을 받았다는 점을 지적하고자 한다. 그리하여 키처의 타협 모형과 쿤의 과학관의 유사점과 차이점을 논의하게 된다. 이 장은 합리성의 성격을 둘

---

1 키처의 논의에 대해서는 Kitcher(1995)를 참조하면 좋다.
2 키처의 입장에 대한 국내 논의는 아직 존재하지 않는다.

러싼 논의를 심도 있게 발전시키는 논의가 될 것이다. 이와 같은 논의는 과학 활동의 실제 양상과 합리성 사이의 관계를 파악하는 데에 도움을 줄 수 있다.

2. 전설이란 무엇인가

2.1. 전설의 고귀한 목표: 진리 달성

먼저 키처가 말하는 전설이 무엇인지를 이해하는 일로부터 출발하기로 한다. 키처는 과학의 합리성에 대해 재고하고자 한다. 과학의 합리성을 옹호하는 '전통적' 입장을 그는 전설이라고 부른다. 키처는 전설을 다음과 같이 묘사한다.

> 가버린 그 소중한 날들 속에서, 한때, 회상을 거의 넘어서 그러나 완전히 넘어서지는 못하더라도, 널리 퍼진 대중적 동의와 학술적 동의를 명령했던 과학에 대한 견해가 있었다. 그러한 견해는 이름을 가질 자격이 있다. 나는 그것을 "전설(Legend)"이라 부르고자 한다.
>
> 전설은 과학을 축복했다. 고귀한 목표를 지향했던 것으로서 과학을 묘사하면서, 그 목표는 줄곧 더 많이 성공적으로 실현되어 왔다고 주장되었다. 그 성공들에 대한 설명에 관해서는, 우리가 전설의 영웅, 위대한 진전을 이룩한 위대한 기여자에 관한 예화적인 지적 성질과 도덕적 성질 이상을 볼 필요는 없다. 전설은 과학은 물론, 과학자도 축복했던 것이다.
>
> 과학의 고귀한 목표는 진리 달성과 어떤 연관을 갖는다. 그렇지만, 여기서, 전설의 버전들 사이에는 차이가 존재했다. 어떤 이는 모호한 용어로 사고했다. 궁극적으로 과학은 진리를, 전체적 진리를, 다름 아닌 세계에 관한 진리를 발견하는 것을 목표로 한다는 것이다. 다른 이는 더 온건하기를 선호했는데, 우리에게 가장 직접적으로 부딪히는 자연의 측면들에 관한, 즉 우리가 관찰할 수 있는

(그리고, 아마도 통제할 수 있기를 희망할 수 있는) 측면에 관한 진리를 과학이 목표로 한다고 보았다. 양쪽의 설명에서, 진리의 발견은 그 자체의 목적 때문에 그리고 우리에게 수여하게 될 발견의 힘 때문에 가치를 인정받았다(Kitcher, 1995, 3).

이 묘사에 따르면, 전설이 말하는 바의 모호하되 큰 주장은 과학이 세계에 관한 전체적 진리를 발견한다는 것이다. 이것은 과학에 대한 대중적인 혹은 무비판적인 견해가 나타나는 과학 옹호 입장의 전형이라고 할 수 있다. 그리고 전설이 말하는 바의 온건하되 작은 주장은 과학이 관찰할 수 있는 자연의 측면에 대한 진리를 목표로 한다는 것이다. 이 입장을 보여주는 한 예가 논리 실증주의다. 논리 실증주의는, 과학 도구 없이 우리의 감각 지각 능력으로 확인이 가능한 직접적 경험 내용과 과학 이론 사이의 대조에서 진리(보다 정확히 말하면, 과학 이론의 '경험적 유의미성')의 영역을 찾기 때문이다. 이는 진리(경험적 유의미성)를 보다 제한하여 옹호하는 입장인 것이다. 이 역시 전설의 또 다른 전형이라고 할 수 있다. 전설에 의하면, 진리 달성의 성공으로 과학은 진보한다. 전설을 옹호하는 이들은 당연히 과학의 역사는 진리 달성이라는 목표의 측면에서 성공을 거두어온 것으로 보고 있다.

키처는 이 전설이 과연 사실이며 과학 활동을 제대로 묘사한 것이냐에 대한 의문으로 앞으로 나올 그의 타협 모형을 예고하고 있다.

내가 제기하고자 하는 주요 질문들은 전설이 중심적으로 취한 것이다. 즉 과학적 진보(scientific progress)란 무엇인가? 어떻게 과학이 합리적으로 추구되는 것인가(Kitcher, 1995, 9)?

그는 전설을 중심으로 과학의 합리성과 과학의 진보의 문제를 제기한다. 그가 이런 질문을 제기하는 것은 현실 과학과 어울리는 대안적 의미의 합리성을 모색하려는 의도에서 출발한다. 그럼 키처가 전설을 옹호하는 이들을 누구로 보고 있으며, 전설의 비판자들로 어떤 이들을 대표적으로 거론하는지 살펴보기로 한다. 이런 검토는 키처의 타협 모형을 이해하고 비판적으로 이해하기 위한 기초가 된다.

2.2. 전설의 옹호자들

키처는 전설의 옹호자들이 광범위하게 존재해 왔다고 이야기한다. 그가 전설의 의미를 철학적으로 재검토하면서 타협 모형을 제시하고 있음에도 불구하고, 키처에 따르면, 전설의 옹호자들이 단지 철학의 내부에만 존재했던 것은 물론 아니다. 전설의 핵심적 요소를 옹호하는 합리주의 모형 속에 키처가 포함시킨 것은 논리 실증주의만이 아니다. 전설의 옹호자로서, 키처는 우선 과학계의 전형적인 인물로 제임스 브라이언트 코넌트(James Bryant Conant)를 꼽는다. 코넌트는 과학자이며 하버드 대학교 총장을 지낸 바 있으며, 1940~1950년대에 전설을 옹호하는 저술들을 펴낸 것으로 유명하다. 상대주의 입장을 옹호하는 사회 구성주의(Social Constructivism)가 출현하기 이전에는, 과학 사회학 쪽에서도 물론 전설의 옹호자들이 포진하고 있었다. 키처가 제시하는 또 다른 대표적인 인물은 과학사회학자 버너드 바버(Bernard Barber)다. 바버는 1950년대에 쓴 저술에서 과학과 합리적 지식이 누적적이라고 주장한다.[3]

전설의 옹호자들이 과학계와 과학사회학자 중에도 많았지만, 철학계에서 옹호자는 더 두드러졌다고 할 수 있다. 과학철학자들이 저술과 교육을 통해 전설을 옹호하는 데 많은 노력을 기울여 왔기 때문이다. 철학계 내부의 전설 옹호자는 주지하듯 상당히 많다. 우선 빈 학단(Vienna Circle)의 루돌프 카르납 등을 들 수 있다. 그 밖에 빈 학단 활동 무렵 베를린 지역에서 활동한 칼 구스타프 헴펠(Carl Gustav Hempel)을 포함하여, 한스 라이헨바흐(Reichenbach)를

---

3 이에 대해서는 Kitcher(1995), 4를 참조할 것.

들 수 있다. 또한 키처가 드는 인물로 네이글(Ernest Nagel)이 있고, 포퍼(Karl Popper)를 빼놓고 있지 않다.[4] 철학계 내의 전설 동조자들은 대부분 우리에게 매우 친숙한 이들임을 알 수 있다. 과학자, 과학사회학자, 과학철학자의 거의 대다수가 전설의 옹호자였던 것이다. 그렇다면 전설을 비판하는 이들로는 누가 있을까?

3. 전설의 비판자들

키처는 전설을 비판하는 인물들로 몇몇을 제시한다. 우선 키처는 토머스 쿤을 꼽는다. 쿤은 과학의 누적성을 비판하고 단절, 보다 구체적으로는 과학 혁명의 개념을 과학 활동의 성격에 부과한 전형적인 인물이다. 키처는 이어 파이어아벤트를 전설의 비판자로 든다. 주지하듯, 파이어아벤트는 과학의 역사는 방법론의 대체의 역사라고 주장했다. 또한 키처는 노우드 러셀 핸슨(Norwood Russell Hanson)을 전설의 비판자로 이야기한다. 핸슨은 관찰의 이론 적재성 논제(thesis of theory-ladenness of observation)로 잘 알려져 있다.[5]

쿤은 혁명적 과학관을 제시한 것으로 널리 인지되어 있지만, 그가 처음에 하버드 대학교에서 과학사, 과학철학 관련 강의를 맡게 된 것은 전설 옹호자의 대표적 인물로 키처가 위에서 꼽은 코넌트 때문이었다. 코넌트가 1940년 대에 쿤에게 강의를 알선해 주었던 것이다. 쿤은 이 강의를 하면서 혁명적 과학관을 창출시켰다고 말하고 있다. "내게 처음으로 과학사를 소개해 주었으며 그리하여 과학의 전진에 대한 나의 개념에서 변성이 있게끔 출발시켜 준이는 당시 하버드 대학교 총장이었던 제임스 B. 코넌트였다"(Kuhn, 1970, xi).

---

4 이에 대해서는 Kitcher(1995), 4-6을 참조할 것.
5 이에 대해서는 Kitcher(1995), 6-8을 참조할 것.

흥미로운 것은, 결과론이긴 하지만, 전설의 옹호자가 쿤에게 강의를 주었기에, 이를 계기로 전설 비판을 쿤이 발전시킬 수 있었다는 점이다. 쿤에 따르면, 과학은 세계를 서로 다른 방식으로 바라보는 패러다임들에 의한 혁명의 역사를 지니고 있다. 옛 패러다임은 폐기되고 옛 패러다임과 전혀 내용을 달리하는 패러다임이 등장하는 것이다. 전설이 말하는 합리성은 쿤에게는 보존되지 않는 것으로 보인다.[6] 파이어아벤트는 과학 활동 속에서 단일한 방법론이 지배한다는 사고를 비판한다. 파이어아벤트가 지적하듯이, 갈릴레오는 관찰 과정에서 도구(instrument) 사용을 거부한 아리스토텔레스 자연철학 전통을 교묘히 벗어나 망원경을 도입했다. 이는 명백히 기존 아리스토텔레스 자연철학의 방법론의 위배였다. 하지만 이런 방법론의 위배를 통해 새로운 근대 과학을 수립했다는 것이 파이어아벤트의 주장이다.[7] 핸슨은 이른바 관찰의 이론 적재성 논제를 제시한 것으로 잘 알려져 있다. 관찰은 중립적이지 않으며 이론에 감염되는 방식으로 이루어진다고 핸슨은 주장한 바 있다. 이론 중립적이지 않은 관찰로 합리적 과학을 구성해 내는 것으로 보기는 곤란하다는 것이 핸슨의 주장의 요지다.

논리 실증주의에서 대표적으로 볼 수 있듯이, 과학의 합리성과 객관성은 상당 시기 동안 의심받지 않았다. 그러나 1960년 전후로 쿤, 파이어아벤트, 핸슨, 스티븐 툴민(Stephen Toulmin) 등의 논의에 의해 논리 실증주의 과학관은 큰 타격을 입었다. 핸슨의 관찰의 이론 적재성 논제, 쿤의 과학 혁명론, 파이어아벤트의 이론 다원론(theoretical pluralism) 등의 출현으로 실증주의적 과학철학자들은 과학의 합리성과 객관성의 기초에 대해 심각한 고민에 빠지지 않을 수 없게 되었다. 사실의 문제에 대한 포스트실증주의자들의 제안은 당시의 과학철학자들에게 최초에는 그야말로 충격적이었다고 말할 수 있다. 이

---

6 쿤의 입장에 대해서는 Kuhn(1970)을 참조하면 좋다.
7 파이어아벤트의 입장에 대해서는 Feyerabend(1975)를 참조하면 좋다.

들의 과학관은 1960년대 이후 크게 발전했고 그들은 주로 상대주의자로 치부되었다.

핸슨은 1958년에 모든 관찰에는 이론이 실려 있다는 견해를 밝혔다. 그는 다음과 같이 말한다. "x에 대한 관찰은 x에 대한 선 지식에 의해 형성된다. 관찰에 대한 또 다른 영향은 우리가 아는 것을 표현하는 언어나 표기에 의존하며, 이들 없이는 우리가 지식으로서 인정할 수 있는 것이 거의 없을 것이다"(Hanson, 1958, 19). 다음의 핸슨의 언급은 이론 구성과 정당화가 논리 실증주의적 방식으로 이루어진다는 데 대해 상이한 시각을 지니고 있음을 보여준다. "물리 이론은 자료가 그 안에서 이해 가능하게 되는 패턴을 제공한다. 물리 이론은 '개념적 게슈탈트(conceptual Gestalt)'를 구성한다. 한 이론은 관찰된 현상들로부터 조각조각 함께 짜 맞추어진 것은 아니다. 그것은 오히려 현상을 특정한 종류인 것으로, 그리고 다른 현상과 관련된 것으로 관찰하는 일을 가능하게 해준다"(Hanson, 1958, 90). 모든 관찰에 이론이 실려 있다면 관찰은 객관적이고 중립적인 사실이 될 수 없다. 관찰이 이렇게 규정되면, 논리 실증주의의 관찰 문장, 혹은 관찰 언어를 중심으로 한 이론 정당화 틀은 허물어지는 것으로 볼 수 있게 된다. 핸슨의 이론 적재성 논제는 실증주의 과학철학에 대해 파괴적인 공격 무기가 되었다. 이제 사실은 단순히 사실이 아니었고 이론은 단순히 사실에 비춘 정당화를 기다려야 하는 대상이 아니었다.

파이어아벤트는 1950년대 후반부터 논리 실증주의자의 이론 정당화주의, 즉 논리적 재구성주의를 적나라하게 비판하는 작업을 정력적으로 진행시켰다. 그는 이론 다원론을 주장하면서 이론 중립적인 관찰 언어는 존재하지 않으며, 따라서 이론적 추구는 관찰 문장에 얽매이는 형태가 아니라 다양하며 다원적이어야 한다고 주장했다. 결국 직접적 관찰이라는 개념은 과학이라는 인식적 작업 속에서 제대로 된 기능을 담당할 수 없다는 것이 그의 입장의 요지다.

1962년에 쿤은 『과학 혁명의 구조』라는 책을 낸다. 그런데 이 책에서 표방된 과학관은 기존까지 받아들여져 왔던 과학관과는 판이한 내용을 담고 있었다. 그는 과학 지식은 경험적 설명력의 확장을 통해 성장해 간다는 논리 실증주의적 관념과 정반대되는 것으로 보이는 견해를 제시했던 것이다. 쿤은 과학의 변화가 누적적이기보다는 단절적이고 혁명적이라고 주장했다. 이러한 시각에 따르면, 대체되는 이론과 대체하는 이론의 관계를 수렴이나 통합, 환원의 관념으로는 이해할 수 없다. 그리고 이른바 '공약 불가능성(incommensurability)'의 관념이 주요한 과학의 변화를 이해하는 데 주요한 역할을 하는 철학적 개념으로 등장한다. 공약 불가능성이란 같은 척도나 표준으로 과학 이론들을 평가해 낼 수 없다는 개념이다. 더욱이 쿤은 나중에 나온 이론이 반드시 과거 이론보다 더 경험적 설명력이 뛰어나서 과학자 사회에서 받아들여지는 것은 아니라고 보았다.

쿤의 이론은 관찰적 사실의 누적에 따른 과학 지식의 성장을 믿던 이들에게 커다란 충격을 주었다. 그래서 그의 이론은 논리 실증주의자의 관찰에 대한 강조를 패러다임(이론)의 우위로 대체한 성격을 강하게 띤다. 쿤의 과학관 속에서, 세계는 세계관으로서의 패러다임에 따라 상이하게 이해되었다. 관찰은 이론에 따라 조직화되었고, 의미를 갖게 되었다. 과학이 단지 논리 실증주의적으로 진행되지 않으며, 그런 식으로 이해될 수 없음을 보임으로써, 많은 과학철학자들은 새로운 시각으로 과학에 대한 이해를 도모할 필요성을 느끼게 되었다. 쿤에게 있어, 패러다임은 세계관이다. 또한 패러다임 전이는 곧 과학 혁명이었고, 이 혁명은 관찰 결과의 누적에 의한 결과가 아니라 과학자 사회가 전향적으로 한 패러다임을 버리고 다른 패러다임을 수용해 버리는 상황에 의해 이루어지는 것이었다. 이때 관찰은 이론 수용에 별다른 힘을 못 쓴다. 이는 논리 실증주의 과학관과는 정면 배치되는 입장이다. 즉 이러한 입장은 과학의 객관성과 합리성을 의심치 않은 논리 실증주의자를 중심으로 한 철학자들에게 심한 거부감을 불러일으킬 수밖에 없었다. 관찰에 기초하여 이론 구성과 평가를 강조한 논리 실증주의자들과 달리, 쿤은 이론에 우선성을 두었고, 그에 기초해 관찰 개념이 이해되었다.

전설의 옹호자와 비판자 중 주요 인물과 그들의 기본적 사고를 살펴보았다. 이제 이를 배경으로, 키처가 합리주의 모형, 반합리주의 모형을 어떻게 비판하고, 자신의 타협 모형을 발전시키는지 그리고 그러한 키처의 성취가 의미하는 바를 논의하기로 한다.

4. 키처의 세 가지 모형과 그 의의

4.1. 인식적 목표와 비인식적 목표/개인과 공동체

키처의 합리주의 모형, 반합리주의 모형, 타협 모형은 모두 과학자, 즉 과학을 행하는 이를 염두에 둔다. 반면 실제로 행해지고 있는 과학을 염두에 두지 않은 채 과학 활동의 '이상적' 양태에 관심이 많은 철학자를 그는 비판적으로 보고 있다. 키처는 단순히 인식적 규정만을 고려하거나, 인식적 절차만을 강조하거나, 인식적 요건에만 초점을 두지 않는다. 이런 것에 초점을 두는 입장으로 논리 실증주의 검증 원리(verification principle), 입증 원리(confirmation principle), 포퍼의 반증 가능성(falsifiability) 등을 제시할 수 있다. 이들 입장에서, 과학자 공동체는 논의 사항이 될 수 없다.[8] 키처는 인식적 규정, 절차, 요건을 실제로 적용하고, 변경하고, 그것들을 둘러싸고 논쟁을 벌이는 과학을 하는 인간, 즉 과학자를 염두에 둔다. 이때 키처는 과학자를 세 측면에서 이해한다. 과학 활동을 이해할 때 한 측면에서 중요한 것은 과학자 '공동체'다. 다른 측면에서 중요한 것은 공동체 내의 '하부 그룹'이다. 또 다른 측면에서 중요한 것은 과학자 '개인'이다. 그는 과학자 공동체, 하부 그룹, 과학자 개인의 관계가 과학 활동 속에서 어떠하냐에 주목한다. 공동체, 하부 그룹, 개인의 관계를 '인식적 목표'와 '비인식적 목표'와 결합시켜 어떻게 볼 수 있느냐에

---

8 이와 대조적으로 키처와 뒤에 논의할 쿤의 입장은 과학자 공동체에 대해 매우 민감하게 반응한다.

따라 합리주의 모형, 반합리주의 모형, 타협 모형이 형성된다. 이와 같은 관점에서 저자는 키처의 모형들의 가치와 함의를 평가하고자 한다.

4.2. 합리주의 모형의 성격

키처에 따르면, 우선 합리주의 모형은 다음의 가정을 구현한다. 그가 말하는 이 합리주의 모형은 전설의 주요 면모를 흡수한 모형이라고 할 수 있다.

(R1) 공동체의 결정은, 공동체 내의 모든 개인들이 그들의 실천에서 동일한 수정들을 이루어냈을 때, 도달된다.

(R2) 공동체의 각 구성원은, 가능한 대로 진보적으로 실천을 수정한다는 인식적 목표에 의해서만 움직인다.

(R3) 공동체의 모든 구성원은 동일한 인식적 맥락 안에 있다. 즉 각각은 동일한 실천으로부터 시작하여 각각은 동일한 자극을 받는다.

(R4) 공동체 내부에서 논쟁이 있는 동안에, 궁극적으로 승리하는 수정을 쟁취해 내는 이들은 인지적 진보[(ES) 또는 몇몇 그러한 기준을 만족시키는 진보]를 촉진하는 일을 위해 잘 설계된 과정들을 거침으로써 그렇게 한다.

(R5) 진보를 촉진하는 과정들을 겪고자 열등한 과정들을 채용한 이들이 그들의 인지적 활동을 올바로 수정했을 때, 논쟁은 종결된다. 몇몇 사례에서는, 소수파가 이러한 전이를 이루어내는 데 실패하고 그런 소수파의 구성원들이 유관된 공동체에서 축출될 수도 있다(Kitcher, 1995, 196-197).

(R4)에서 등장하는 (ES)는 외부적 기준(external standard)을 의미한다. 키처는 (ES)를 다음과 같이 묘사하고 있다.

(ES) 한 개인의 실천으로부터 다른 개인의 실천으로의 전이는, 그 전이가 이루어진 과정이 적어도 어떤 (인간에 대해) 모든 가능한 초기 실천과 가능한 자

극(그 자체로 주어진 세계와 인간 수용자의 특성들)의 모든 가능한 조합을 포함하는 인식적 맥락의 집합을 가로질러서 (과거, 현재, 미래의) 어떤 인간이 사용한 여타 과정의 성공률만큼 높은 성공률을 지녔을 때 그리고 지녔을 때에만 합리적이었다(Kitcher, 1995, 189).

(ES)는 인지적 진보, 즉 전설의 핵심 사항을 보존하는 규칙에 가깝다. 쉽게 말해 성공을 거두는 과학이 충족시켜야 할 기준의 표본이 (ES)라고 할 수 있다. 어떤 과학의 실천이 기본적으로 세계와 적절히 만날 때 성공은 달성되고 이를 합리적이라고 부른다는 것이다. 검증 원리, 입증 원리, 반증 가능성 등이 넓게 보아 바로 이 (ES)를 바탕에 둔 입장으로 규정할 수 있다.

그런데 키처는 (ES)가 극단적인 요구사항이라고 본다. "(ES)는 극단적으로 요구하고 있는 것이다. 과학사의 몇몇 단계에서 몇몇 주체가 사용 가능했던 과정들이 다른 이들에게는 사용 가능하지 않았을 수도 있으며, 그것은 오직 최적의 과정들만이 합리적인 것으로 여겨져야 한다고 요구하는 사실을 양보하지 않는다"(Kitcher, 1995, 189). 예를 들어, 17세기에 뉴튼이 사용한 극히 성공적이었던 과학적 과정이 그 당시에 활동하던 모든 자연철학자들의 머릿속에서 공통적으로 떠올랐어야 한다거나 그들도 뉴튼이 사용한 과정을 사용하고 따라야 했다고 주장하기는 곤란하다는 것이다.

키처는 합리주의 모형을 묘사하면서 '인식적 맥락'을 강조한다. (ES)가 바로 이 인식적 맥락을 이해하는 데 도움을 주는 핵심 용어의 하나가 된다. 이때 키처는 인식적 맥락을 '사회적' 관점 안에서 이해하고 있음에 유의할 필요가 있다. 여기서 사회적 맥락이란 바로 '과학자 공동체에 대한 고려'다. 키처의 견해에 따르면, 합리주의 모형조차도 과학자 공동체를 가정하지 않을 수 없다. 그가 제시하는 합리주의 모형의 가정 (R1)~(R5) 모두가 공동체의 존재를 전제로 한다. 과학자 공동체 또는 과학자 사회를 고려한다는 측면에서, 키처의 과학 이해는 논리 실증주의(또는 논리 경험주의) 전통에 입각한 과학 이해 방식과는 커다란 차이를 보이는 것으로 평가할 수 있다. 합리주의 모형의 핵심은, 과학자 공동체를 전제하더라도, 결국 인식적 맥락만을 과학자 공동체가 염두에 둔다는 점을 강조하는 데 있다고 말해야 할 것이다.

이 합리주의 모형을 키처는 비판한다. 키처는 다음과 같이 말하고 있다. "누구나, 엄격히 말해서, (R1)~(R5)가 거짓임을 안다. 합리주의 모형은 이상화(idealization)이며, 그것은 중요하지 않다고 여겨지는 복잡한 사항을 무시한다"(Kitcher, 1995, 197). 이 인용에서 나타나는 것이 바로 키처가 전설에 입각한 합리주의 모형을 비판하는 주된 이유다.

키처가 제시하고 있는 합리주의 모형의 핵심은, '인지적 진보'와 관련하여 과학자 공동체의 구성원들이 기본적으로 '동일한 인식적 맥락' 안에 있으며 '동일한 실천'으로 움직이며 '동일한 자극'을 받는다고 보는 데 있다. 그럼으로써 인지적 진보를 이루어낸다는 것이다. 하지만, 키처는 과학의 실제 상황은 이와 다르다고 보고 있다. 키처가 이해하기로, 합리주의 모형은 기본적으로 과학자 공동체 내의 변이(variance) 혹은 과학자 공동체 내의 개인 차이를 무시하는 모형이다. 그는 그래서 이 합리주의 모형을 받아들이지 않는다.

그렇다면 키처는 반합리주의자인가? 그렇지 않다. 키처는 반합리주의 모형도 비판하기 때문이다. 그럼 그가 어떻게 반합리주의 모형을 공격하는지 살펴보기로 한다.

4.3. 반합리주의 모형의 성격

"과학사 속의 주요 논쟁에 대한 반합리주의적 설명의 주요 특징은 (R4)의 부정이다"(Kitcher, 1995, 198)라고 키처는 지적한다. (R4)가 말하는 바의 요지는, 과학자 공동체 내에서 궁극적 승리를 쟁취하는 이들은 인지적 진보를 촉진시키는 일에서 잘 설계된 과정을 거쳐서 승리를 거두었다는 것이다. 반합리주의 모형의 핵심 특징은 이를 부정적으로 본다. 키처는 다음과 같이 잇고 있다. "그럼에도 불구하고, 반합리주의자들은 개별 과학자들과 그들이 속해 있는 공동체에 대한 상이한 해명 역시 제공한다"(Kitcher, 1995, 198). 이렇게 제시된 해명이 바로 반합리주의 모형이다. 반합리주의 모형은 기본적으로 전설에 입각해 있는 합리주의 모형의 대척점에 있다. 키처는 반합리주의 모형의 주장들을 다음과 같이 기술하고 있다.

(AR1) 공동체의 결정은 공동체 내부의 충분히 강력한 하부 그룹이 특수한 방식으로 그들의 실천을 수정하려는 (아마도 독립적인, 아마도 조정된) 결정에 도달했을 때 도달된다.

(AR2) 과학자들은 전형적으로 인식적 목표는 물론 비인식적 목표에 의해서 움직인다.

(AR3) 공동체 내부에는, 개인적 실천, 바닥에 깔려 있는 성향, 자극에의 노출이라는 측면에서, 유의미한 변이가 존재한다.

(AR4) 과학 논쟁의 모든 위상에서, 궁극적 승자가 겪는 과정들이 궁극적 패자가 겪는 과정들 이상으로 인지적 진보를 촉진시키는 일을 위해서 더 잘 설계된 것은 아니다.

(AR5) 과학 논쟁은 하나의 그룹이 공동체에서 경쟁 그룹들을 축출하는 데 충분히 힘을 집합시킬 때 종결된다. 실천의 성공적 수정의 뒤이은 정교화와 발전이 모든 가용 자원을 흡수하며, 그래서 나중에 있는 비교들은 고도로 발전된 전통과 미발전된 경쟁자 사이에서 이루어질 수 있다. 이런 식으로 나중의 과학자들은 기각된 경쟁자들을 지지하는 데 사용할 수 있었던 과정들보다 진보를 촉진시키기 위해 더 잘 설계된 과정들을 겪음으로써 승리적 전이를 방어할 수 있게 될 것임이 확실해진다. 만일 원래의 결정이 다른 길로 갔다면, (실질적으로는 패배자가 되었을) 승자들은 바로 그 동일한 나중의 방어를 역시 이루어낼 수 있었을 것이다(Kitcher, 1995, 198).

반합리주의 모형을 키처가 묘사하면서, 과학자 공동체를 지적하는 것은 자연스럽게 느껴진다. 결국 과학적 합의의 문제란 과학자 공동체의 존재를 전제하는 것이기 때문이다. 반합리주의 모형의 특징은, 예측할 수 있듯이, 과학자 공동체 내부에 합의에 도달하기 어렵게 하는 요소나 특성이 존재한다는 데 초점을 둔다. 과학자 공동체가 그 안에 존재하는 그룹, 즉 '하부 그룹'으로 분리되어 있으며, 하부 그룹의 동향에 따라서 의견의 합의와 불일치가 이루어질 텐데, 이때 반합리주의 모형은 의견의 불일치에 물론 강조점을 두고 있다. 반합리주의 모형에서는, 의견 불일치의 상당 부분은 '비인식적 목표'로 인해 발생하는 것으로 본다. 이러한 의견의 불일치는 과학자 공동체 내부에 존재하는 여러 가지 '변이'에 기인한다고 보는 것이 반합리주의 모형의 기본적인 주장이다. 반합리주의 모형에 따르면, 논쟁의 종결은 인지적 진보를 이루어냈기에 성립하는 것이 아니다. 오히려 "경쟁 그룹들을 축출하는 데 충분히 힘을 집합시킬 때" 종결된다는 것이다. 반합리주의 모형을 지지하는 이들은 힘의 결집 여부에 따라, 현실의 패배자는 승리자가 되었을 수도 있다고 본다.

이는 합리성과 합리성의 진보에 대한 부정이다. 키처는 합리주의 모형을 비판하고 있음을 앞서 보았다. 그런데 키처는 반합리주의 모형에 대해서도 비판적이다. 키처가 합리주의 모형과 반합리주의 모형을 '둘 다' 비판하고 이것들을 극복하려는 의도에서 내세운 것이 타협 모형이다. 이어서 타협 모형을 검토하면서 타협 모형이 합리주의 모형과 반합리주의 모형과 어떤 차이를 보이는지 살펴보기로 한다.

4.4. 타협 모형의 성격

키처가 옹호하는 타협 모형의 주장들은 다음과 같다.

   (C1) 공동체의 결정은, 공동체 내부의 충분히 많은 충분히 강력한 하부 그룹들이 특별한 방식으로 그들의 실천을 수정하기 위해 (아마도 독립적인, 아마도 조정된) 결정에 도달했을 때, 도달된다.
   (C2) 과학자들은 인식적 목표는 물론이고 비인식적 목표에 의해 전형적으로 움직인다.

(C3) 과학 공동체 내부에는 개인적 실천, 바닥에 깔려 있는 성향, 자극에의 노출이라는 측면에서, 유의미한 인지적 변이가 존재한다.

(C4) 과학 논쟁의 초기 위상에서, 궁극적 승리자가 겪는 과정들은 (보통) 궁극적 패배자가 겪는 과정들보다 인지적 진보를 촉진시키는 일을 위해서 더 잘 설계된 것은 아니다.

(C5) 동료 간 대화 및 개인의 실천을 수정하기 위한 초기의 결정에 의해 부분적으로 산출된 자연과의 조우의 결과로서 공동체 안에서 널리 쓸 수 있는 논변이 나타날 때, 즉 (ES)(그리고 여타 앞 절에서 그려놓은 기준들)에 의해 판단될 때, 과학 논쟁은 논쟁 속의 적대자들이 여타 과정들보다 더 인지적 진보(cognitive progress)를 촉진시키는 일에서 두드러지게 우월한, 실천을 수정하기 위한 과정을 포획해 내는 논변이 나타날 때, 종결된다. 주요하게 이 과정은 공동체 구성원의 사유 및 그것의 덕목들로 통합하는 일 덕분에, 권력은 승리 그룹에 부가된다(Kitcher, 1995, 201).

타협 모형은 인식적 목표는 물론 비인식적 목표를 부분적으로 인정한다는 데 그 특징이 있다. (C2)에 제시되어 있듯이, "과학자들은 인식적 목표는 물론이고 비인식적 목표에 의해 전형적으로 움직인다"라는 것이 타협 모형의 핵심 주장인 것이다. 즉 타협 모형은 인식적 목표와 비인식적 목표 모두를 일단 과학자 공동체가 염두에 둔다는 점을 수용한다. 하지만 타협 모형은 비인식적 목표를 부분적으로 인정하는 데 그치고 있으며, 비인식적 목표가 인식적 목표보다 더 강력히 작용한다고 보지는 않는다는 데에 유의해야 한다. 키처는 전통적 의미의 합리주의자가 아닐 뿐이지, 비합리주의자 또는 반합리주의자는 아닌 것이다. 이 점에 각별히 주목해야 한다.

키처의 주장의 요지는 사회적 요인이 과학적 결정을 지연시킬 수는 있어도 어떤 과학적 결정이 이루어지는 것과 그 결정에 따른 힘의 취득을 뒤집지는 못한다는 것이다.[9] 반합리주의자들이 말하듯 과학자들이 경쟁자를 몰아내기 위해 힘을 결집하는 일 때문에 과학 논쟁이 종결되는 것이 아니라, 동료 간

대화와 자연과의 조우를 확대하려는 노력의 성과 때문에 과학 논쟁은 종결된다고 키처는 말한다. 이것이 바로 (C5)에 담긴 내용이다.

(C4)에서 볼 수 있듯이, 과학 논쟁의 '초기' 위상에서는 최종적 승리자나 패배자가 누가 될지를 쉽게 예견할 수 없음을 타협 모형은 인정한다. 이것은 반합리주의 모형에서 강하게 주장하는 요소의 일부다. 하지만 (C4)는 '초기' 위상에서의 변화 가능성은 인정하지만 반합리주의 모형의 (AR4)에서 말하듯, '모든' 위상에서의 변화 가능성까지 받아들이지는 않는다. (ES)의 충족 혹은 기타 자연과의 조우를 통해, 논쟁이 종결되는 것이지, 힘의 결집으로 논쟁이 항상 뒤집힐 수 있는 것은 아니라는 것이다. 이것이 반합리주의 모형과 타협 모형의 결정적 차이다. 결국 키처는 이렇게 말하고 있다. "그러나 합리성의 관념 해소하기가 인지적 평가(cognitive appraisal)의 포기를 의미하지는 않는다"(218).

5. 데본기 대논쟁: 새로운 지질학적 시대의 존재에 대한 인정 과정과 타협 모형

키처는 타협 모형의 의의를 설명하기 위해 과학사의 사례를 제시하고 있다. 그가 제시하는 대표적인 사례는 '데본기 대논쟁(Great Devonian Controversy)' 이다.[10] 이 데본기 대논쟁이 무엇이고, 키처가 이 논쟁을 자신의 타협 모형을 지지하는 경험적 사례로 제시한 일이 어떤 함의를 지니는지 논의하기로 한다.

---

9 이에 대해서는 Kitcher(1995), 202를 참조할 것.

10 이에 대한 키처의 논의는 Kitcher(1995), 211-218에 담겨 있다. 데본기 대논쟁에 대한 키처의 논의는 러드윅[Rudwick(1985)]에 상당 부분 의존하고 있다. 러드윅의 책은 1980년대에 나온 과학사, 과학철학 분야의 고전급 저술의 하나라고 할 수 있을 것이다.

현재 우리가 알고 있는 지질학적 시대 구분은 19세기에 대부분 그 기초가 마련되었다. 지질학적 시대 구분이라는 문제에 관한 한, 19세기는 위대한 시기라고 말할 수 있다. 우리가 현재 알고 있는 고생대의 한 하부 시대인 '데본기(Devonian)' 역시 이 시기에 설정되었다. 데본기가 설정되기 이전에는 석탄기(Carboniferous)와 실루리아기(Silurian)가 알려져 있었다. 실루리아기는 고생대의 일부를 이루는 지질학적 시대다. 석탄기는 중생대의 일부를 이루는 지질학적 시대에 속한다.

이른바 데본기 대논쟁은 1834년에 시작되어 1840년 9월에서 1842년 1월 사이에서 종결된 것으로 본다. 이것은 6~8년에 걸친 지질학 대논쟁이었다. 이 논쟁은 영국의 데본(Devon) 지역의 오래된 지층의 연대를 어떻게 잡을 것인가와 관련한 몇몇 불확실한 사항들과 함께 시작되어 새로운 지질학적 시대의 존재를 인정하게 되는 것으로 종결된다.

5.1. 식물 화석 출현

논쟁은 1834년 북 데본 지역의 외견상 오래된 잡사암(Greywacke)층에서 이상한 식물 화석이 발견됨으로써 시작된다. 이 화석은 잡사암층보다 훨씬 젊은 층인 석탄기층에서 나오는 화석과 아주 유사했던 것이다. 논쟁은 영국에서 시작되었고 유럽 거의 전역의 주요 지질학자가 참여했다. 영국 내에서도 정상급 학자와 중간 정도로 알려진 학자 등 몇몇 수준의 학자들이 논쟁에 함께 개입했다.

5.2. 드 라 비치: 잡사암은 연속층이라고 주장

이에 대해 데본기 대논쟁의 두 대결 당사자의 한 진영의 대표자라 할 수 있는 드 라 비치(Henry De La Beche, 1796-1855)[11]는 처음에 화석을 함유한 층이 잡사암 속 '깊은 곳'에 자리하고 있다고 주장했다. 즉 석탄기와 지질학적 시기가 전혀 다른 오래된 층인 잡사암층 속에서도 석탄기층에 들어 있는 식물 화석과 유사한 화석이 존재할 수 있다고 본 것이다. 드 라 비치는 아주 유사한 유기체가 지질학적으로 큰 시간 차를 두고서도 존재할 수 있고, 따라서 특정한 화석을 지층을 질서 지우고 상호 연관 짓는 데 쓰는 것은 잘못이라고 결론내렸다.

5.3. 머치슨: 잡사암 내에 부정합이 존재하리라고 주장

이 논쟁에 참가한 다른 진영의 대표자인 머치슨(Roderick Impey Murchison, 1792-1871)[12]이 화석을 지층 대비의 중요한 증거로 사용한 것은 드 라 비치 진영과 비교할 때 방법론적으로 큰 차이를 보인다. 화석이 강조되기 이전까지는, 지층을 이루고 있는 광물의 조성과 상태를 강조해 오고 있었다. 드 라 비치와 달리, 머치슨은 발견된 화석이 잡사암의 '상층부'에 위치한 것이라고 주장했다.

드 라 비치는 앞서 이야기한 화석에 대한 주장 이외에, 데본 지역의 층에 대해 다음과 같은 설명을 가했다. 그는 잡사암층은 연속층이라고 보았다. 데본 잡사암층은 결층이 없다는 것이다. 즉 부정합(不整合, unconformity)[13]이 존

---

11 드 라 비치는 당시 영국의 정상급 지질학자 중 한 사람이었다. 이름에서 프랑스인 냄새가 나지만 순수한 영국인이다. 영국 국가 기관인 지질조사소(Geological Survey)의 초대 소장을 지냈다. 그의 지위와 데본기 대논쟁의 전개는 연관이 깊었다. 이에 대해서는 5절의 5)를 참조할 것.

12 머치슨은 저명한 스코틀랜드 지질학자 중 한 명이다. 고생대 연구에 지대한 족적을 남겼다. 그는 고생대의 한 시기인 실루리아기를 확립하는 등 중요한 학문적 기여를 한 과학자다. 런던지질학회 회장을 지낸 바 있다. 머치슨은 드 라 비치와 데본기 대논쟁에서 격렬하게 대립했다. 대립 중 때로는 인신공격성 발언도 오갔다.

13 퇴적된 지층에서 지층과 지층 사이에 퇴적 작용이 중단 없이 연결된 상황을 정합(整合, conformity)이라고 한다. 어떤 경우, 퇴적층에는 퇴적 작용의 중단이 있게 되어 '시간' 간격이 생긴다. 이렇게 퇴적이 중단되었다가 다시 퇴적 작용이 있어서 새로운 암석이 형성되었을 때, 상하 암석 간의 관계에 대해 부정합이라는 용어를 사용한다. 부정합은 상당한 시간 동안에 퇴적이 중단되었거나, 침식에 의해 먼저 존재하던 지층이 손실된 경우, 혹은 두 가지가 복합된 경우를 야기하는

재하지 않으리라는 이야기다.

반면, 머치슨은 새로 발견된 식물 화석은 석탄기층에 속하며, 따라서 잡사암 상층부는 석탄기에 속한다고 추론했다. 그리고 잡사암층의 경우, 상부인 석탄기층과 하부의 잡사암층 사이에 부정합이 존재할 것이라고 주장했다. 왜냐하면 머치슨은 데본 이외의 지역에 광범위하게 존재하던 구 적색 사암(Old Red Sandstone)이 데본 지역의 잡사암층에는 존재하지 않았던 사실을 설명하기 위해 부정합의 존재를 예견했던 것이다. 구 적색 사암은 데본 지역에는 존재하지 않았다. 영국 주요 석탄기층은 영국의 서부 미들랜즈(Midlands)의 뚜렷한 층인 구 적색 사암 위에 놓여 있었다. 그런데 데본 지역의 잡사암층에는 이 구 적색 사암이 들어 있지 않았던 것이다. 그렇다면 구 적색 사암과 유사한 시기에 만들어진 것으로 보이는 데본의 잡사암층의 시기가 정확히 언제이냐가 문제가 된다. 그래서 이런 상황에서 머치슨은 잡사암 상층부와 더 오래된 잡사암 하층부 사이에 부정합이 있어야 한다고 주장했다. 적어도 구 적색 사암이 데본층에는 없어야만 하는 이유가 제시되어야 했던 것이다. 머치슨이 데본 지역 어딘가에 부정합이 존재하리라고 예견한 것은 영국의 다른 광범위한 지역에 분포하는 구 적색 사암이 데본 지역에는 존재하지 않았기 때문에 이 부분을 해명하려는 의도에서였다. 잡사암층은 연속층이라는 드 라 비치의 주장에 비해, 부정합 존재를 말하고 있는 머치슨의 주장은 잡사암층이 더 긴 시간 동안 형성되었으며 불연속적인 층 구조를 지닌다고 보고 있는 것이다.

환경 변화가 있었음을 알려준다. 여기서 환경 변화란 오래된 퇴적층이 물속에서 융기되어 상당 기간 동안 침식된 후 그 위에 다시 바다나 호수가 형성되면서 새로운 퇴적층이 만들어지는 일을 의미한다. 이러한 상황은 지구의 모습이 고정된 것이 아니라 긴 시간 동안에 변화를 겪는 과정을 나타낸다. 정합 관계의 암석층에 비교할 때, 부정합이 존재할 때 부정합의 하위 퇴적층은 상위의 퇴적층보다 '훨씬 더' 오래된 것으로 볼 수 있다. 부정합의 사전적 정의에 대해서는 Whitten with Brooks(1972), 462-465를 참조하면 좋다.

5.4. 드 라 비치의 주장 철회와 머치슨 주장의 우위 확보

얼마 지나지 않아, 드 라 비치는 데본 암석에 대한 자신의 원래 주장, 즉 화석이 잡사암의 깊은 곳에서 나온 것이라는 주장을 철회했으나, 머치슨이 주장한 가설적 부정합은 결코 존재하지 않으리라는 강력한 입장을 견지했다. 그런데 결국 나중에도 데본 지역에서는 부정합이 발견되지 않았다.

그 후 1830년대 후반에 머치슨이 저서 『실루리아계(The Silurian System)』를 내자 독일 지질학자 흐리스티안 폰 부흐(Christian von Buch)는 러시아의 사암 퇴적층 속에서 구 적색 사암의 화석 어류 홀롭티키우스(Holoptichius)의 비늘이 조개류와 산호류와 함께 발견되었다는 정보를 알려주었다. 1840년 여름 머치슨은 러시아를 향해 출발했고, 그곳에서 실루리아기의 의심의 여지없는 퇴적층과, 마찬가지로 확실한 석탄기층, 그리고 둘 사이에 끼인 '데본기' 조개류를 함유한 석회암층과 구 적색 사암 어류를 담은 사암층을 발견했다. 그래서 증명이 끝났다. 새로운 지질학적 시기와 그 시기에 만들어진 확실한 지층을 발견한 것이다. 데본기와 데본계가 바로 그것이다.

데본기의 수용은 다음의 추론에 기초해 있다고 키처는 요약하고 있다.

1. 데본 지층들에 관한 세 가지 유효한 해석이 존재한다. (a) 그것들은 오래되었으며, 잡사암의 정상에 있는 식물 화석들은 구 적색 사암보다 시간적으로 앞선 것이다. (b) 식물 화석들을 담고 있는 지층들을 포함하는 최상위의 지층들은 석탄기의 것인데, 아래의 지층들은 구 적색 사암보다 시간적으로 앞선 것이다. (c) 그것들은 구 적색 사암과 동시대인 아래의 지층들로부터 정상에 있는 석탄기 지층들에 이르기까지 연속적 순서를 형성한다.

2. 만일 (a)가 옳다면, 철저하게 다른 시대의 암석 안에서 유사한 화석들이 발견될 수 있어야 할 것이다. 이것이 발생하는 여타의 명백한 사례들은 지층을 해석함에 있어 오류에 기초해 있는 것으로 입증되었다. 그러므로, 매우 유사한 화석 동물상이나 화석 식물상은 시간적으로 광범위하게 분리되어 있는 층들 안에

서는 발견되지 않는다는 일반화와 데본 지층들이 모순된다고 믿어야 할 아무런 독립적 이유가 존재하지 않는 것이다.

3. 만일 (b)가 참이라면, 북 데본 잡사암의 정상에 있는 석탄기 지층들과 아래의 오래된 암석들 사이에 부정합이 존재해야 할 것이나, 이 부정합을 찾아내려는 지속된 노력들이 실패했다.

4. (c)의 초기적 그럴싸하지 않음(initial implausibility)은 구 적색 사암과 데본 잡사암 사이의 암석학적 차이에, 그리고 화석 조합이 상호 배타적이라는 사실에 의존한다. 발트해 부근 러시아의 지층 순서는 밀접한 연합을 보이는 것으로 나타난 해양 동물상과 함께 실루리아기의 퇴적물과 석탄기의 퇴적물 사이에서 나타나는 암석 유형들 둘 다를 보여준다.

5. 그러므로 (a)와 (b)가 지니는 주요한 문제들은 몇 년의 노력에도 불구하고 해결되지 않은 채 남아 있었고, 한편으로는 (c)가 지니는 명백히 위급한 난점은 극복되어 왔던 것이다(Kitcher, 1995, 216-217).

5.5. 머치슨의 영국 내 부정합 발견 실패와 그의 부분적 승리

이 논쟁의 종결에 대해 키처는 외견상 머치슨이 논쟁에서 이겼고, 그는 합리적이라고, 그리고 드 라 비치와 드 라 비치 진영의 다른 이들은 비합리적인 이들로 여겨질 수도 있겠지만, 실제로는 그렇게 볼 수가 없다고 이야기한다. 즉 머치슨과 드 라 비치가 지질학계에서 영향력을 놓고 다투는 입장에 서 있었고, 또한 그들과 이해관계가 있던 다른 널리 알려진 지질학자의 인적 네트워크가 존재했던 것은 사실이다. (C2)의 예를 데본기 논쟁의 경우에서 볼 수 있다. 드 라 비치는 논쟁 당시에 지질조사소 소장을 지냈다. 그가 소장을 맡고 있던 시절에 데본기 대논쟁이 발생했고, 드 라 비치는 이 논쟁의 전말이 자신의 지위에 영향을 받는 것에 신경을 썼고, 이러한 의식이 데본기 대논쟁에서 핵심적인 '비인식적 목표'로 작동했던 것이다. 드 라 비치는 정부 기관의 책임을 맡고 있었고, 과학 논쟁의 결과에 따라 자신의 지위가 변경될 것을 염려하고 있었다. 이러한 염려로 인해 머치슨 지지자들과의 논쟁에서 매우 신경을 썼던 것이다. 하지만, 그와 같은 이해관계를 관철시키기 위해 드 라 비치가 비합리적인 추론을 정당화하기 위해 노력한 것은 아니라고 키처는 보고 있다.

결국 머치슨은 러시아로 가서 데본기 지층을 발견했다. 그렇지만 영국에서는 나중에도 부정합을 발견하지 못했던 것이다. 즉 데본 지역에서는 부정합이 없으리라는 드 라 비치의 주장은 옳았다. 머치슨 혹은 머치슨 진영은 완벽히 승리한 것이 아니라 부분적으로만 승리했다고 말할 수 있다.

5.6. 논쟁 종결의 타협적 성격

결국 키처가 보기에, 드 라 비치는 머치슨과 다른 지질학적 방법론을 취했고 그러다 보니 추론이 완벽하지 못했을 뿐이지, 그가 '비합리적'이지는 않다고 본다. 그리고 머치슨 쪽이 논쟁에서 이긴 것으로 본다고 해서 그와 그의 진영이 합리성의 규칙을 철저히 따랐다거나 합리적이라고 일방적으로 말할 수도 없다는 것이다. 따라서 키처는 과학적 논쟁의 종결이 과학자들이 규칙을 철저히 준수하는 방식을 일의적으로 따름으로써 이루어지는 것도, 그렇다고 하여 어떤 이해관계에 의해서만 논쟁이 종결되는 것이 아니라고 보고 있다. 즉 그는 합리주의 모형을 비판하면서 반합리주의 모형에 대해서도 비판한 것이다.

데본기 대논쟁 사례는 키처의 타협 모형의 주요 특징을 잘 보여주는 경우라 할 수 있다. 키처는 합리주의 모형과 반합리주의 모형에 대한 논박을 통해 합리성 문제에 접근했다. 그의 표현에서 합리성을 해소한다는 것은 합리성에 대한 그가 부정하는 두 가지 '견해', 즉 합리주의 모형과 반합리주의 모형을 해소하자는 것이지 합리성 자체를 부정하는 것은 아니다. 이것이 그가 말하는 타협 모형인 것이다.

6. 쿤 과학철학의 영향: 과학자 공동체, 하부 그룹, 변이, 충성 분포의 변화

지금까지 키처가 합리주의 모형과 반합리주의 모형을 왜 비판하는지 논의했다. 그리고 그가 대안으로 내세우는 합리성의 모형으로서 타협 모형의 주요 특징과, 타협 모형이 합리주의 모형과 반합리주의 모형과 어떤 차이가 있는지를 살펴보았다. 이어 실제 과학의 예인 데본기 대논쟁의 경우를 들어, 키처가 자신의 타협 모형이 과학 활동을 어떤 식으로 의미 있게 해명하고자 했는지를 검토했다. 적어도 데본기 대논쟁의 경우에서는 타협 모형의 성격이 적절히 드러난다는 것을 알 수 있었다.

저자는 키처의 타협 모형이 독창적이고 대안적인 합리성의 모형이라고 본다. 그럼에도 불구하고, 키처의 타협 모형은 쿤의 과학관[14]의 일부 측면과 상당히 유사하며, 그것에서 영향을 받았다고 본다. 이것이 왜 그러한지에 대해 이제 본격적으로 논의하기로 한다.

6.1. 과학자 공동체 내 하부 그룹의 비균질성

먼저 저자는 쿤이 과학자 공동체를 균질적인 조직체로 보고 있지 않음에 주목할 것이다. 쿤은 과학자 공동체를 크게 두 하부 그룹으로 나누어서 보고 있다. 하나는 젊은 과학자 그룹이고 다른 하나는 나이 든 과학자 그룹이다. 쿤은 과학자 공동체는 균질적이지 않으며 오히려 변이를 보인다고 주장하고 있는 것이다. 즉 그는 이 서로 다른 두 하부 그룹이 과학 활동과 특히 새로운

---

14 쿤의 과학관은 Kuhn(1970)에 잘 나타나 있다. 그의 과학관에 관한 논의로는 신중섭(1984), 신중섭(1985), 정병훈(1985), 신중섭(1990), 조인래(1996), 이상욱(2004), 고인석(2007) 등이 있다. 이들 논의는 쿤의 과학 혁명과 공약 불가능(incommensurability)에 대부분 주목하고 있다. 저자가 다루는 과학자 공동체의 하부 그룹의 성격, 즉 하부 그룹 내의 변이와 움직임에 대해서는 초점을 두지 않는다.

패러다임에 대한 충성, 인정, 수용에서 차이를 드러낸다고 이야기한다. 이러한 두 하부 그룹의 움직임에 의해 과학 활동의 동적이고 혁명적인 측면을 이해할 수 있다는 것이다.

과학자 공동체 내의 젊은 하부 그룹에 대해 쿤은 다음과 같이 말하고 있다.

새로운 패러다임에 관한 이들 근본적 발명을 성취해 낸 사람들은 거의 항상 아주 젊다든지 아니면 그들이 변형시키는 패러다임의 분야에 아주 새롭게 접한 사람들이다. 그리고 아마도 그런 점이 명시적으로 밝혀졌어야 할 필요가 없는지도 모르겠는데, 왜냐하면 확실히 이들은 이전의 활동들 때문에 정상 과학의 전통적 규칙들에 얽매이는 일이 별로 없고, 특히 그런 규칙들이 해볼 만한 게임을 더 이상 정의하지 못하게 된 것으로 보고 그것들을 대치할 다른 규칙들을 착상할 가망성이 있는 사람들이기 때문이다(Kuhn, 1970, 90).

이처럼, 과학적 변화에 대한 태도가 젊은 과학자와 그렇지 않은 나이 든 과학자 사이에서 커다란 차이가 있다고 쿤은 보고 있다. 이는 과학자 집단의 균질성에 의문을 제기한 중요한 지적이다. 쿤의 주장은 과학자 공동체는 과학적 변화에 균일하게 반응하지 않는다는 것이다. 즉 과학적 변화에 대해 서로 다른 방식으로 대응하는 하부 그룹이 존재할 수 있다는 입장이다. 대표적인 것이 젊은 과학자와 그렇지 않은 과학자 간의 구별이다. 과학적 변화에 대해서, 더 구체적으로는 새로운 패러다임에 대해서, 젊은 과학자는 적극적이고 대체로 긍정적인 반응을 보인다는 것이다. 나이 든 과학자는 대체로 소극적이고 부정적인 반응을 보인다고 이야기한다. 즉 과학자 공동체 내부에는 과학 활동과 과학의 변화를 놓고 하부 그룹에 따른 충성 분포의 변화를 나타내기 마련이라는 것이다.

쿤은 과학 혁명이 누구에게나 동일한 의미를 지니는 것은 아니라고 주장한다. 과학 혁명은 그 혁명에 의해 영향을 받는 이에게만 의미가 있다고 쿤은 말한다.

…… 과학 혁명이란 기존의 패러다임이 그것에 대해 이전에는 길을 이끌었던 자연의 한 측면의 탐사에서 이제 더 이상 적절하게 기능을 하지 못한다는 감각이 과학자 공동체의 좁은 분야에 국한되어 점차로 자라나면서 시작된다. 정치적, 과학적 발전의 양쪽에서, 위기로 끌고 갈 수 있는 기능적 결함에 대한 감각은 혁명의 선행 조건이다. 더욱이, 분명히 그 은유를 제약하기는 하지만, 그런 병행성은 코페르니쿠스와 라부아지에에게 돌릴 만한 주요 패러다임의 변화에 적용될 뿐만 아니라, 산소나 X선처럼 새로운 현상의 동화와 연관된 훨씬 더 작은 변화에도 성립된다. 과학 혁명은, V절 끝에서 보았던 것처럼, 그들의 패러다임이 그 혁명들에 의해 영향을 받게 되는 사람들에게만 혁명처럼 보일 필요가 있다. 외부인에게는, 그것들은 20세기 초의 발칸 혁명과 같이, 발달 과정에서의 정상적인 일면으로 보일 수도 있다. 예컨대 천문학사들은 X선을 지식 더미에 단순히 하나 더 추가된 것으로 받아들일 수 있었는데, 왜냐하면 그들의 패러다임은 새로운 복사선의 존재에 의해 영향을 받지 않았기 때문이다. 그러나 연구 과정에서 복사 이론 또는 음극선 관을 다루었던 켈빈(Kelvin), 크룩스(Crookes), 뢴트겐(Roentgen) 같은 학자들에게, X선의 출현은 그것이 새로운 다른 패러다임을 창출하게 되면서 한 패러다임을 필연적으로 위배했던 것이다. 이것은, 왜 이들 복사선이 정상 연구에서 우선 무언가가 잘못된 후에라야만 발견될 수 있었는가에 대한 이유가 된다(Kuhn, 1970, 92-93).

어떤 현상이 이상 현상이냐 주목할 만한 현상이냐에 대한 판단은 과학자 개인이나 집단에 따라 다를 수 있다고 쿤은 보고 있다. 즉 과학자 개인이나 집단은 균질적이지 않다는 주장이다. 이러한 비균질성이 과학적 변화를 불러오는 기초가 된다고 쿤은 이야기하고 있는 것이다. 여기서의 비균질성은 과학자의 나이에 따른 비균질성만이 아니라, 과학자 공동체 내부 하부 그룹들의 새로운 현상 또는 패러다임에 대한 선호 여부에 따른 것이다. 그러므로 젊은 과학자와 나이 든 과학자 사이에서 나타나는 비균질성과는 조금 차이가 있다. 하지만 앞서 본 쿤의 말처럼 젊은 사람들이 이상 현상에 주목할 가능성이 더 클 것은 뚜렷하다고 말할 수는 있을 것이다.

새로운 패러다임의 후보가 그 이전의 것을 대체하게 되는 과정은 무엇인가? 발견으로든 이론으로든 간에, 자연에 관한 새로운 해석은 우선 한 개인 또는 소수 개인의 정신에서 나타난다. 과학 그리고 세계를 다르게 보는 방식을 처음 배우는 것은 바로 그들이며, 전이를 이룩하는 그들의 능력은 그들 전문 분야의 대다수 구성원들에게는 공유되지 않은 두 가지 상황에 의해 촉진된다. 변함없이 그들의 관심은 위기를 조장하는 문제들에 강력히 집중되어 왔다. 통상적으로, 더욱이 그들은 위기가 닥친 분야에 극히 생소한 젊은 사람들인 까닭에, 실천은 그들을 대다수 당대 학자들에 비해 옛 패러다임에 의해 결정된 세계관과 규칙들에 대해 덜 깊게 얽매이게 했던 것이다. 그 전문 분야의 전체 또는 관련된 하부 그룹을 자신들의 과학과 세계를 보는 방식으로 전향시키기 위해서, 그들은 어떻게 할 수 있으며, 무엇을 해야만 하는가? 무엇이 그 그룹으로 하여금 정상 연구의 전통을 버리고 다른 전통을 택하게 하는가(Kuhn, 1970, 144)?

계속하여, 젊은 과학자의 태도는 나이 든 과학자의 태도와 다르다고 쿤은 말한다. 특히 과학 혁명기에는 젊은 과학자의 태도가 나이 든 과학자의 태도와 근본적으로 다를 수 있다고 지적하고 있다. 이처럼 쿤은 과학자 집단 내부에 존재할 수 있는 서로 다른 하부 그룹을 지적하며, 이 하부 그룹들의 동향이 과학 혁명의 성립 과정에서 매우 중요하다고 강조하고 있는 것이다.

6.2. 패러다임 수용 이유의 비균질성

과학 혁명의 성립이 단순히 인식적 이유에서만 발생한다는 것을 쿤은 부정적으로 보고 있다.

개별 과학자들은 온갖 종류의 이유로 새로운 패러다임을 끌어안게 되는데,

보통 한 번에 여러 가지 이유로 수용하게 된다. 이들 이유 가운데 몇 가지 ─ 예를 들면, 케플러를 코페르니쿠스주의자로 전향시킨 태양숭배 ─ 는 확실한 과학 영역의 외곽에 전적으로 속하는 것이다. 다른 이유들은 과학자의 생애와 성격의 특이성에 의존해야 한다. 심지어 혁신자와 그 선생들의 국적이나 이미 쌓은 명성이 때로 상당한 역할을 하기도 한다(Kuhn, 1970, 152-153).

'여러 가지 이유로' 새로운 패러다임을 수용하게 된다는 것이 쿤의 주장이다. 사상적 요소, 과학자의 스승-제자 관계, 혹은 계파 관계, 명성 등이 새로운 패러다임의 성립에 영향을 미치고 상당한 역할을 하게 된다는 것이다. 이와 같은 여러 가지 이유를 쿤이 제시한 것은, 인식적 이유에 최우선 가치를 부여했던 전설적 입장과 비교할 때 과학 활동에 대해서 커다란 시각 차이를 드러냈던 사건이었다.

6.3. 패러다임에 대한 충성 분포의 변화

쿤은 새로운 패러다임의 승리는 개인의 충성의 분포가 점차로 전이되는 과정에 의해 일어난다고 이야기한다. '단번'에 과학자 집단 전체를 전향시키는 논증은 존재하기 어렵다고 쿤은 보고 있다.

그러나 하나의 패러다임이 어쨌든 승리를 거두려면 초기에 우선 몇몇 지지자들이 나타나야 하는데, 이들은 확고한 논증이 이루어지고 배가될 수 있을 정도까지 그 패러다임을 발전시킬 것이다. 그리고 그러한 논증들조차도, 그것들이 나타날 때, 개별적으로 결정적인 것은 못 된다. 과학자들은 이성적인 사람들인 까닭에, 한 논증 또는 다른 논증이 결국 많은 과학자를 설득시키게 될 것이다. 그러나 그들 모두를 설득할 수 있거나 설득시켜야 하는 단일한 논증은 존재하지 않는다. 실제 일어나는 일은 단일 그룹의 전향이라기보다는 전문 분야의 충성의 분포에서 점차로 전이가 증대되는 것이다.

패러다임의 새로운 후보는 당초에는 지지자도 거의 없을 수 있고 때로 지지자의 동기도 의심스러울 수가 있다. 그럼에도 불구하고, 지지자들이 유능한 경우에는 그것을 개량하고, 그 가능성을 탐구하고, 그것에 의해 인도되는 공동체에 속한다는 일이 어떤 것이 되는지를 보여줄 것이다. 그리고 그런 일이 진행됨에 따라, 만일 패러다임이 싸움에서 승리를 거둘 운명이라면, 설득력 있는 논증들의 수효와 세기가 증가될 것이다. 보다 많은 과학자들이 전향하게 될 것이고, 새 패러다임의 탐구 작업이 계속될 것이다. 그 패러다임에 기초한 실험, 도구, 논문, 책 등의 수효가 점차 배가될 것이다. 새로운 관점이 결실이 많다는 점에 납득된 더 많은 사람들이 정상 과학을 수행하는 새로운 방식을 채택할 것이고, 이에 이르러 결국 소수의 나이 많은 저항자들만이 남게 된다. 그리고 우리는 그들조차도 틀리다고 말할 수 없다. 역사가는 버틸 수 있는 데까지 버틴 비합리적인 사람들 ― 이를 테면 프리스틀리 ― 을 항상 발견할 수 있지만, 저항이 비논리적 또는 비과학적이 되는 지점을 발견할 수는 없을 것이다. 기껏해야 그는, 전문 분야가 온통 개종된 후에도 계속 버티는 사람은 사실상 과학자이기를 그만둔 것이라고 말하길 희망할 수는 있을 것이다(Kuhn, 1970, 158-159).

새로운 패러다임이 자연을 탐구하는 효율적 수단임이 차차 인정받아 감에 따라 새로운 패러다임을 받아들이는 과학자의 수효는 자꾸만 불어난다는 것이다. 하지만 그러한 점차적 변화에 의해 과학 혁명이 충분히 진전된 이후에라도 최후까지 옛 패러다임을 고수하는 사람(보통 나이든 과학자)이 존재할 수 있다고 쿤은 보고 있다. 여기서 과학자 공동체의 비균질성에 대한 쿤의 주목은 과학 혁명의 막바지 단계에서도 여전히 나타나고 있음에 주목할 필요가 있다.

과학자 공동체 내부의 하부 그룹의 존재, 새로운 패러다임에 대한 하부 그룹들의 서로 다른 태도에서 보이는 변이, 충성 분포의 일의적이지 않은 변동 등에 대한 쿤의 논의는 키처가 타협 모형에서 제시한 내용과 상당히 유사한 것이라고 볼 수 있다. 하지만 키처는 이런 요소만을 강조하고 있지는 않다.

앞서 살펴보았듯이, 키처는 결국 '인식적 목표'가 '비인식적 목표'보다 과학 활동에서 더 중요하다고 분명히 말하고 있다. 이런 면에서 키처를 단순히 쿤주의자라고 치부하기는 곤란하다. 그러므로 키처의 타협 모형은 대안적 합리성의 모형이며 이는 또한 독자성을 지니는 모형이라고 말할 수 있다.

7. 결론

타협 모형을 이야기하면서, 키처는 과학 활동의 집단적 맥락을 강조한다. 그가 과학자 개인을 무시하는 것은 물론 아니다. 하지만 개인보다는 과학자 집단, 즉 과학자 공동체에 초점을 두면서 과학 활동을 이해하고자 한다. 과학자 집단, 더 구체적으로는, 과학자 공동체 안에 존재하는 하부 그룹에 속한 과학자들의 동향에 관심을 둔다. 여기서 우선 동향이란 어떤 과학 이론(가설, 패러다임)을 받아들이는가, 어떤 경험 내용, 즉 어떤 관찰이나 실험을 증거 역할을 하는 것으로 받아들이는가, 관찰 도구 또는 실험 도구로는 어떤 것을 인정할 수 있고 수용할 것인가와 물론 관련이 있다. 즉, 이른바 '인식적 목표'와 관련이 된다. 키처는 앞서 보았듯이 합리주의 모형을 비판한다. 이어 그는 반합리주의 모형도 공격한다. 즉, 자연과의 조우로 표현되는 인식적 목표와 무관하게 경쟁자를 축출하기 위한 힘의 결집 여하에 따라 과학 논쟁의 종결이 이루어진다는 반합리주의 모형의 입장을 비판적으로 보고 있는 것이다. 그러면서 제시한 것이 타협 모형이다. 타협 모형은 과학 공동체 내부에 존재하는 하부 그룹의 존재에 대한 인정, 비인식적 목표의 작동 가능성 인정 등에서 반합리주의 모형의 요소를 일부 수용하지만, 결국 인식적 목표와 자연과의 조우를 강조하는 합리주의 모형의 요소는 빠트리지 않는다. 이때, 그는 결국 논쟁의 종결은 사회적 요소가 아닌 인식적 요소에 의해 이루어진다고 본다. 사회적 요인이 작동할 수 있으나, 이것이 인식적 요소에 앞설 수는 없다는 것이다. 타협 모형을 지지하는 것으로 키처가 제시하는 과학의 사례를 살펴보았다. 그것은 19세기에 있은 데본기 대논쟁이라는 사건이었다. 데본기 대논쟁에서 비인식적 요소가 분명히 작동했다. 드 라 비치의 지지 그룹과 머치슨의 지지 그룹 간의 대립은 뚜렷했다. 하지만, 논쟁의 종결은 결국 증거에 따라 이루어졌던 것이다. 러시아 북해 쪽 지역에서 발견된 지층은 새로운 지질학적 시대인 데본기의 존재를 강력히 입증해 준 증거가 되었다. 키처의 타협 모형은 과학 논쟁의 종결을 상당히 만족스럽게 설명해 주는 모형으로 보인다.

논의의 후반부에서는 쿤의 과학관에 나타나는 특징을 논의했다. 새로운 패러다임의 등장에 대한 젊은 과학자와 나이 든 과학자의 차이, 개인 과학자의 충성 분포에서의 변화 과정, 패러다임 수용의 이유가 다양할 가능성 등이 그것이었다. 과학 활동의 이와 같은 측면에 대한 쿤의 논의는, 우리로 하여금 키처가 과학 활동을 과학자 집단 혹은 과학자 공동체 속에서의 개인의 충성 분포의 측면에서 고찰한 것이 쿤이『과학 혁명의 구조』등에서 제시한 과학관과 상당히 흡사한 것이라고 볼 수 있게 해준다. 하지만, 흡사하다고 말할 수는 있어도 키처의 타협 모형이 사실상 쿤의 과학관의 일부와 동일하다고는 말할 수 없다. 앞서 보았듯이, 키처는 쿤의 영향을 받았음에도 불구하고, 합리주의 모형을 완전히 부정하지 않았으며, 합리주의 모형의 일부 요소를 반합리주의 모형의 일부 요소와 명백히 결합시켰기 때문이다. 이와 같은 결합을 통해 키처는 타협 모형을 창출시킨 바 있다. 합리주의 모형의 일부 요소와 반합리주의 모형의 일부 요소를 융합시켜 타협 모형을 제시한 키처의 기여 내용은 쿤의 과학관과 일부 측면에서 유사하지만, 다른 측면에서는 쿤의 기여를 확대한 것이자 쿤의 기여를 뛰어넘은 철학적 성과라고 말할 수 있다.

참고문헌

고인석, 2007, 「공시적 통약불가능성의 개념과 양상: 전문분야간 협력과 관련하여」, ≪철학연구≫, 제103집, 대한철학회, 1-23.

_____, 2010, 「에른스트 마하의 과학사상」, ≪철학사상≫, 36호, 281-311.

김경만, 2004, 『과학지식과 사회이론』, 서울: 한길사.

김숙진, 2010, 「행위자-연결망 이론을 통한 과학과 자연의 재해석」, ≪대한지리학회지≫, 제45권 제4호, 461-477.

김영건, 2007, 「칸트의 선험철학과 퍼트남의 내재적 실재론」, ≪칸트연구≫, 제19집, 153-182.

김영배, 1989, 「이론의 미결정성」, ≪철학≫, 30집, 151-162.

김환석, 2006, 『과학사회학의 쟁점들』, 서울: 문학과 지성사.

노양진, 1993, 「퍼트남의 내재적 실재론과 상대주의의 문제」, ≪철학≫, 제39집, 359-383.

_____, 1998, 「굿맨의 세계 만들기」, ≪철학연구≫, 제12집, 대한철학회, 147-163.

박영태, 2000, 「과학적 실재론과 이론 미결정성」, ≪과학철학≫, 3권 2호, 1-19.

서정선, 1990, 「퍼트남의 실재론적 진리 개념」, ≪철학≫, 제35집, 203-227.

신중섭, 1984, 「쿤의 새로운 과학철학」, ≪철학연구≫, 제8권 제1호, 고려대학교 철학연구소, 123-142.

_____, 1985, 「Kuhn과 Feyerabend에 있어서 不可公約性과 合理性의 問題」, ≪철학연구≫, 제41집, 고려대학교 철학연구소, 제9권 제1호, 267-283.

_____, 1990, 「역사적 합리주의」, ≪철학연구≫, 제27권 제1호, 철학연구회, 25-54.

이상욱, 2004, 「전통과 혁명: 토마스 쿤 과학철학의 다면성」, ≪과학철학≫, 제7권 제2호, 57-89.

_____, 2006, 「과학연구 부정행위: 그 철학적 경계」, ≪자연과학≫, 20호, 서울대학교 자연과학대학, 96-107.

이상원, 2009, 『현상과 도구』, 서울: 한울아카데미.

_____, 2010, 「자료 선별과 객관성」, ≪철학탐구≫, 제28집, 201-224.

_____, 2011, 「사실의 산출과 실험실 공간」, ≪철학사상≫, 제40호, 207-238.

_____, 2012a, 「비실재론의 의미」, ≪철학연구≫, 제96집, 철학연구회, 129-151.

_____, 2012b, 「경험적 귀결과 경험적 증거」, ≪철학논집≫, 제30집, 39-66.

_____, 2013a, 「어휘집에 의존하는 진리의 수립」, ≪인문과학≫, 제52집, 131-150.

_____, 2013b, 「내재적 실재론과 비실재론」, ≪철학논집≫, 제34집, 219-246.

_____, 2013c, 「불변으로서의 객관성」, ≪과학철학≫, 제16권, 제2호, 69-96.

_____, 2013d, 「타협 모형과 대안적 합리성의 모색」, ≪존재론연구≫, 제33집, 153-185.

_____, 2015, 「기술화된 과학의 물질성」, ≪철학연구≫, 제111집, 철학연구회, 123-148.

_____, 2017, 「틀 내 창의성과 틀 간 창의성: 패러다임과 과학의 창의성」, ≪인문과학≫, 제67집, 35-59.

이영철, 1986, 「H. 퍼트남에 있어서 이해와 진리」, ≪철학≫, 제26집, 157-183.

이중원, 2002, 「내재적 실재론의 비판적 옹호: 양자이론의 인식과정 분석을 통한 고찰」, ≪철학연구≫, 제58집, 철학연구회, 279-203.

이채리, 2003, 「굿먼의 별만들기」, ≪철학연구≫, 제62집, 철학연구회, 173-191.

정병훈, 1985, 「과학의 합리성: T. 쿤을 중심으로」, ≪철학연구≫, 제41집, 대한철학회, 201-223.

조인래, 1994, 「이론 미결정성의 도그마?」, ≪철학≫, 42집, 132-158.

_____, 1996, 「공약불가능성 논제의 방법론적 도전」, ≪철학≫, 제47집, 155-187.

조인래 편역, 1997, 『쿤의 주제들: 비판과 대응』, 서울: 이화여자대학교출판부.

최훈·신중섭, 2007, 「연구 부정행위와 연구 규범」, ≪과학철학≫, 제10권, 제2호, 103-126.

하인리히 찬클, 2006, 『과학의 사기꾼』, 도복선 옮김, 서울: 시아출판사.

호레이스 F. 저드슨, 2006, 『엄청난 배신』, 이한음 옮김, 서울: 전파과학사.

홍성욱, 1999, 『생산력과 문화로서의 과학과 기술』, 서울: 문학과지성사.

_____, 2004, 『과학은 얼마나』, 서울: 서울대학교출판부.

홍성욱·이상욱 외, 2004, 『뉴턴과 아인슈타인: 우리가 몰랐던 천재들의 창조성』, 파주: 창비.

황유경, 1987, 「굿맨의 세계 제작과 진리 이론 소고」, ≪미학≫, 제12집: 163-184.

_____, 1988. 「굿맨의 상대주의 연구」, ≪미학≫, 제13집, 93-112.

_____, 2011, 「굿맨의 세계제작 옹호—굿맨과 쉐플러의 논쟁을 중심으로—」, ≪인문논총≫, 제66집, 179-208.

황희숙, 1985, 「이론의 경험적 미결정성」, ≪철학논구≫, 13집, 217-265.

Ackermann, R., 1985, *Data, Instrument, and Theory*, Princeton: Princeton University Press.

Baird, Davis, 2004. *Thing Knowledge: A Philosophy of Scientific Instruments*, Berkeley: University of California Press.

Barnes, Barry, 1974, *Scientific Theory and Social Theory*, London: Routledge & Kegan Paul.

_____, 1982, *T. S. Kuhn and Social Science*, London: Macmillan.

Bloor, David, 1976, *Knowledge and Social Imagery*, London: Routledge & Kegan Paul.

Broad, W. J. and N. Wade, 1982, *Betrayers of the Truth*, Simon & Schuster. [김동광 옮김, 2007, 『진실을 배반한 과학자들』, 서울: 미래M&B.]

Brown, James Robert, 1989, *The Rational and the Social*, London and New York: Routledge.

Earman, John, 2004, "Laws, Symmetry, and Symmetry Breaking: Invariance, Conservation Principles, and Objectivity," *Philosophy of Science*, Vol. 71, No. 5: 1227-1241.

Feyerabend, Paul, 1975, *Against Method: Outline of anarchistic theory of knowledge*, London: NLB.

Frankel, H., 1979, "The Non-Kuhnian Nature of the Recent Revolution in the Earth Sciences," in *PSA 1978*, vol.2, eds. by P. D. Asquith and I. Hacking, East Lansing, Mich.: Philosophy of Science Association, 227-39.

_____, 1987, "The Continental Drift Debate," in *Scientific Controversies*, eds. by H. T. Engelhardt, Jr. and A. L. Caplan, Cambridge: Cambridge University Press, 203-48.

Franklin, Allan, 1981, "Millikan's published and unpublished oil drops," *Historical Studies in the Physical Sciences*, 11: 85-201.

_____, 2005, *No Easy Answers: Science and the Pursuit of Knowledge*, Pittsburgh, Pa.: University of Pittsburgh Press.

Galison, Peter, 1987, *How Experiments End*, Chicago: The University of Chicago Press.

_____, 1997, *Image and Logic: A Material Culture of Microphysics*, Chicago: The University of Chicago Press.

Giere, Ronald N., 1988, "Explaining the Revolution in Geology," in *Explaining Science: a Cognitive Approach*, Chicago: University of Chicago Press, 227-277.

Goodman, Nelson, 1978, *Ways of Worldmaking*, Indianapolis, Indiana: Hackett.

_____, 1984, *Of Mind and Other Matters*, Cambridge, Massachusetts: Harvard University Press.

Gregersen, Frans and Simo Køppe, 1988, "Against Epistemological Relativism," *Studies in History and Philosophy of Science*, vol. 19: 447-87.

Hacking, Ian, 1981, "The Accumulation of Styles of Reasoning," in Dieter Henrich ed.(1983), *Kant oder Hegel*, Stuttgart: Klett-Cotta, 453-465.

_____, 1982, "Language, Truth, and Reason," M. Hollis and S. Lukes eds., *Rationality and Relativism*, Oxford: Blackwell, 48-66.

_____, 1983, *Representing and Intervening: Introductory Topics in the Philosophy of Natural Science*, Cambridge: Cambridge University Press. [이상원 옮김, 2005, 『표상하기와 개입하기: 자연과학철학의 입문적 주제들』, 서울: 한울.]

_____, 1985, "Styles of Scientific Reasoning," John Rajchman and Cornel West eds., *Post-Analytic Philosophy*, New York: Columbia University Press, 145-164.

_____, 1992a, "'Style' for historians and philosophers," *Studies in History and Philosophy of Science*, 23: 1-20.

_____, 1992b, "Statistical Language, Statistical Truth and Statistical Reason: The Self- Authentification of a Style of Scientific Reasoning," Ernan McMullin ed., *The Social Dimensions of Science*, Notre Dame, Indiana: University of Notre Dame Press, 130-157.

Hallam, A., 1973, *A Revolution in Earth Sciences*, Cambridge: Cambridge University Press.

Hanson, Norwood Russell, 1958, *Patterns of Discovery: An Inquiry into the Conceptual Foundations of Science*, Cambridge: Cambridge University Press.

_____, 1962, *Patterns of Discovery: An Inquiry into the Conceptual Foundations of Science*, Cambridge: Cambridge University Press.

Hoefer, Carl and Alexander Rosenberg, 1994, "Empirical Equivalence, Underdetermination, and Systems of the World," *Philosophy of Science*, Vol. 61: 592-607.

Holton, Gerald, 1978, "Subelectrons, Presuppositions, and The Millikan-Ehrenhaft Dispute,"

Historical Studies in the Physical Sciences, 9: 161-224.

Ihde, Don, 1993, *Philosophy of Technology: An Introduction*, New York: Paragon House.

_____, 1998, *Expanding Hermeneutics: Visualism in Science*, Evanston, Illinois: Northwestern University Press.

_____, 2009, *Phenomenology and Technoscience*, Albany, NY: State University of New York Press.

Ihde, Don and Sellinger, Evan eds., 2003, *Chasing Technoscience: Matrix for Materiality*, Bloomington and Indianapolis: Indiana University Press.

Kitcher, Philip, 1995, *The Advancement of Science: Science without Legend, Objectivity without Illusions*, Oxford: Oxford University Press.

Knorr-Cetina, Karin, 1981, *The Manufacture of Knowledge: an Essay on the Constructivist and Contextual Nature of Science*, Oxford: Pergamon Press.

Kuhn, Thomas S., 1970, *The Structure of Scientific Revolutions*, Chicago: The University of Chicago Press, 2nd ed.

_____, 1991, "The Road Since Structure," A. Fine, M. Forbes and L. Wessels eds., *PSA 1990*, vol. 2, East Lansing, Michigan: Philosophy of Science Association, 3-13.

_____, 2000, *The Road Since Structure*, James Conant and John Haugeland eds., Chicago: University of Chicago Press.

Kukla, André, 1993, "Laudan, Leplin, Empirical Equivalence and Underdetermination," *Analysis*, Vol. 53: 1-7.

Latour, Bruno, 1987, *Science in Action: How to Follow Scientists and Engineers through Society*, Harvard University Press, Massachusetts: Harvard University Press.

Latour, Bruno and Steve Woolgar, 1986, *Laboratory Life: The Construction of Scientific Facts*, Princeton, New Jersey: Princeton University Press, 2nd ed.

Laudan, Larry and Jarrett Leplin, 1991, "Empirical Equivalence and Underdetermination," *The Journal of Philosophy*, vol. 88: 449-472.

_____, 1993, "Determination Underdeterred: Reply to Kukla," *Analysis*, Vol. 53: 8-16.

Laudan, Rachel, 1979, "The Recent Revolution in Geology and Kuhn's Theory of Scientific Revolution," in *PSA 1978*, vol. 2, eds. by P. D. Asquith and I. Hacking, East Lansing, Mich.: Philosophy of Science Association, 27-39.

Lynch, Michael, 1985, *Art and Artifact in Laboratory Science: A Study of Shop Work and Shop Talk in a Research Laboratory*, London: Routledge and Kegan Paul.

Marvin, U. B., 1973, *Continental Drift: The Evolution of Concept*, Washington, D. C.: Smithsoinian Institute Press.

Mayo, Deborah G., 1996, *Error and the Growth of Experimental Knowledge*, Chicago: The University of Chicago Press.

McCormick, Peter J. ed., 1996, *Starmaking: Realism, Anti-Realism, and Irrealism*, Cambridge, Massachusetts: The MIT Press.

Millikan, R. A., 1913, "On the Elementary Electrical Charge and the Avogadro Constant," *Physical Review*, 2: 109-43.

Nozick, Robert, 1981, *Philosophical Explanations*, Cambridge, MA.: Belknap Press of Harvard University Press.

_____, 1997, *Socratic Puzzles*, Cambridge, MA.: Harvard University Press.

_____, 1998, "Invariance and Objectivity," *Proceedings and Addresses of the American Philosophical Association*, Vol. 72, No. 2: 21-48.

_____, 2001, *Invariances: The Structure of the Objective World*, Cambridge, MA.: Belknap Press of Harvard University Press.

Okasha, Samir, 1997, "Laudan and Leplin on Empirical Equivalence," *British Journal for the Philosophy of Science*, Vol. 48: 51-256.

Olsen, Jan-Kyrre Berg and Evan Selinger eds., 2007, *Philosophy of Technology: 5 Questions*, Automatic Press / VIP.

Pickering, Andrew ed., 1992, *Science as Practice and Culture*, Chicago: The University of Chicago Press.

Pickering, Andrew, 1995, *The Mangle of Practice: Time, Agency, and Science*, Chicago: University Of Chicago Press.

Press, Frank and Raymond Siever, 1994, *Understanding Earth*, New York: W. H. Freeman and Company.

Putnam, Hilary, 1979, *Meaning and the Moral Sciences*, London: Routledge and Kegan Paul.

_____, 1981, *Reason, Truth and History*, London: Routledge and Kegan Paul.

_____, 1983a, *Realism and Reason: Philosophical Papers Volume 3*, Cambridge: Cambridge University Press.

_____, 1983b, "Reflections on Goodman's *Ways of Worldmaking*," *Realism and Reason: Philosophical Papers Volume 3*, Cambridge: Cambridge University Press, 155-169.

_____, 1983c, "Why there isn't a ready-made world?," *Realism and Reason: Philosophical Papers Volume 3*, Cambridge: Cambridge University Press, 205-28.

_____, 1992, *Realism with a Human Face*, edited and introduced by James Conant, Harvard University Press.

_____, 1996, "Irrealism and Deconstruction," in Peter J. McCormick ed., *Starmaking: Realism, Anti-Realism, and Irrealism*, Cambridge, Massachusetts: The MIT Press, 179-200.

Quine, W. V., 1970, "On the Reasons for Indeterminacy of Translation," *The Journal of Philosophy*, vol. 67: 178-183.

_____, 1975, "On Empirically Equivalent Systems of the World," *Erkenntnis*, 9: 313-28.

_____, 1986, "Goodman's Ways of Worldmaking," *Theories and Things*, Cambridge, Mass.: Belknap Press of Harvard University Press, 96-99.

Radder, H., 1988, *The Material Realization of Science*, Assen/Maastricht, The Netherlands: Van Gorcum.

Resnik, David B., 1998, *The Ethics of Science: An Introduction*, London: Routledge.

Rheinberger, Hans-Jörg, 1997, *Toward a History of Epistemic Things: Synthesizing Proteins in the Test Tube*, Stanford, California: Stanford University Press.

Rudwick, Martin J. S., 1985, *The Great Devonian Controversy: The Shaping of Scientific Knowledge among Gentlemanly Specialists*, Chicago: University Of Chicago Press.

Shamoo, Adil E. and David B. Resnik, 2002, *Responsible Conduct of Research*, New York: Oxford University Press.

van Fraassen, Bas C., 1980, *The Scientific Image*, Oxford: Oxford University Press.

_____, 1989, *Laws and Symmetry*, New York: Oxford University Press.

Westfall, Richard S., 1983, *Never at Rest: A Biography of Isaac Newton*, Cambridge: Cambridge University Press.

Whitten, D. G. A. with J. R. V. Brooks, 1972, *The Penguin Dictionary of Geology*, London: Penguin Books.

Wolbarst, Anthony Brinton, 1999, *Looking Within: How X-Ray, CT, MRI, Ultrasound, and Other Medical Images Are Created, and How They Help Physicians Save Lives*, Berkeley and Los Angeles: University of California Press.

찾아보기

지은이 소개

이상원

연세대 인문한국 교수, 명지대 교수로 근무했다. 현재 서울시립대 도시인문학연구소 미래 철학연구센터 연구교수로 있다. 논문으로 "Interpretive Praxis and Theory-Networks," *Pacific Philosophical Quarterly* 87(2006): 213-230 등이 있고, 저서로 『현상과 도구』(2009) 등이 있으며, 역서로 『실험실 생활: 과학적 사실의 구성』(2019) 등이 있다. 한국과학철학회 논문상을 받았다.

한울아카데미 2346

객관성과 진리
구성적, 다원적, 국소적 관점

ⓒ 이상원, 2022

지은이 ｜ 이상원
펴낸이 ｜ 김종수
펴낸곳 ｜ 한울엠플러스(주)
편집책임 ｜ 이진경

초판 1쇄 인쇄 ｜ 2022년 1월 10일
초판 1쇄 발행 ｜ 2022년 1월 20일

주소 ｜ 10881 경기도 파주시 광인사길 153 한울시소빌딩 3층
전화 ｜ 031-955-0655
팩스 ｜ 031-955-0656
홈페이지 ｜ www.hanulmplus.kr
등록번호 ｜ 제406-2015-000143호

Printed in Korea.
ISBN 978-89-460-7346-3 93400 (양장)
        978-89-460-8147-5 93400 (무선)

* 책값은 겉표지에 표시되어 있습니다.
* 무선제본 책을 교재로 사용하시려면 본사로 연락해 주시기 바랍니다.

이 저서는 2020년 대한민국 교육부와 한국연구재단의 지원을 받아 수행된
연구임(NRF-2020S1A5B5A16082038)